北京大学红楼
保护利用工程报告

国家文物局
中共北京市委宣传部 ◎编著

文物出版社

图书在版编目（CIP）数据

北京大学红楼保护利用工程报告 / 国家文物局，中共北京市委宣传部编著 . -- 北京 : 文物出版社 , 2024.5

ISBN 978-7-5010-8441-8

Ⅰ . ①北… Ⅱ . ①国… ②中… Ⅲ . ①北京大学 – 教育建筑 – 文物保护 – 修缮加固 – 研究报告 Ⅳ . ① TU244.3 ② TU746.3

中国国家版本馆 CIP 数据核字 (2024) 第 102758 号

北京大学红楼保护利用工程报告

编　　著：国家文物局　中共北京市委宣传部

责任编辑：孙漪娜
责任印制：张道奇

出版发行：文物出版社
地　　址：北京市东城区东直门内北小街 2 号楼
网　　址：http://www.wenwu.com
经　　销：新华书店
印　　刷：宝蕾元仁浩（天津）印刷有限公司
开　　本：889mm×1194mm　1/16
印　　张：17
版　　次：2024 年 5 月第 1 版
印　　次：2024 年 5 月第 1 次印刷
书　　号：ISBN 978-7-5010-8441-8
定　　价：480.00 元

目 录

CONTENTS

緒論

新時代革命文物保護利用的北大紅樓實踐

北京是一座具有光荣革命传统的城市，是马克思主义在中国早期传播的主阵地、新文化运动的中心、五四运动的策源地、中国共产党的主要孕育地之一，在建党过程中具有重要地位。以北京大学红楼（后文皆简称“北大红楼”）为代表的中国共产党早期北京革命活动旧址所承载的历史，是中国思想启蒙和民族觉醒的转折点，是中国新民主主义革命的伟大开端，在近代以来中华民族追求民族独立和发展进步的历史进程中具有里程碑意义，在中国共产党历史和中国革命史上占有极其重要的地位。

为庆祝中国共产党成立100周年，经报党中央批准，国家文物局和北京市共同规划实施了北大红楼与中国共产党早期北京革命活动旧址保护传承利用工程，在北大红楼举办“光辉伟业　红色序章——北大红楼与中国共产党早期北京革命活动主题展”。2021年6月25日，习近平总书记带领中央政治局同志到北大红楼参观，并发表重要讲话。6月29日，北大红楼整体对外开放，广大干部群众争相走进北大红楼，展览反响热烈，好评如潮。北大红楼及相关旧址保护利用工程，创造了新时代革命文物保护利用的北大红楼实践，成为部市合作开展革命文物保护利用的典范。

思想领航

党的十八大以来，习近平总书记高度重视革命文物保护利用工作，发表了一系列重要讲话，明确强调红色是中国共产党、中华人民共和国最鲜亮的底色，要把红色资源利用好、把红色传统发扬好、把红色基因传承好。革命文物承载党和人民英勇奋斗的光荣历史，记载中国革命的伟大历程和感人事迹，是党和国家的宝贵财富，是弘扬革命传统和革命文化、加强社会主义精神文明建设、激发爱国热情、振奋民族精神的生动教材。

习近平总书记每到地方考察，都要瞻仰对我们党具有重大历史意义的革命圣地、红色旧址、革命历史纪念场所，遍访革命故地、红色热土。从上海中共一大会址、浙江嘉兴南湖红船到北京香山革命纪念地，从江西赣州于都中央红军长征集结出发地、广西桂林全州红军长征湘江战役纪念园到甘肃张掖高台中国工农红军西路军纪念馆，从沂蒙革命老区山东临沂华东革命烈士陵园到大别山革命老区安徽六安红军纪念堂……习近平总书记每到一处，同大家一起回忆先辈们探寻革命道路时筚路蓝缕、艰苦奋斗的情景，让全党在精神上、思想上深受教育和洗礼。

习近平总书记关于革命文物的重要指示和重要论述，深刻回答了革命文物工作的一系列方向性、战略性重大问题，为新时代革命文物工作指明了前进方向、提供了根本遵循。

部市合作

国家文物局和北京市深入贯彻落实习近平总书记关于革命文物保护利用重要论述精神，自2020年3月起，庆祝中国共产党成立100周年为契机，在中宣部、中央党史和文献研究院的指导支持下，秉持“整体恢复社会教育功能、整体保护、整体利用”一体化理念，高位推动、创新机制、深度合作，成功实施了以北大红楼为中心的中国共产党早期革命旧址保护传承利用工程。

明确定位

2018年，中共中央办公厅、国务院办公厅印发《关于加强文物保护利用改革若干意见》《关于实施革命文物保护利用工程（2018~2022年）的意见》等文件，对新时代革命文物工作进行了全面部署。国家文物局高度重视，抢抓这一机遇，统筹谋划、全面推进革命文物保护利用，发布《革命文物保护利用“十四五”专项规划》，推动资源统计、专项调查、系统研究、片区保护利用、示范引领、提升保护级别等系列工作，基本摸清革命文物资源家底，全国革命文物保护利用状况明显改善，保护传承体系日趋健全，以伟大建党精神为源头的中国共产党人精神谱系广为彰显，革命文物等红色资源在赋能公众文化生活、促进经济社会发展、实现中华民族伟大复兴中国梦方面的独特作用持续提升。

北京革命文物丰富、红色基因深厚。北京市坚持以首善标准做好革命文物保护利用工作，结合《北京市推进全国文化中心建设中长期规划（2019年~2035年）》《北京市关于推进革命文物保护利用工程（2018~2022年）的实施方案》，大力实施革命文物集中连片保护，规划建设建党、抗日战争、新中国成立三大红色文化主题片区。其中，与国家文物局密切合作，统筹规划对以北大红楼为代表的中国共产党早期北京革命活动红色旧址群实施保护修缮、提升改造和专题展览工作，全面系统展现中国共产党早期北京革命活动的光辉历史、独特贡献和时代价值。

2021年是中国共产党成立100周年，是实现第一个百年奋斗目标、全面建成社会主义小康社会的重大历史节点。庆祝党的百年华诞，是党和国家政治生活中的一件大事。开展以北大红楼为核心的中国共产党早期北京革命活动旧址保护传承利用工程，是庆祝建党100周年的重大献礼工程，对于激励广大干部群众传承弘扬以伟大建党精神为源头的中国共产党精神谱系，不忘初心、牢记使命，奋进新征程、建功新时代，具有重要意义。

高位推进

北大红楼是第一批全国重点文物保护单位，自20世纪60年代起，先后有多家文物机构在这里办公。2001年，为更好地保护这座历史建筑，国家文物局专门成立“红楼管理处”负责北大红楼的保护利用和日常维护。2002年，成立北京新文化运动纪念馆，北大红楼一层作为展厅对外开放。2018年，协调各方，搬迁相关机构，腾出红楼二层用于扩大展览。

2020年1月8日，北京市委主要负责同志召开专题会，听取了北京市委宣传部关于北大红楼与中国共产党早期北京革命活动旧址保护传承专题调研情况，明确要求做好旧址群体保护，按照适度恰当、因地制宜原则，在北大红楼举办综合主题展。

经国家文物局和北京市委宣传部充分协商，就北大红楼保护利用和举办主题展览达成一致意见：一是保持北大红楼的产权和管理使用现状不变，建立合作机制，共同推进北大红楼保护利用工作。二是充分发挥国家文物局专业职能和资源优势，北京市配合，加快推进北大红楼文物本体排查、加固和保护工作。三是原则上整体恢复北大红楼的社会教育功能，进行整体保护、整体利用，对北大红楼现第三、四层国家文物局所属单位办公及附属功能进行疏解腾退，完整体现革命文物保护利用工作的严肃性和庄重性。四是根据国家文物局所属单位的合理办公需求以及北京城区实际情况，依据国家有关政策规定，由北京市协调解决办公场所。

2020年4月，北大红楼与中国共产党早期北京革命活动旧址保护传承利用工作领导小组成立。北京市委主要负责同志担任领导小组组长。国家文物局、北京市政府主要负责同志和有关负责同志任领导小组副组长。北大红楼与中国共产党早期北京革命活动旧址保护传承利用工作领导小组先后召开三次全体会议，研究审议工作中的重大事项，协调解决工作中的重大问题，明确工作推进方向及进度。

领导小组下设办公室，北京市委宣传部主要负责同志任办公室任主任。国家文物局相关单位（部门）和北京市相关单位（部门）相关负责同志任办公室成员，下设综合协调组、保护维修组、内涵挖掘组、展陈策划指导组、北大红楼专项工作组等五个工作组，形成了多部门、多单位合作共建的工作机制。领导小组办公室积极主动发挥牵头、协调作用，切实贯彻落实领导小组会议精神，切实推动各项工作。各工作组以目标为导向，全力实施，通力合作。在部市合作机制的高位统筹和保障推进下，北大红楼保护利用工作顺利展开。

整体规划和保护利用一体化理念

在实施北大红楼的保护传承利用工作中，国家文物局和北京市坚持整体规划、整体保护、整体利用的理念，坚持适度、恰当原则，把保护作为第一要务，把有效利用作为根本目的，把打造精品作为历史担当，革命文物得到充分利用，独特优势得到充分发挥。

坚持统筹规划，系统连片保护。把红楼保护利用方案与全国文化中心建设总目标相统一、与北京城市总体规划相融合、与人民群众对红色文化的内在需求相衔接。同时以北大红楼为龙头，将北京市31处中国共产党早期北京革命活动旧址作为一个有机整体，坚持整体保护、连片打造，落实文物保护法律法规，编制实施保护修缮方案，适当采用现代科技手段，使文物旧址焕发时代风采。

坚持最小干预，提升整体风貌。对红楼本体的修缮尽可能保留历史信息，坚持最小干预、修旧如旧。对红楼周边环境整治，结合贯彻首都功能核心区控规和老城整体保护，推进实施旧址周边200米范围内环境整治提升，改善周边居民生活环境。在北大红楼院落整治提升上，围绕北大红楼整体保护利用方案，把实际功能和美学功能统一起来，着力提升参观体验。比如，在设置交通引导标识和旧址标牌时，注重将标识标牌融入周边环境和旧址风格，营造庄重、简约、和谐、便利的参观氛围。

坚持深化研究，深挖内涵价值。聚焦中国共产党早期北京革命活动这一主题，深度挖掘北大红楼红色资源的历史内涵和红色基因，着力提升利用价值，增强教育意义。在项目策划实施过程中，把展览展示和内涵研究相结合，实现两者相互促进，共同提升。比如，同步推进北大红楼革命精神课题研究、“北大红楼与中国共产党创建历史丛书”编写、展览策划和布展工作，及时将课题研究成果和丛书资料充实进展览大纲，将展览征集的文物史料补充至内涵研究，做到节奏协调、同向发力。在展览展示内容把关上，邀请权威专家严格审核，确保导向正确、史实准确。比如，先后组织邀请共青团中央、中央党史和文献研究院、北京大学及国防大学联合勤务学院等单位权威专家审读系列展览大纲细目和版式稿，认真研究、吸收专家意见，不断修订完善展览内容。对照党的两个历史决议和中央有关文件精神，核实党的早期重要历史人物的评价。还邀请中央编译局和中国外文出版发行事业局专家校对审核展览英文翻译等。

坚持因地制宜，打造精品展群。“光辉伟业　红色序章——北大红楼与中国共产党早期北京革命活动主题展”是整体工作的重中之重。主题展围绕北京在党的创建过程中四个方面的独特贡献，依托北大红楼文物本体和现有60多个房间的结构布局，按空间、专题设置内容，成为充分利用革命旧址举办大型主题展的典范。在内容方面，主题展注重凸显李大钊、陈独秀、毛泽东等重点人物，做到有物可看、有史可寻，同时这些内容也构成了展览的亮点。比如，关于李大钊，展出了他最早系统传播马克思主义，在高校讲授马克思主义课程，以及壮烈牺牲等珍贵文物资料；关于青年毛泽东，围绕两次来京，展示了他确立马克思主义信仰的思想轨迹。这些都极大丰富了文物陈列的思想内涵。依托31处革命旧址布设的9个专题展则以旧址本身的主题内容为基础，选取特定角度，聚焦专题和历史细节，深化拓展主题展。比如，根据《京报》是民国时期知名进步报刊的史实，在京报馆旧址举办“百年红色报刊”专题展，集中讲述党的红色报刊发展历史；还与中央党史和文献研究院合作，在中法大学旧址举办“马克思主义在中国早期传播”“马克思主义中国化的光辉历程”基本陈列，这在国内尚属首次。主题展与专题展有总有分、相互联系，彼此呼应、相互印证，共同形成了精品展览群。

修旧如旧，整体恢复社会教育功能

按照合作共建原则和总体工作安排，2020年4月开始，国家文物局与北京市共同组建北大红楼工作专班，各参与单位积极行动，腾退安置、保护修缮、环境整治等各项工作有序展开。

科学保护，修旧如旧。国家文物局、北京市高度重视北大红楼保护修缮，坚持保护第一，突出修旧如旧，强化持续监测，在保护修缮过程中做到三个坚持。一是坚持系统研究，夯实保护基础。注重将深化研究贯穿北大红楼保护修缮的方案制定和工程实施全过程。加强文献研究，在方案设计阶段查阅了大量的北大红楼历史照片、图纸和档案，分析并调研了北大红楼原建造公司——中法实业公司和义品公司——设计建筑的手法，考察了北京周边同时期同类型历史建筑的特点，让维修工作有史可查。系统梳理历次修缮工程的重点、措施和做法，特别是对参与过1961~1962年修缮工程的文物专家进行了回访，细致考证北大红楼的原形制、原工艺和历史原貌，大到街区环境、小到墙缝修补，让维修工作有据可依。加强价值研究，深入挖掘北大红楼所承载的光荣历史、所蕴含的革命精神、所彰显的时代价值，不断增强对旧址保护重要性的认识和把握。二是坚持最小干预，精心组织实施。加强勘察评估，对北大红楼进行了一次全面系统的健康“体检”，对地基、墙体、木屋架的稳定性和安全性开展了专项检测，尽可能摸清旧址建筑的保存现状和安全隐患。加强科学保护，坚持现状整修、局部加固的总体思路，对修缮部位在反复论证、对比试验的基础上遵循原工艺原做法有序施工，尽可能保留历史信息。比如，对开裂、损朽等存在安全隐患的木构架进行替换或加固；对表面酥碱微风化、弱风化的墙体不替补不更换，对墙面酥碱处进行封护，延缓病害发展，留存岁月痕迹；对瓦面有微残损、小残损但不影响使用的红瓦不更换。加强技术指导，规范现场管理，统筹保护展示，做好疫情防控，在施工过程中特别强调设计单位和文物专家的全程参与、全程指导，召开了100多次专家会、论证会，确保施工进度和工程质量。三是坚持持续监测，确保文物安全。坚持保用结合、防微杜渐，加强日常养护和精准管理，对北大红楼游客承载量进行专题研究论证，常态开展文物安全监测，重点监测文物结构安全、风险敏感区域和游客影响，及时评估病害风险，前瞻谋划应对措施，为保护、管理、运用好北大红楼红色资源做好数据支撑和技术保障。

整体保护，连片打造。以北大红楼为龙头，将北京市31处中国共产党早期北京革命活动旧址作为一个有机整体，系统保护、连片打造，统筹好抢救性保护和预防性保护、本体保护和周边保护、单点保护和集群保护，做到应保尽保。根据31处旧址实际情况，因地制宜，分成重点保护、一般保护、维持原貌三类，进行维护修缮、恢复原貌，征集文物、丰富陈列、挖掘内涵、深化研究等工作，如实再现中国共产党早期北京革命活动场景，进一步提升宣传利用效果。

区域统筹，抓点带面。在旧址周边环境整治提升中，坚持首善标准，打造干净整洁、庄重沉稳的环境面貌。一是加强区域统筹，注重革命旧址建筑和周边环境风貌协调统一。依据城市总体规划、首都功能核心区控规、老城整体保护规划，将革命活动旧址周边环境整治提升与背街小巷环境整治、街区更新、老旧小区综合整治等重点民生工程相结合，统筹空间设计和风貌管控，让红色文化自然融入百姓生活、融入现代空间、融入城市气质。比如北大红楼周边环境整治，统筹减量周边各类设施，原有36根公安交通杆“多杆合一”减少至14根，11台大型箱体“三化”整合为6台，还原建筑肌理，呈现历史感。二是发扬工匠精神，精心组织实施。明确规范标准，确定修缮外墙立面、规范牌匾标识、完善公共服务设施等十个方面工作内容。每个点位精心设计，一点一策，确保色彩、样式、风格与旧址风貌相匹配。三是抓点带面，推动区域环境整体面貌提升。坚持抓点带面，实施综合整治，整饰建筑物外立面、铺设步道、铺种公园草坪，完成电力、通信架空线入地，旧址周边区域整体环境面貌得到显著改善。四是便民利民，共建共享整治成果。为了方便市民寻址问路、参观出行，系统梳理旧址周边公共空间环境，设置旧址指示引导标识。完善长效管理机制，充分发挥街巷长作用，统筹小巷管家、网格员、协管员等队伍，广泛发动群众，调动多元主体参与，让广大市民共享整治成果。

综合布展，展览与旧址有机融合

中国人民抗日战争纪念馆与北京鲁迅博物馆（北京新文化运动纪念馆）协同合作，紧扣“北大红楼与中国共产党早期北京革命活动”主题定位，从史料征集、馆藏文物档案梳理、旧址复原到主题展览布展流线，反复论证，充分展现北京作为中国共产党的主要孕育地之一在建党过程中发挥的重要作用和作出的重要贡献。

“光辉伟业　红色序章——北大红楼与中国共产党早期北京革命活动主题展”分为“经历近代各种力量救亡图存探索的失败，工人阶级开始登上历史舞台”“唤起民族觉醒，构筑新文化运动的中心”“高举爱国旗帜，形成五四运动的策源地”“播撒革命火种，打造马克思主义在中国早期传播的主阵地”“酝酿和筹建中国共产党，铸就党的主要孕育地之一”“不忘初心、牢记使命”六部分，共19个单元。展览面积约6000平方米，展出图片958张（含文字版、表格、地图）、文物1357件、艺术品40件（雕塑13件、绘画27件）、景观类作品25组（壁饰22组、艺术景观3组）、沙盘模型5组、全息影像2组、体验式投影2组、交互触摸屏20组、珍贵影像视频13个。

同时，展览将北大红楼内旧址纳入参观流线，复原展示李大钊、毛泽东等人的办公场所，让展览与旧址有机融合、相得益彰。

主题展最大特色是在全国重点文物保护单位北大红楼内举办，以嵌入式展览设计理念将瞻仰北大红楼与参观主题展览相统一，工作中既要保护原有风貌，又要有效表达主题，还要方便群众参观，形成了六个鲜明特点。

一是突出政治性，将历史叙述与红色基因传承结合起来。在对党的北京早期革命活动进行深入细致研究梳理的基础上，广泛征集珍贵文物资料，还原历史真相、重建历史现场，使展览主题具有坚实的史实支撑，确保展览内容成为信史、正史。同时，坚持党的意识形态阵地属性，从百年党史的源头着手，回望共产党人精神家园的发轫地，探寻党的初心使命的孕育背景和脉络，生动再现党在北京早期革命活动的光辉历程。树立正确的党史观，旗帜鲜明地反对和抵制历史虚无主义，准确把握党史的主题主线、主流本质，从而引导人民群众坚定不移听党话、跟党走。

二是深化思想性，将呈现历史事实与反映历史规律结合起来。透过党在北京早期革命活动，研究提炼北大红楼革命精神，深挖这一精神背后深刻的思想文化渊源和社会历史条件；同时，组织出版“北大红楼与中国共产党创建历史丛书”。这些研究成果，不仅客观地还原了历史事实，而且深刻揭示了近代以后中国社会和中国革命的发展规律，具有丰富的思想内涵，为展览提供了扎实的学术和思想支撑，从而取得以事明理、以理驭事的显著效果。

三是凸显教育性，将反映党的早期历史与服务党史学习教育结合起来。紧紧围绕党史学习教育要求和需求，聚焦李大钊、陈独秀、毛泽东等重点人物和重大历史事件，精选展出李大钊《狱中自述》，毛泽东、蔡和森建党通信等重点文物数十件；展出全部63期《新青年》杂志、多版本《共产党宣言》、全套《共产党》月刊等重要文物史料。这些珍贵资料，丰富多样、真实感人，使参观者能从中切身感悟革命先辈振兴中华、造福人民的爱国情怀，坚定信仰、追求真理的科学态度，动员人民、组织群众的实践精神，勇于牺牲、义无反顾的崇高品格，从而激励广大党员干部更加自觉践行初心使命。

四是注重系统性，将宏观表达与微观呈现结合起来。采取全景式立体化展览方式，既展示“树木”，又展现“森林”。在纵向上，坚持大历史观，把党在北京早期革命活动置于中华民族五千多年的文明史、党的百年奋斗史中，来认识它的历史必然性；在横向上，提炼“关键词”，围绕新文化运动、五四运动、马克思主义早期传播和中国共产党孕育等四个方面重点展开，从整体上表现其重大历史贡献。同时，打造“故事盒”，注重细节打磨和微观呈现。如对李大钊、陈独秀、毛泽东分别工作过的图书馆主任室、文科学长室、报纸阅览室等6处旧址进行精心复原，让参观者身临其境地感悟先辈的革命足迹，从而更加坚定理想信念、勇于使命担当。此外，安排两个展厅以沙盘和图板形式对31处旧址整体情况进行集中展示，使之成为一个有机整体。

五是兼顾艺术性，将传统展示方法与创新展陈方式结合起来。紧密结合北大红楼空间结构和历史文化的特殊性，精心制定工作方案，个性化设计展陈形式，做到内容上“一室一专题”，形式设计上“一室一方案”。巧设“驻足点”，重点再现重大历史事件；精心设计展陈方式，既保护房间原貌，又巧妙展现文物内容；采用创新技术，设置20组触摸屏，展现1700余个界面，从而使参观者可在丰富的数字化知识体系中学习党的历史、感悟党的初心。

六是增强便民性，将做好接待服务和满足多样性需求结合起来。在有限的空间内，精心设计设置参观流线图、指示标识，开发明信片、首日封等纪念产品，开设书店和文创服务区，尽力满足观众多方面的需求。同时，在分时段安排专业讲解基础上，在一些展室开发二维码，观众可以通过扫描二维码，了解相关背景知识及其他旧址情况，从而尽可能实现把展览带回家的心愿，并根据个人需求随时了解这段历史。

立体传播，掀起红色热潮

为充分发挥北大红楼与中国共产党早期北京革命活动旧址的社会教育作用，在领导小组统筹协调下，发挥各方优势，深入挖掘其背后蕴藏的丰厚红色文化资源，实施中国共产党早期北京革命活动历史立体传播工程，综合运用展览、图书、影视作品、歌曲戏剧、融媒体产品等形式讲述革命故事。

除了精心策划打造精品展览和编撰“北大红楼与中国共产党创建历史丛书”外，还围绕“中国共产党创建”这一主题，聚焦北京早期革命活动的重大事件、重要人物、重要场所及其所承载的历史内涵，组织拍摄了重大革命历史题材电视剧《觉醒年代》并在央视综合频道黄金时段首轮播出，收视率稳居中国视听大数据排行榜第一，打破了党史题材电视剧的多项纪录，掀起追剧热潮，成为现象级作品。该剧以李大钊、陈独秀、胡适从相识、相知到分手，走上不同人生道路的传奇故事为基本叙事线，以毛泽东、周恩来、陈延年、陈乔年、邓中夏、赵世炎等革命青年追求真理的坎坷经历为辅助线，艺术地再现了百年前中国的先进分子和一群热血青年演绎出的一段追求真理、燃烧理想的澎湃岁月，深刻地揭示了马克思主义与中国工人运动相结合和中国共产党建立的历史必然性。随着《觉醒年代》的播出，北大红楼、李大钊故居、《新青年》编辑部旧址等迅速“出圈”，成为热门红色文化“打卡地”。

大型文献纪录片《播“火”——马克思主义在中国的早期传播》，于2021年6月14~18日黄金时间在北京卫视金牌栏目“档案”推出。该片聚焦作为“播火者”的革命先驱们，从思想、文化视角讲述党史。一群来自首都高校马克思主义学院的年轻人走上屏幕用心讲述，一批著名专家学者进行现场解惑，依托浩如烟海的书籍档案，百年前的马克思主义追随者和新时代马克思主义研究者之间，百年前的《新青年》与新时代青年之间，产生了深邃的思想交流，形成了生动的对话。该片为主旋律题材的纪录片创作开辟了新路。

北京京剧院推出新编现代京剧《李大钊》，通过撷取李大钊在1918年至1927年4月间的一系列革命活动，再现了李大钊在北京大学工作期间积极宣传马克思主义理论和共产主义思想，护送陈独秀离京赴沪并相约建党，以及策划长辛店铁路工人大罢工、领导并组织北京各界人士的反帝斗争，直至被反动派杀害、英勇就义的重要历史事件，展现了无产阶级革命家短暂而又壮阔的一生。

此外，还策划推出了电影《革命者》、电视剧《长辛店》、新编现代京剧《石评梅》等系列文艺精品。

以北大红楼和中国共产党早期北京革命活动旧址保护利用和庆祝中国共产党成立100周年为契机，北京市依托北大红楼成立了中国共产党早期北京革命活动纪念馆，首次发布红色旅游地图。地图包含红色旅游景区、中国共产党早期北京革命活动旧址以及全市爱国主义教育基地分布信息，并印有9条红色旅游精品线路。通过地图，市民、游客既可以准确查找红色资源点位，又可以参考线路进行游览参观。

北大红楼正式开放以后，广大党员干部、群众参观踊跃，反响强烈，形成了参观热潮，北大红楼旧址保护传承利用工作得到社会各界的高度评价和赞誉。北大红楼保护展示工程荣获第三届（2021）全国革命文物保护利用十佳案例；“光辉伟业　红色序章——北大红楼与中国共产党早期北京革命活动主题展”先后荣获2021年度“弘扬中华优秀传统文化　培育社会主义核心价值观”主题展览征集重点推介项目、第十九届（2021）全国博物馆十大陈列展览精品推介特别奖；北大红楼先后被评为北京市党员教育培训现场教学点、北京市文化旅游体验基地、北京市少先队校外实践教育基地。北大红楼成为首都乃至全国服务党史学习教育、主题教育公认的优秀实景课堂。

对外开放两年来，北大红楼累计接待来自党政机关、军队、高校和企、事业单位等参观团体近6000批，300余位省部级以上领导和50余万观众先后走进北大红楼，参观主题展览，追寻初心使命。北大红楼这座历经百年沧桑的红色建筑，正重新焕发出伟大建党精神的磅礴伟力，在新时代的首都北京绽放出更加耀眼的光彩。

北京大学红楼保护利用工程报告

历史沿革与遗产价值

环境区位

北大红楼位于北京市东城区五四大街29号，是北京大学旧址。

北大红楼始建于1916年，建成于1918年。因其外墙和屋顶所用砖瓦为红色，人们习惯上称之为红楼。红楼原拟作预科学生宿舍楼，后改作教学办公楼。

红楼的建成和投入使用恰逢蔡元培出任北京大学校长之后，秉持“思想自由，兼容并包”的办学方针，仿世界大学之通例，提倡新文化、新思想、锐意求新。陈独秀、李大钊、毛泽东、蔡元培、胡适、鲁迅都曾在红楼工作或学习。新文化从这里席卷全国，五四游行队伍从这里出发，中国共产党北京早期组织在这里诞生。1961年3月，北京大学红楼被国务院公布为第一批全国重点文物保护单位。

北大红楼北临原民主广场（现为《求是》杂志社庭院广场），南依五四大街，西临《求是》杂志社宿舍区，东靠北河沿大街（原东安门北街），坐落于皇城保护区之内。周边一公里范围内，分布着原北京大学的京师大学堂旧址、理科数学楼、民主广场、女子宿舍、孑民堂以及陈独秀旧居、毛泽东当年居住地等重要红色遗迹，红色资源丰富、集中，特色突出、优势明显。按照北京市城市规划，景山东街和五四大街建成以京师大学堂、北大红楼等为主的近现代历史文化旅游街区，有着深厚历史底蕴、充满文化气息的北大红楼是这一街区东段的起点。

北大红楼 1959 年航拍图

北大红楼北侧民主广场原貌

北大红楼主楼东南立面竣工图

历史沿革

1898年，中国近代第一所由中央政府创办的综合性大学、北京大学的前身——京师大学堂——成立。其最早的校址位于距离当时紫禁城（今故宫博物院）北门不远的马神庙和嘉公主府。

1900年7月9日，京师大学堂暂时停办。1902年1月10日，京师大学堂复校并增设学科，因校舍不足，且没有体育运动场地，清内务府将其掌管的皇家产业、马神庙东边的沙滩大院南部八百多平方丈的空地“汉花园”和以一千五百两白银租用的“松公府”余地拨给了大学堂以增建校舍。

1916年，由于学校规模的扩大，时任北京大学校长的胡汇源报请教育部向比商仪品公司贷款20万元，拟于沙滩“汉花园”空地兴建一座拥有300多间房屋的5层大楼，计划作为学生宿舍使用。

1916年12月初，胡汇源辞去北京大学校长职务。月

北大红楼原貌局部

底，蔡元培被委任为北京大学校长。蔡元培就任后，对北京大学进行了全面整顿，并增聘教授、扩大招生，进一步凸显了校舍的紧张。1918年3月，学校决定将原先计划作为预科学生宿舍的红楼改做教学办公用房，作为文科教室、研究所、图书馆与校部行政办公地点。

1918年8月，红楼建成后，校部办公室、图书馆和文科各门等都从原公主府校区迁入红楼，称为文学院。一层大部分为图书馆，包括图书馆主任室、编目室、登录室、日报资料收集室、报刊阅览室、藏报室及书库等共14间；二层为校内行政部门和大教室，包括校长办公室、文学院文科和理科学长办公室、各系教授会、教务处、总务处、学生会办公室及教室等；三、四层为教室，并设有教授休息室和学生饮水室等；地下室为学校的印刷厂，包括排字间、校对室、印刷车间、档案库和锅炉房等。

1919年，北京大学正式废门改系，红楼改称北京大学第一院；七七事变后，红楼被日军强占成为宪兵司令部；1943年，红楼交还给当时的北京大学；抗战胜利后，四层改为青年教师宿舍。

1950年，红楼开辟了“李大钊先生纪念堂”和“毛泽东在校工作室”。

1952年，北京大学迁出。

1961年，北大红楼被国务院公布为第一批全国重点文物保护单位。

1962~1969年，文物博物馆研究所（原古代建筑修整所）、文物出版社相继迁入红楼办公；1970年，“图博口”领导小组（后为国家文物局）迁入办公；2001年，国家文物局迁出。

2002年，北大红楼成立北京新文化运动纪念馆并对外开放，被命名为北京市爱国主义教育基地。

2005年，文物出版社等在红楼办公的单位相继迁出。

2014年，北京新文化运动纪念馆与北京鲁迅博物馆合并为北京鲁迅博物馆（北京新文化运动纪念馆）。

2016年，北大红楼入选首批中国20世纪建筑遗产名录。

价值评估

艺术价值

北大红楼是典型的近代建筑遗存，是民国初期“洋风”建筑的代表之一，是多元文化下的历史见证。民国初期思想活跃，欧风盛行，中国传统建筑文化与外来建筑文化不断碰撞、融合，逐步形成了独特的建筑风格，在建筑形式上吸收了外来建筑手法，将欧洲经典的与中国传统的建筑形式、材料、符号相结合，创建出一批特征明显的“民国建筑”，使近现代文物建筑呈现出多姿多彩的面貌。红楼即为这一时期北京最具时代气息的民国建筑实例之一。

红楼立面呈对称布局，体量宏大，采用纵向三段、横向五段的典型建筑装饰手法，比例和谐，庄重大方。立面主色调以红色为主，间杂灰色，两种颜色的穿插运用既突出西洋建筑的风格，又与当时北京深灰色的主色调相协调。

建筑基座以灰砖砌出水平横向线角，转角处采用灰砖和红砖咬接拼砌手法，窗口水平券、拱券结合使用，使建筑富于变化。南入口用塔司干式双柱门廊、雨篷上设瓶式栏杆，并通过圆拱形长窗和断开式山花加以强调，突出了入口。

檐口挑椽使屋檐轮廓更加突出，丰富了建筑的立面造型，赋予建筑韵律感和节奏感。

红楼内部装修朴素大方，木制楼梯扶手精致简洁，木地板、木门窗、木楼梯全部油饰为暗红色，整体装修风格色彩统一、内外呼应。

红楼突出的建筑色彩与建筑手法，体现了其特有的建筑艺术价值。

北大红楼南入口

北大红楼檐口挑椽

北大红楼内木门

北大红楼木窗

北大红楼内楼梯扶手

科学价值

红楼空间对适应性及实用性的要求，凸显了红楼从外到内布局与结构体系的科学价值。

红楼的结构体系简单合理，荷载传递方式明确，是典型的民国砖木建筑结构体系的实例。在结构技术方面，红楼采用了砖木结构，并通过纵墙承重，纵墙承受楼面荷载，横墙承受顶层屋面荷载，类似硬山搁檩做法。建筑基础为砖砌条形基础，楼面为木龙骨铺钉木地板；屋面结构为木桁架，坡屋顶。其结构构造具有易于取材、工艺简便等特点。

在细部做法方面，外墙面为红色与灰色黏土砖清水砌筑，砖缝勾白灰砂浆，其“鼓缝”处理手法明显区别于中式传统作法，是典型的西式工艺形式。在建筑材料方面，所使用的红砖、灰浆、灯具、

北大红楼所用的德国产红瓦

北大红楼坡屋顶

油漆，尤其是红瓦和铸铁暖气片，都具有鲜明的时代特征。

在设备设施方面，红楼安装有上下水系统，铸铁暖气片为德国生产（至今仍在使用），自备锅炉房供暖，白炽灯照明。这些在当时均属于比较先进的建筑设备设施。根据现状和老照片记录，红楼屋面所设多个砖砌烟囱，应与原有供暖方式有关。

以上细节，充分体现了红楼的建筑科学价值，也是研究民国初期建筑材料工艺水平的典型实物例证。

红楼空间布局合理，使用功能灵活，更增强了红楼建筑空间的适应性及实用性。红楼建筑平面呈“凹”字形，主次分明，功能突出。建筑平面设中走廊，走廊两侧布置多门大开间房间，布局紧凑，使用便捷，交通组织合理。门窗设置选型得当，半地下室房间通风和自然采光也十分良好。

北大红楼里所用的德国产铸铁暖气片

北大红楼内走廊

北大红楼采光良好的半地下室

文物价值

北大红楼是新文化运动的主要营垒、五四爱国运动的策源地和中国共产党早期组织的重要活动场所之一，是重要的爱国主义教育基地，具有极高的历史价值、文化价值、社会教育价值。

新文化运动的中心

1916年12月底，蔡元培出任北京大学校长后，按照西方近代大学模式和教育理念对旧式北京大学进行整顿和改革，促进了新思想、新文化、新人物的大汇聚。他聘请陈独秀担任北京大学文科学长，同时聘请李大钊、胡适、鲁迅、钱玄同、刘半农、沈尹默、周作人、杨昌济等新派人物到北京大学执教，北京大学很快成为新文化运动的中心。红楼建成后，北京大学文科迁入，这里成为新文化运动最活跃的地方。

1917年1月，陈独秀正式就任北京大学文科学长，《新青年》编辑部随之由上海迁至北京。由此，北京大学形成了以《新青年》编辑部为核心、以众多新派人物为团体成员的新文化阵营，并促使进步社团和进步刊物的大量涌现，成为传播新思潮的思想高地，以及推进新文化运动的主要阵地。

1920年北京大学政治系毕业生与教师合影

抗战胜利后，胡适任北大校长时，北京大学文法学院毕业生合影

五四运动的策源地

第一次世界大战期间，日本疯狂扩大对华侵略，以“参战”为名，趁机抢占中国山东，山东问题成为中日外交矛盾的聚焦点。

1919年5月，战后巴黎和会上中国外交的失败，粉碎了国人对资本主义列强的幻想，成为激励中国人民奋起抗争的转折点。5月4日，北京大学的学生在红楼集合列队，手持爱国标语，出发到天安门前游行示威，发出了“外争主权、内除国贼”“废除二十一条”“还我青岛”的呼号，强烈要求北洋政府拒绝在巴黎和约上签字，并罢免亲日派官僚曹汝霖、章宗祥、陆宗舆。北京学生率先举行的抗议行动，很快发展成社会各界广泛参加的全国规模的反帝爱国运动。五四运动首先从这里爆发，进而席卷全国，北大红楼成为五四爱国运动的策源地。

马克思主义在中国早期传播的主阵地

中国的马克思主义传播始于北京。新文化运动兴起之后，各种新思潮蜂拥而入，为马克思主义在中国的广泛传播提供了广阔的历史文化背景。俄国十月革命和五四爱国运动的爆发，唤醒众多的进步知识分子关注、研究和宣传马克思主义，其中北京大学师生发挥了先导和主力军作用。特别是陈独秀及其创办的《新青年》迁京之后，在北大红楼形成了一个研究和传播马克思主义的中心。代表人物除了陈独秀、李大钊之外，还包括罗章龙、刘仁静、邓中夏、张太雷、高君宇等人。他们不仅在《新青年》等刊物上发表文章，介绍马克思、列宁的学说，而且还创建了马克思学说研究会、少年中国学会、社会主义研究会等社团，研究、讨论和宣传马克思主义。这都有力地推动了马克思主义的早期传播，扩大了马克思主义的影响范围。北大红楼也由此成为早期马克思主义者在中国最早的传播地。

中国共产党的主要孕育地之一

北京是中国共产党的重要孕育地。

1920年3月，邓中夏、高君宇等北京大学的进步学生在李大钊指导下，秘密成立中国第一个研究传播马克思主义的团体——北京大学马克思学说研究会。在北京，初步具有马克思主义觉悟的知识分子，通过翻译著述、撰写文章、举办讲座、组织社团、创办刊物等多种形式，努力在人民群众中宣传十月革命和马克思主义，使马克思主义在北京迅速传播开来，引导一大批进步青年走上马克思主义革命道路，为中国共产党的创建做了思想准备。

五四运动之初，北京青年学生起到了先锋作用。随后工人举办声援学生的罢工，成为运动后期的主力军。李大钊、邓中夏等具有初步共产主义思想的知识分子，看到中国工人阶级在运动中展现出来的伟大力量，开始深入工人，投身到群众斗争中。与此同时，一批先进工人在与进步知识分子接触的过程中，受到马克思主义的教育而提高了阶级觉悟，成为工人阶级先进分子。

1920年2月，李大钊和陈独秀相约在北京和上海建党。李大钊在北京首先会见了国际共产代表维经斯基，并介绍维经斯基去上海与陈独秀会面，加快了中国共产党的创建过程。8月，上海共产党早期组织正式成立。10月，李大钊、张申府、张国焘在红楼李大钊办公室正式成立北京共产党小组。11月，北京共产党小组召开会议，决定成立共产党北京支部，李大钊任书记。党的一大召开前，全国8个地方建立的早期党组织中，有7个地方的负责人或是北京大学师生，或参加了北京大学马克思主义学说研究会的活动，或在北京大学受到马克思主义启蒙和影响。据不完全统计，全国58位早期党员中，在北京大学入党的师生有15人，在北京大学学习和工作过的校友有9人，二者占总数的41%。可以说，北大红楼是早期中国共产党人的摇篮。

中国近现代高等教育和北京大学历史的重要见证

北京大学的前身是清末京师大学堂。1898年，清政府建立了中国第一所具有现代意义的大学（高等学府）——京师大学堂，其成立标志着中国近代高等教育的开端。1912年，中华民国教育部将京师大学堂更名为国立北京大学。1918年，红楼落成，连同“松公府”在内，成为北京大学校本部（当时包括校部、图书馆、文学院和教学楼等）的新址，后被定作北京大学“一院”。1952年，大学院系大调整，北京大学校舍迁至北京西郊海淀现址，红楼作为标志性建筑物，成为中国近现代高等教育和北京大学历史的重要见证。

重要的党史国史和爱国主义教育基地

北大红楼是中国共产党早期北京革命活动纪念馆所在地，人们通过参观主题陈列、专题展览、旧址复原等内容，深入了解中国共产党创建时期北京革命活动对中国思想启蒙、民族觉醒和社会革命的里程碑意义，全面展示中国共产党创建时期北京革命活动的光辉历史，接受革命传统、爱国主义教育。这里先后被命名为全国关心下一代党史国史教育基地、北京市爱国主义教育基地、北京市学校“大思政课”实践教学基地、北京市党员教育培训现场教学点、北京市少先队校外实践教育基地、东城区爱国主义教育基地等。

北大红楼被命名的各种教育基地牌匾

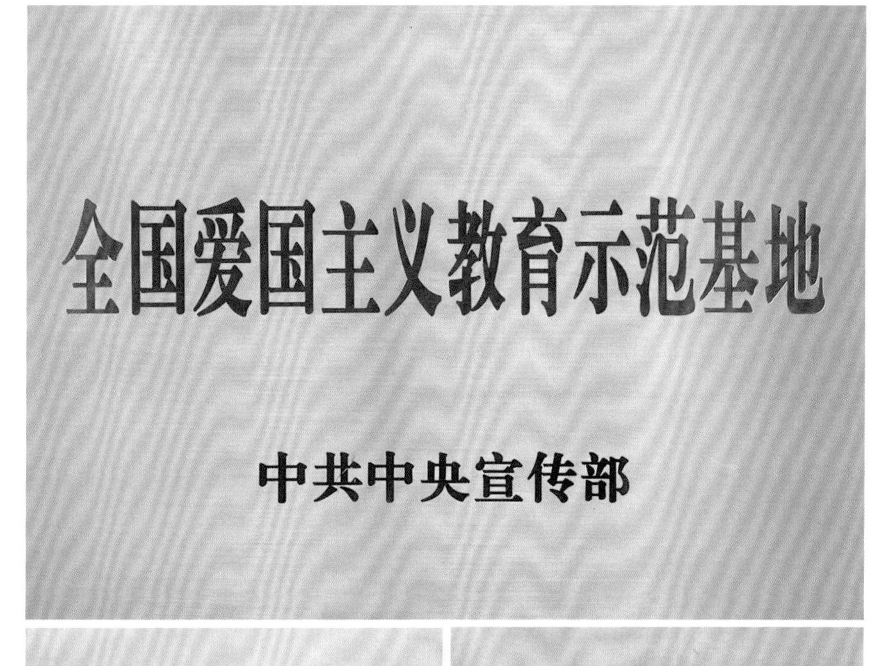

保护修缮

修缮回顾

红楼历次维修分为建筑本体及设备维修、庭院整修、系统保护三项主要内容。

建筑本体与设备维修

1959年，西翼地下室和西翼一楼增加钢筋混凝土梁、柱，加设隔断，翻修屋面增加望板、挂瓦条，安装避雷设施等。

1971年，针对东翼外墙竖向裂缝问题对东翼地基进行加固。

1978~1980年，整体结构抗震加固，翻修屋面（重点更换挑檐木和局部腐朽望板），整修全部木地板，重做室内隔断墙、天花板，室内粉刷及全部装修油饰；整改上下水管道（厕所蹲坑移位），暖气片现状整修，电线改为铜线。

1989年，室内供暖系统改装（保留原有暖气片），改造厕所设施，增加地面瓷砖，更换原木制接线盒及明线槽板（改为绝缘管），屋面全面挑顶翻修。

1993~1994年，室内装修。

1995年，对顶层木屋架局部斜劈裂构件进行加固。

2000年9~10月，粉刷地下室墙面，更换部分挑檐木，油饰粉刷地下室墙面，更换卫生间小便池及墙面贴砖。

2003年，对楼体进行安全检测和评估；改造热力供暖系统，与市政供暖系统连通。

2008~2009年，修缮屋面、墙体，对室内进行装修及修缮，安装电气系统、防雷与接地系统、安防系统，综合布线，安装消防系统，维修更新室内给排水系统，安装空调系统、采暖系统。

2015年在原木地板表面，加铺一层与其颜色接近的复合地板。

2017年屋面局部做了防水。

庭院整修

北大红楼目前所属院落不包括五四广场（即原民主广场），红楼院内南、北现有附属建筑基本为后来改建或添建。

1978年，启用后院锅炉房（地下室锅炉房停用），建东传达室。

1994~1995年，改建前院平房，建后院车库。

1996~1997年，翻建红楼东南硬山房（食堂）及西南面的后建房屋，制作安装红楼南院墙外展示橱窗。

2001年，维修东围墙及东门入口。

2002年，按照老照片恢复南围墙铁栅栏门，将红楼院落东南房屋（会议活动用房）改造为新文化运动纪念馆展厅。

系统保护

2002年2月，国家文物局决定启动红楼保护维修工程，对红楼进行全面系统地保护维修。经现场勘测、反复论证，制定了《北京大学红楼保护维修工程实施方案》。此次保护维修工程从现场勘测、方案设计到实际施工，充分体现了文物保护与利用相结合的原则。

2008年9月，“北京大学红楼保护维修工程”开工。2009年5月竣工。这一阶段的主要工程内容包括：

① 建筑本体保护维修：屋面、墙体、木楼梯、木地板、木门窗、卫生间改造，新增内附断桥铝合金窗等。

② 建筑本体设备维修：更新电气系统、安防系统、消防系统、综合布线系统、采暖系统、给排水系统，新增空调系统、防火门及

门吸等。

③庭院整修：维修改造南、北侧围墙，南大门，原校警室及号房，室外地面，附属用房；更新室外管线、庭院照明、宣传橱窗；新增高压变电站、机械车库，立面照明。

2013年《北京大学红楼保护维修工程报告》出版，完整地记述了工程前期勘测、论证及工程全过程，为红楼的保护与维修，提供了重要参考。

建筑情况

建筑形制

红楼建于民国初期，具有典型的西洋风格。红楼平面呈“凹”字形，建筑东西宽110.8米，中部南北进深14米；东西两翼南北长32.8米，东西宽13.4米；檐口高度为15.93米。建筑地上四层，地下一层，每层建筑面积2140平方米，内共有大小房间263间（详见1918年绘制的北京大学文科总平面示意图及一层至四层的平面示意图）。民国初期，北京建筑的基本要素是四合院，整座城市呈现出深灰色的主色调，红楼因建筑体量较大且立面采用红砖砌筑而

北京大学文科总平面示意图（1918年绘）

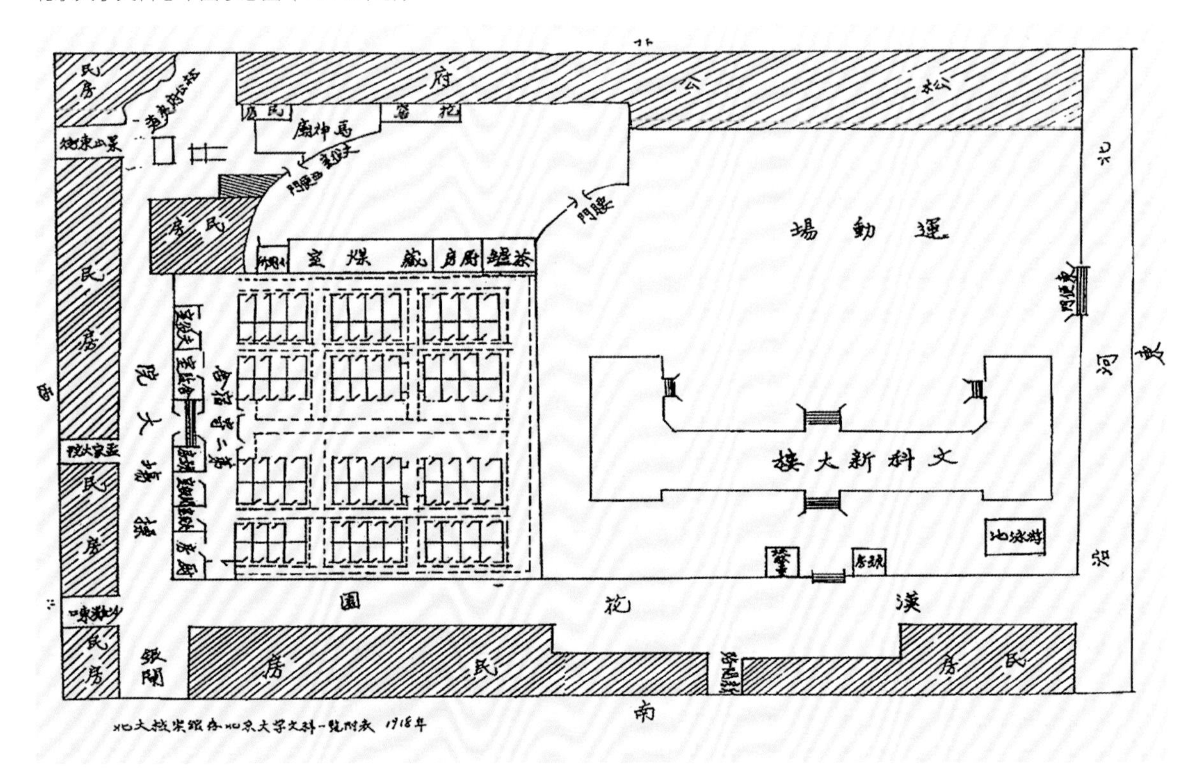

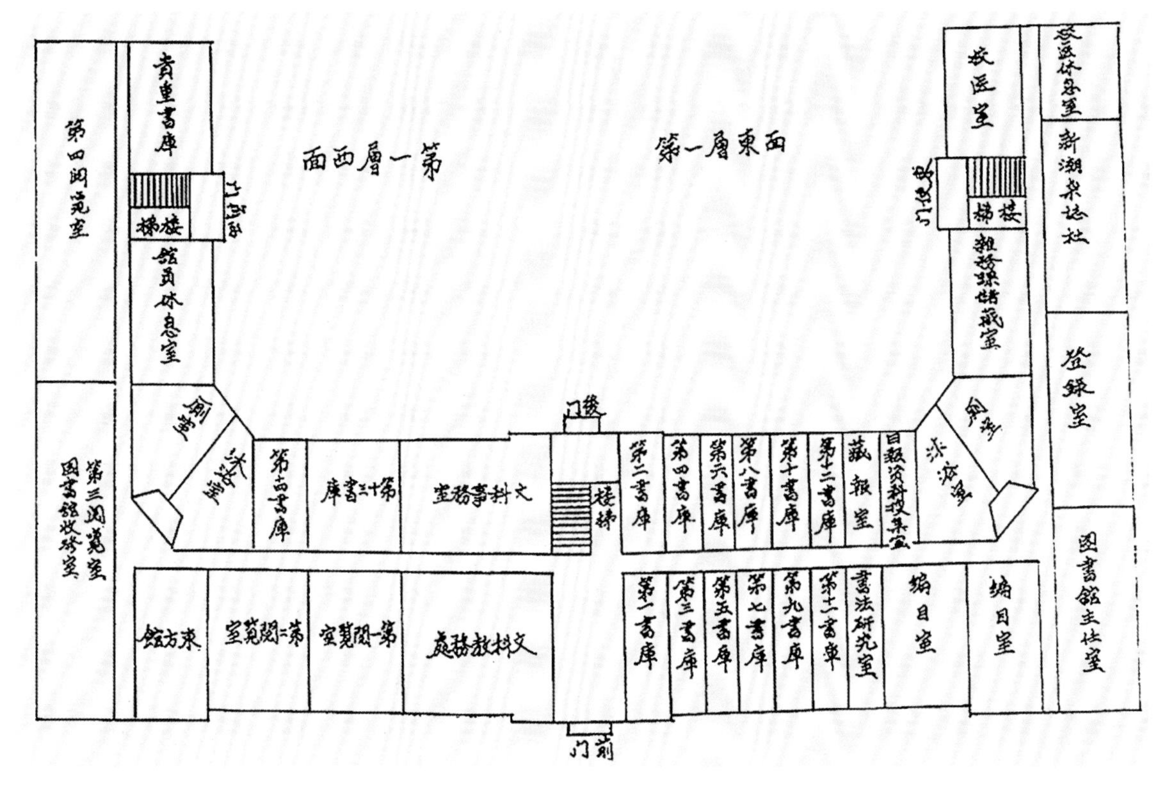

北京大学文科一层平面示意图（1918年绘）

北京大学文科二层平面示意图（1918年绘）

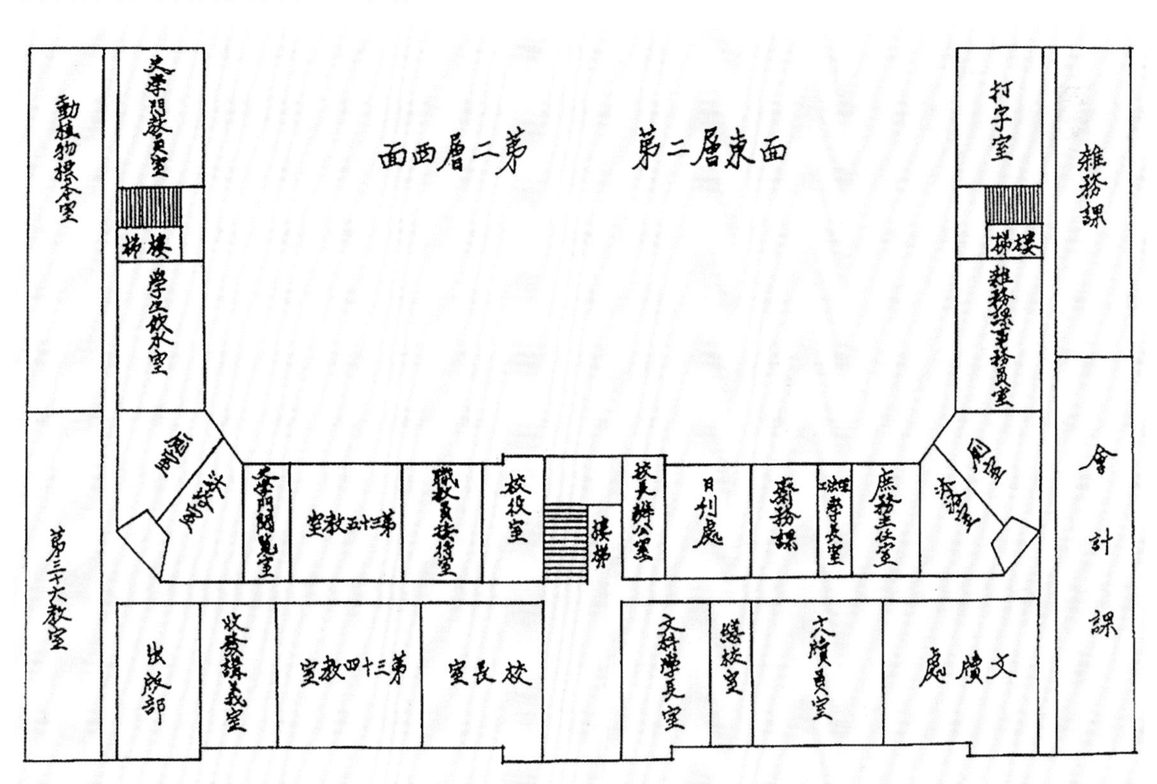

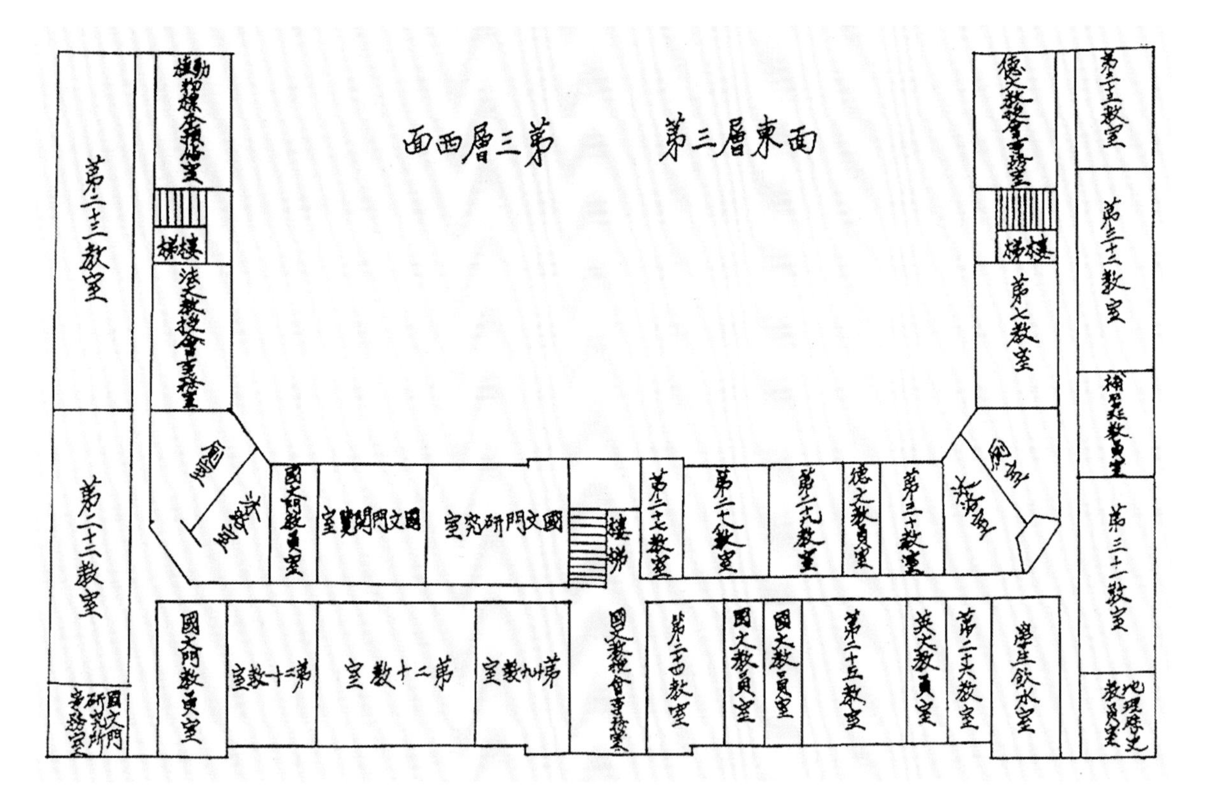

北京大学文科三层平面示意图（1918年绘）

北京大学文科四层平面示意图（1918年绘）

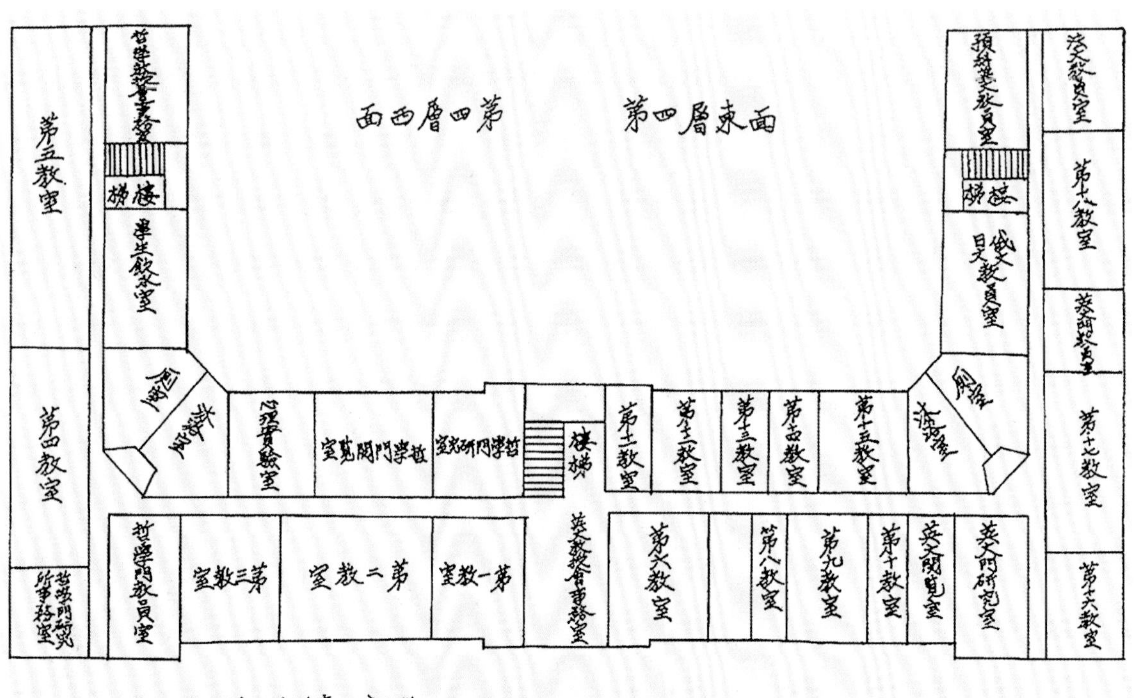

得名，是当时北京的典型建筑。

红楼总体建筑风格朴素。其立面设计中，基座、墙身、坡屋顶将建筑划为三段，横向突出的柱式门廊和两翼将建筑划为五段，建筑整体上采用了纵向三段、横向五段的典型构图处理手法，比例和谐；红楼一层为灰砖，二至四层为红砖，基座用灰砖做出水平横向线角，转角处用灰砖和红砖咬接拼砌形成牙口，丰富了建筑的立面色彩和韵律；窗口用砖砌成水平券，入口处三组窗组合在一起，顶层用砖砌成圆券，使建筑形式产生变化；南入口用双柱门廊、雨棚上装花瓶式栏杆、圆拱形长窗和断开式山花加以强调，突出了重点；檐口挑椽使屋檐轮廓变化，是强烈的上段视觉亮点。立面设计上纵三横五，加之门窗洞口和墙转角处的细节处理，使红楼建筑色彩丰富、尺度得当，在稳重中富有灵气。

建筑平面左右对称，布局紧凑。原设计为学生宿舍楼，建成后实际用作教学楼，从平面中的多门大开间设计可以体会到设计师满足使用中多功能需要的设计思想。

建筑结构

红楼为砖木混合结构，中间走廊，两侧教室，横墙间距较远。

红楼的基础为条形基础，其下有厚约1米的灰土，再下为填土和砂的地基。墙身为黏土砖白灰砂浆砌筑，墙体厚度自地下室至四层逐层减薄，外墙为700mm、600mm、550mm、460mm、460mm，内横墙700mm、570mm、570mm、430mm、430mm，内纵墙600mm、470mm、470mm、330mm、330mm。楼面为木龙骨纵墙承重，其上钉铺双层木地板。屋面结构为木桁架、坡屋顶。

红楼由于横墙间距较大（9米），墙身砌筑砂浆标号较低，木楼板刚度小，无法合理传递和分配地震力，墙身抗剪能力严重不足，所以该结构体系抗震能力较差，与现行抗震规范和结构设计规范的要求差距较大。

建筑装修

红楼总体上是以建筑材料自身色彩的搭配变化来表现装饰效果。外墙面以红、灰色粘土砖清水砌筑，勾白灰砂浆凸缝。外装修除檐口部有少量灰色油饰外，门窗均饰以暗红色油漆；室内木地板、木楼梯、木门窗、木踢脚均油饰为暗红色，墙面均粉刷乳白色漆；室内顶棚为板条抹灰，周边以石膏装饰简单造型，整体朴素大方。

在红楼原设计中，地下室有自备锅炉房；各房间均装有德国原产铸铁暖气片；上、下水均较简单，主要用于两翼所设卫生间；电气仅限于室内白炽灯照明。

1978年启用建筑室外北侧锅炉房供热，2003年进行了热力供暖系统改造，与市政供暖系统连通，现状使用的暖气片基本为历史原物。2008~2009年维修时，上、下水及卫生间均已提升改造，照明设备也已更新。

现状勘察

近年主要保护工程评估

2020年，勘察设计机构在对红楼结构现状进行检测的同时，也对2008~2009年保护工程主要项目和2017年屋面局部防水工程现状进行了评估。（详见2008~2009年保护工程主要项目现状评估表）

2008~2009年保护工程主要项目现状评估表

序号	部位	实施内容	本次勘察
2008-2009年保护工程			
1	墙体	a清洗整个外立面墙；b择砌酥碱、粉化、断裂严重的砖石；c堵补脱落灰缝；地下室墙面修复；d墙面局部涂刷防水材料	修缮后的墙体整体效果较好，一定程度上缓解了墙体的风化进程
2	木构件	a更换糟朽的挑檐版；b重做挑檐版油饰；c屋顶木构涂刷防火涂料；d个别木构件加固	修缮后的挑檐板效果较好，消除了木构件糟朽的安全隐患；木构架的加固提高了建筑木构件的受力程度，涂刷防火涂料增强了木构件防火系数，总体效果较好
3	瓦面	更换碎裂、破损的瓦	消除了屋面瓦安全隐患，消除屋面漏雨隐患，成效较好
4	装修	a木地板、门窗、楼梯重做油饰；b整饰墙面；c重做石膏板；d木地板整修后涂防火漆	现状较好，由于油饰具有易损耗的特性，目前亦存在开裂、脱落等现象
5	室外配套工程	a重新铺设室外地面；b更换室外管道；c完善室外照明系统；d增设机械立体车库；e翻建西侧自行车棚	现状较好

续表

序号	部位	实施内容	本次勘察
6	电气工程	a 供配电系统；b 防雷与接地系统；c 安防监视系统；d 火灾自动报警系统；e 信息通信系统与计算机网络系统	现状较好
7	建筑设备	a 室外排水（清理下水管道、更换排水管）；b 消防（更换防火设备）；c 采暖（更换破损，重做防腐、防漏、防锈处理）	现状较好
8	室内给排水系统	a 做防结露处理；b 更换水管	现状较好
9	空调系统	安装空调	现状较好
10	卫生间改造	a 铺装防滑地砖和墙面瓷砖；b 重做铝合金扣板吊顶并配节能型吸顶灯；c 装饰裸露管线	现状存在瓷砖表面空鼓、吊顶松动、破损、管线盒外漏、私密性差、洁具智能性差等问题
2017 年保护工程			
1	屋面	局部防水	2017 年的屋面防水为局部防水的维修，未进行整体修缮。近次的防水工程很大程度上缓解了屋面漏雨的问题，工程质量较好，但未做维修的部分推测防水老化导致漏雨，屋面木构件已见水渍

通过勘察可知，上述维修保护工程质量较好，对红楼文物本体保护以及办公、展示环境的提升起到了重要作用，其保护理念也为本次及以后针对红楼保护与利用工作提供了宝贵借鉴。本次现状勘察亦是建立在上述维修基础之上。

使用现状

红楼现状的使用功能主要作为新文化运动纪念馆和国家文物局直属机关办公场地。新文化运动纪念馆位于一层和二层，空间使用率为100%；办公场地主要集中在三层和四层，使用率为80%；地下室主要作为设备间和仓库使用，使用率为100%。

一层和二层现作为纪念馆对公众开放，考虑到展览布设和游客组织等方面的需求，局部改变了原有的室内格局，个别隔断墙（非承重结构）被拆改，但尚未对结构安全造成影响；地下室及三层、四层原有格局基本未发生改变。

结构检测及评估结论

2020年4月，勘察设计机构针对红楼结构现状进行了检测。经本次勘察，北大红楼地基基础和上部结构组成部分安全性等级均为B级，同时不存在薄弱环节或结构选型、传力路线设计不当及其他明显的结构缺陷，也不存在可直接判定整体为D级的明显损伤。因此北大红楼的建筑整体安全性评估结果为B级，整体安全性基本满足要求。但同时，北大红楼存在部分影响结构安全性的损伤。主要需注意以下几项：

①东翼楼北侧和南侧外墙中部窗间墙位置（14-15-J轴、14-15-A轴）存在竖向裂缝，根据裂缝形态分析，不具备典型的地基基础变形引起的裂缝特征，其产生主要由于温度作用和窗下墙应力集中导致。东翼楼北墙裂缝在2004年检测中未见提及，因此不排除2004年至今的时间区段内有所发展，需要监测其发展情况。

②木构件中少量檩条、桁架中的构件存在开裂现象，其中，裂缝位于构件侧面且深度大于20%和开裂位于节点位置的情况宜进行加固处理。

③雷达检测中发现的红楼东侧2处长度较长的地面下中等疏松异常，宜加强巡查和观测。

④1978年所做的抗震加固措施现状一般，存在板墙普遍浇筑质量较差、部分板墙未有效锚固、顶棚墙体的加固层与下层墙体的加固层不连续、钢筋拉索普遍松弛等现象。考虑到该加固措施有效时可提高墙体抗压、抗震承载能力，建议择机进行补强。

⑤墙面风化、屋面渗水等非结构性损伤对结构承载力的短期影响不大，但对于整体建筑的适用性和耐久性有一定影响，同时这些

病害长期存在时会导致构件性能退化，远期情况下对结构安全性有不利影响，建议进行修缮。

经本次勘察，楼板荷载试验和静力计算结果表明，楼板可以满足2.5kN/m^{2}的承载要求；楼梯静力计算结果表明，楼梯可以满足1.0kN/m^{2}的承载要求。

红楼的抗震能力不能满足北京市地方标准《文物建筑抗震鉴定技术规范》（DB11/T 1689—2019）的要求，但作为一栋百年之前建成的建筑，红楼建设伊始并未过多考虑抗震要求，因此，红楼的抗震能力欠缺是一个先天存在并早已被认知的问题。由于文物建筑的特殊性，红楼的抗震加固需要谨慎考虑，综合论证，建议暂不处理。

结构体系

（1）地基与基础

红楼场地土自上而下的组成依次为：杂填土、素填土、粉土、砂土、圆砾，但土层分布不均，场地西部填土较深。红楼以条形灰土（3∶7）为基础，宽度约1500mm，厚度900mm~1500mm，因有地下室，基础埋深，多坐落在自然地坪下4米左右的软弱土层上。红楼所处的地质场区属永定河冲积扇，东侧紧邻古河道，地基不稳，历史上曾产生向河道内滑移的现象，造成东翼楼一至四层开裂。西侧地形较为平坦，但因回填土较深，基础落在回填土上，产生了不均匀沉降，加之房屋超长，产生温度应力集中，因此又造成该楼三分之一长度处一至四层开裂。据档案记载，1971年曾对东翼楼地基进行加固。

经本次勘察，现状地基基础基本处于稳定状态。根据裂缝形态分析，不具备典型的地基基础变形引起的裂缝特征，其产生主要由于温度作用和窗下墙应力集中导致，东翼楼北墙裂缝在2004年检测中未见提及，因此不排除2004~2020年的时间区段内有所发展。通过探地雷达检测可知楼体东侧地面下存在中等疏松层，其中红楼东侧二处地面下中等疏松异常长度较长。根据抗震规范分类，建筑场地类别为Ⅲ类。在8度地震烈度下，因场地地下水较深，场地内的底层基本不会发生液化。

（2）上部结构

①木构件中少量檩条、桁架中的杆件存在开裂现象。其中裂缝位于构件侧面且深度大于20%和开裂位于节点位置的容易存在安全隐患。

②1978年曾对红楼进行结构加固，在此次现状勘察中发现钢筋拉索普遍松弛等现象，但不影响稳定性。

③本次勘察楼板荷载试验和静力计算结果表明，楼板可以满足2.5kN/m^{2}的承载要求；楼梯静力计算结果表明，楼梯可以满足1.0kN/m^{2}的承载要求。

④按照北京市地方标准《文物建筑抗震鉴定技术规范》（DB11/T 1689—2019）的要求对红楼的抗震能力进行了检测，结果显示其抗震能力不满足现行规范要求。

墙体与墙面

本次勘察可见红楼墙体主要由普通黏土砖（红砖、灰砖）和白灰砂浆砌筑，地下室和一层为灰砖砌筑，二层以上主要以红砖砌筑。墙面可见剔凿挖补和砖粉修补的痕迹，修补后的墙面与旧墙面较为协调。墙体下部接近地面部分，由于毛细水作用，墙面有酥碱、粉化的现象，风化的深度普遍在3mm，较严重的局部区域位置可达5mm~20mm。局部砖体破损、松动、碎裂。墙面还存在勾缝脱落及束腰水泥抹灰部分开裂、脱落的现象。墙面还可见多处裂缝，尤其在窗券位置相对较多，多处裂缝曾被装饰性修补，经勘察均不影响结构的稳定，也未见有发展的趋势。从红楼的墙体直观表现的损坏情形看，下部残损情况比上部严重，红砖轻于灰砖，西半部比东半部严重。

本次对墙体材料（砖、砂浆）强度检测结果显示：地下室至一层承重墙体砌筑用砖抗压强度评定等级为MU7.5，二至四层为低于MU7.5；承重墙体砌筑砂浆强度推定值分别为0.9MPa、0.8MPa、

0.9MPa、0.8MPa和0.8MPa。从检测情况来看，墙体材料的强度基本满足当前的使用要求。

石质的窗台可见风化、成片状剥落、断裂等残损情况。地下室的石质窗台残损较为严重，可见多处更换修补痕迹。

楼面、屋架、屋面

（1）楼面

对地下室、一层、三层3个楼面14个房间的木楼盖栅格进行勘测，通过阻抗仪、应力波测试可知，楼木楼盖栅格现状基本较好，未见明显异常。

（2）屋架

红楼屋面为复合式三角形木屋架，所用木材树种为红松和云杉，木构件表面可见涂刷防火漆。据2020年4月中国林业科学研究院木材工业研究所对红楼建筑中的木结构进行的勘测和可靠性评估结果可知，按照裂缝、虫蛀和腐朽、构造等安全性鉴定结果综合考虑，木屋盖子单元的安全性等级可评定为Bsu。按照挠度、裂缝、腐朽等使用性鉴定结果综合考虑，木屋盖子单元的使用性等级可评定为Bsu，基本能满足使用要求。具体残损和病害表现如下：

① 木楼盖格栅、木楼梯部件均未发现虫蛀、表层腐朽等缺陷，且未发现明显变形。考虑长时间材质劣化，木楼盖格栅、木楼梯部件的强度设计值和弹性模量调整系数均取0.90。

② 木屋盖中的木构件，除重度表层腐朽区域外，檩条、木桁架杆件内部材质均未出现显著劣化现象。

③ 在椽子端头发现一处虫蛀现象，根据2020年4月中国林业科学研究院木材工业研究所《北京大学红楼木结构专项检测报告》对于虫蛀的勘察结果，认为该处不属于危险性虫蛀，基本不影响结构安全。

④ 存在杆件开裂的木桁架有38榀，占比达到83%，存在开裂的杆件数有110根，占比达到18%。

⑤ 存在檩条开裂的区域有58个，占比达到73%；存在开裂的檩

条数有90根，占比达到33%。

（3）屋面

通过在屋架内仰视勘察，并结合中国林业科学研究院木材工业研究所检测报告，屋面存在漏雨现象，望板可见多处较大面积水渍，经勘察重度漏雨区域，檩条、椽子和望板的取值分别为0.83、0.28、0.28；中度、轻度漏雨区域，檩条、椽子和望板的取值分别为0.88、0.86、0.86；无漏雨区域，檩条、椽子和望板的取值均为0.90。漏雨、糟朽的子区域有57个，占比达72%。漏雨、木构件糟朽主要分布于入口处女儿墙与屋面天沟、烟囱与屋面交接处、屋顶转角窝角沟（坡谷）、老虎窗与屋面交接处、挑檐等区域。通过查阅《北京大学红楼屋面局部防水工程勘察设计方案》（2017年4月），可知近年曾针对屋面漏雨问题做过局部修缮，此次勘察可见修缮痕迹。近次的防水工程很大程度上缓解了屋面漏雨的问题，但通过本次勘察得出，屋面漏雨情况依然是威胁屋面安全的重要因素。

①入口处女儿墙与屋面天沟区域：红楼中部南北两侧入口和东西两翼面向院内的两个入口，在构造上是用建筑外墙作出女儿墙，墙后是与女儿墙垂直走向的双坡屋面，与建筑进深方向的屋面形成了屋面天沟。由于天沟沟槽比较浅，加之瞬时雨水量较大且流速较快，交汇屋面的雨水就会越过天沟冲窜到瓦下。2008年、2017年均对这样的部位进行了修缮，但本次勘察仍可见屋面漏雨的现象。

②烟囱与屋面交接的区域：砖砌烟囱是从屋面穿出，与老虎窗构造相同。2017年做屋面局部防水维修时也包含了此部位，但从梁架内观察可见烟囱下部的构件存在水渍和部分构件糟朽的现象。

③屋顶转角窝角沟区域：红楼建筑的屋面，东翼楼、西翼楼与主楼相交共形成6条转角窝沟，其漏雨情况与天沟部位的情况基本相似，2008年、2017年均对这样的部位进行了修缮，但本次勘察仍可见屋面漏雨的现象。

④老虎窗与屋面交接区域：砖砌老虎窗是从屋面穿出，二者交

接形成小天沟，2017年虽然在这些位置都做了防水处理，但南侧二处和西侧的老虎窗附近，梁架内可见椽板有水渍和局部糟朽的现象。勘察可见现状的老虎窗为两层，据查为2017年为防止潲雨而增加，效果较好，百叶窗附近未见大面积水渍。

⑤挑檐区域：2008~2009年大修时，已对外檐糟朽、脱落、缺失的部位进行了修缮，并重做了油饰，通过在室外观察挑檐部分，未发现外部有明显糟朽部位。通过在梁架内观察，发现多处挑檐部分的木椽以及望板表面存在潮湿和水渍，部分已经明显糟朽。因2017年的屋面防水未涉及檐口部位，可知最近一次檐口防水应为2008~2009年维修时更换，使用已超过10年。水渍与糟朽应为挑檐部位与屋面形成的坡脚位置的防水层出现老化、开裂，导致雨水渗入所致。

⑥其他屋面部位：从梁架内观察，部分椽板还存在潮湿、水渍的现象，应为屋面的防水层老化，雨水由瓦面缝隙渗入所致。

（4）瓦面

红楼现状屋面瓦为始建时德国产红瓦和2008~2009年大修时更换的宜兴产新瓦，通过从老虎窗位置观察屋架内对应漏雨位置，暂未见屋面有明显破损、塌陷等残损。仅见南侧正门入口的东西两坡面瓦面缝隙较大，排列不规整，个别瓦件碎裂。

基于对屋面漏雨的勘察情况，推测瓦面存在一定的碎裂、酥松等情况。

装修

（1）木楼梯

根据2020年4月中国林业科学研究院木材工业研究所《北京大学红楼木结构专项检测报告》，通过阻抗仪、应力波测试楼梯间（木斜梁、木踏步），木楼梯保存现状基本较好，仅见中央一层楼梯（蔡元培铜塑像西侧）大梁（龙骨）微变形，导致楼梯踏步整体向下部微倾斜，但不构成安全隐患。通往地下室的楼梯木栏板个别破损。

南侧入口处台阶磨损、油饰脱落。

（2）室内地面

①地下室地面现状为水泥地面，雨季时地下室受潮，由于地下室被作为库房和机电房使用，长期受潮会影响设备及库藏。

②2015年，一层至四层室内地面在保留原有木地板的前提下，在其上部加装了一层与原地板颜色相近的暗红色复合地板，质量较好且与红楼整体格调协调。

（3）室内墙面

室内墙面涂料层存在局部开裂、起翘、脱落现象，地下室面因受潮脱落现象较多。

（4）门、窗

红楼门、窗经2008~2009年大修后，总体保存状况较好，部分存在变形、关闭不严、油饰开裂老化等问题。红楼窗户现状为3层，除了中间一层为原物外，室外加装一层纱窗，室内加装一层断桥铝玻璃窗，较好的解决了因原窗户变形老化而导致的漏风、漏雨等问题。但室内窗台为木制窗台，部分存在油饰开裂、白灰地仗开裂；室内门存在合页松动、旋转式门把手松动、不灵敏的情况。

（5）老虎窗

老虎窗博缝板破损、望板及椽子油饰开裂、脱落。

室内卫生间

红楼内卫生间历经多次改造已改变原有格局。现状卫生间为2008~2009年大修时改造，存在铝塑板吊顶部分变形、脱落及墙面瓷砖空鼓、开裂等问题。为了配合红楼下一步扩大开放的工作，现状卫生间存在的智能性较差、私密性相对不高、入口处机电箱不美观等问题也有待提升改造，以满足使用需求。

门厅

红楼有四座门厅，普遍存在坡道的石栏灰缝脱落、花岗岩石阶磨损的现象，其中南侧门厅局部破损，局部后期进行过修补；东侧门厅石阶向外鼓闪，柱础（砖外包水泥砂浆）碎裂；现状门厅的砖柱水泥喷砂层局部破损、脱落。

院落地面

红楼庭院面积3125平方米，其原始地面在历次修缮中已被掩埋，资料中也无法查明原始的地面形制。1997年，红楼南院平房翻建时，地面铺满了水泥方砖，局部铺设了草坪砖，对北院地面原水泥方砖进行修补、更换。由于院内地面历次维修均在原有地面上铺墁，导致地面不断抬高，夏季雨水倒灌。多年来，地面塌陷、车辆碾轧等原因致使道路凹凸不平。2008年维修时地面铺装整体上按西高东低（南院局部北高南低）布置，解决了雨水倒灌问题。东侧道路施工时采用了明沟排水方式，减小了坡度，有利于行车安全。南院及楼东侧地面铺设青石砖，后院和楼西侧地面铺设水泥透水砖。

现状红楼南院（东南角）地面由于车辆往来碾压且处于拐角部位，局部地面存在开裂现象；北院食堂南侧局部下沉、积水。

院落围墙（含大门）

依据《北京大学红楼保护规划（2018~2035）》（2018年10月），现状围墙属于文物部分为东墙南段，南墙东段，共计170米。南墙西段下碱砖存在灰缝脱落严重的问题，邻近南门的墙体表面涂刷灰白色涂料，局部风化、破损。东墙南段墙体存在下碱砖酥碱、风化等残损，由于墙内侧无泛水，南墙（东段）内部排水沟淤堵，导致雨水排放不畅，渗入墙体，加剧墙体下碱砖酥碱、风化程度。南墙整体较好，邻近墙体加装展示橱窗，内部排水沟淤堵。西侧、北侧墙体存在局部破损、墙帽碎裂、灰缝脱落、铁丝隔离网破损锈蚀严重等问题，北侧（东段）墙体钉装管线。

院落大门（南门）下部为石材，门柱以上为青砖砌筑，石材表面涂刷灰白色涂料。铁门下部锈蚀严重。

建筑排水

建筑的屋面排水由屋面汇入天沟，由排水管引入地下排水管网，经化粪池后排入市政管网。现状建筑排水管下部存在雨水溅到邻近的建筑墙体上，导致邻近墙面因雨水长期冲刷而受损的问题。

建筑散水

现状建筑散水为水泥砂浆形制，现状存在裂缝，局部破损。

设施设备评估

消防系统

通过检测发现，地下室内消防系统整体情况较为良好。管道壁厚测量未发现异常点，因缺乏原始资料，通过查询相关标准对比，管道壁厚符合要求。管道个别位置存在机械损伤导致管道发生凹坑变形的现象，整个地下室内的管道标识仅有一处。

给排水系统

室内的给水主要为卫生间用水，2008年维修时，室内给水管道采用镀锌内衬塑钢管，套丝连接，排水管部分采用PVC-U管材黏结，全部立管及部分位置采用排水铸铁管，现状较好，基本能够满足使用要求。

在2008年维修时，参照原有路由，对室外排水系统进行了局部调整，现为污水废水合流排放方式。南院污水、废水管道经新建1号化粪池，在新文化运动纪念馆票务室门前接入市政污水管井。北院污水、废水管道经原有化粪池，向东接入市政管道。室外排水管道采用高密双波聚乙烯PVC-U管材，砖砌检查井。室外雨水排放系统结合屋面排水管位置及绿地情况，合理配置雨水排放口，屋面雨水经绿地充分渗水后，多余雨水流入雨水口，经管道排入雨水系统。

经过此次勘察，发现外保温层保温缠带破损位置较多，卫生间内排水立管防腐涂层破损严重，有大面积涂层脱落及锈蚀情况，部分散热器存在与墙体之间距离过近的情况。

室外埋地管道

对室外埋地管道通过交流电流衰减法进行检测时，电流衰减严重，推断管道无外防腐层，《北京大学红楼保护维修工程报告》中也未提及埋地金属管道的外防腐涂层。检测埋地管道的埋深并与相应标准对埋地管道覆土深度要求值进行对比，所检测的热力管道和消防管道埋深均满足要求。

热力站与消防泵房

检查热力站和消防泵房的房间内存有杂物且缺少必要的消防设施；部分压力表无检验合格证；热力站室内管道外防护涂层以及保温层完整性整体良好，但附属结构中法兰（含盲板）的腐蚀情况略严重，可见明显的锈蚀，通过能谱分析，主要成分为Fe_2O_3；热力站室内大部分管道壁厚未出现明显减薄（缺乏初始壁厚值，通过多点测量比对得出结论），但U型铜管放热器中间左、右侧法兰的连接管道均发现壁厚减薄；个别位置焊缝处理效果不好。消防泵房管道及附属结构仅个别位置有轻微腐蚀；测量管道壁厚未见明显壁厚减薄。

电气

①配电柜/箱带载运行情况正常，安装质量符合要求。但AL-1F-2配电箱的绝缘铜芯软导线脱落，四层东侧水泵控制柜PE线脱落，不符合要求。

②线路绝缘电阻检测符合要求。

③剩余电流动作保护器的动作时间符合要求。

④应急电源工作状态符合要求。

⑤线槽与导管安装牢固，连接保护导体符合要求。但三层西侧办公室线路较杂乱，部分线路未在线槽内，不符合要求。

⑥灯具安装与工作状态符合要求。但东侧走廊一、二层间吊灯安装存在隐患，部分灯具安全性不符合要求。

⑦插座和开关接线与安装符合要求。

⑧主要设备及配电箱PE线漏电流符合要求。

⑨综合布线系统6类双绞线工程电气性能测试通过。

综合评估

结构体系

2020年7月，中国文物信息咨询中心对北大红楼进行了全面评估，得出结论为：北大红楼建筑整体安全性评估结果为B级，基本满足安全性要求。

结构构件残损

红楼历经风雨，加之环境因素、历次维修质量、使用不当等原因，存在一定的残损情况。基于结构检测结果，综合评估如下：

①墙体结构基本能够满足使用要求，墙面存在风化、粉化、裂缝现象。

②楼面、屋架木构件基本较好，基本满足使用要求，但亦存在木构件端头开裂存在安全隐患、受屋面漏雨影响而部分糟朽进而影响强度、个别木构件有虫蛀等问题。

③屋面多处因防水老化等问题出现漏雨现象。

④室内装修总体基本满足使用要求，但亦存在个别木楼梯构件变形、窗油饰开裂、脱落等现象。

⑤地下室由于地势原因，雨季受潮，导致墙皮脱落，库存物品受潮。

⑥院落地面局部破损、铺地砖由于行车被碾压而断裂，北侧局部有下沉。

⑦院落围墙存在墙面砖酥碱、风化，局部因排水不畅导致墙体受潮加剧风化以及部分墙帽破损、灰缝脱落、铁丝隔离网破损锈蚀等问题。

⑧建筑排水管下部设计不合理，排水淋溅到附近墙体，使墙体受潮，加剧受损程度。

综上所述，虽然上述的病害及残损都为局部的问题不影响整体安全，但任其发展，势必会殃及建筑的使用价值，因此需进行必要的保护性维修。

设施提升

红楼内卫生间存在铝塑板吊顶部分变形、脱落和墙面瓷砖空鼓、开裂等问题。为了配合红楼下一步扩大开放的需求，现状卫生间存在的智能性较差、私密性相对不高、入口处机电箱不美观等问题也有待提升改造。个别或局部管道和电器存在故障及安全隐患，但总体情况较好。根据下一步利用计划，红楼将进一步扩大对外开放的面积，现有的必要设施如卫生间墙面和设施的陈旧老化以及电气设备等，都需要根据红楼功能的转变而进行必要的改造和提升。

修缮设计

保护与利用原则

根据《中华人民共和国文物保护法》第四条，坚持贯彻“保护为主、抢救第一、合理利用、加强管理”的方针。红楼保护与利用的核心是保护文物价值的真实性、完整性。

此次工程，本着“最小干预原则”，对不涉及到本体结构安全的部分和设计依据不充分的部分保持现状；本着不改变文物原状原则，对于各项修缮措施坚持“原形制、原结构、原材料、原工艺”原则，以可逆性为基本前提，对隐蔽部位的结构补强也坚持可逆性。

红楼是新文化运动与五四运动的策源地，是中国近代社会变革的实物见证。红楼建筑维修保护工作是后续展示利用工作的基础，各项检测和监测的数据更是红楼科学管理、运营的重要参考依据和保障。保护好红楼文物及其环境的完整性，是实现科学、适度、持续、合理的利用的基础，有助于发挥其宣传、教育作用。

设计依据

在编制此次保护修缮方案时，主要以如下法律法规为依据：《中华人民共和国文物保护法》（2017年）；《中华人民共和国文物保护法实施条例》（2017年）；《中国文物古迹保护准则》（2015年）；《文物保护工程管理办法》（2003年）；《威尼斯宪章》（1964年）；《马丘比丘宪章》（1977年）；《奈良真实性文件》（1994年）；《北京大学红楼保护维修工程报告》（2013年7月）；《北京大学红楼屋面局部防水工程勘察设计方案》（2017年4月）；《北京大学红楼保护规划（2018~2035）》（2018年10月）；《北京大学红楼建筑木结构勘测报告》（2020年4月）；《北京大学红楼结构检测及评估报告》（2020年4月）；《北京大学红楼设备检测报告》（2020年4月）。

同时，依据中国文化遗产研究院编制的《北京大学红楼保护规划（2018~2035）》（2018年10月）中对红楼的文物构成、现状评估、保护措施等章节的规定，明确了方案实施的对象和现状文物存在的问题。工程的定性以及方案的保护措施原则、策略、目标、保护内容均符合文物保护规划的要求。

工程概述

这次工程是为了全面了解北大红楼结构安全现状，排除安全隐患，满足和配合下一步红楼为扩大开放面积、转变使用功能的基本承载需求和开放需求而展开的。根据对红楼现状的结构安全监测评估及现状残损调查等勘察结果，这次工程被定性为现状修整工程，具体涉及内容如下：

①对松弛的钢筋拉索进行紧固，对顶棚墙体的加固层与下层墙体的加固层不连续的部位进行补强。

②对粉化、酥碱、破损、裂缝的墙面进行修缮整饰。

③对屋面漏雨的位置进行修整，更换糟朽的木构件，对开裂木构件进行加固。

④修整地下室墙面。

⑤修整老虎窗破损的博缝板，重做新替换的望板及椽子防火漆。

⑥卫生间修整提升。

⑦整修院落地面，重铺北院院落地面。

⑧修整院落围墙，更换铁丝防护网。

⑨修整建筑排水管，修饰局部破损、开裂的散水。

⑩整修个别区域不满足使用要求的管线，更换个别老化或不满足要求的灯具、开关等元器件。

工程内容

结构体系

由于红楼的抗震能力欠缺是一个先天存在并早已被认知的问题，对其进行抗震加固需要谨慎考虑，故这次对1978年进行的结构加固部分整体保持现状，仅局部进行补强。

墙体与墙面

（1）墙体裂缝

墙体裂缝分为两类，其一主要分布在门窗洞口旁砖柱正面、侧面和洞口角部等区域，裂缝宽度小、长度短，一般不会对墙体承载力产生显著影响；其二为通裂缝，主要位于北立面三分之一长度处、东翼楼南北一至四层，共四条通裂缝。通过分析，裂缝形态不具备典型的地基基础变形引起的裂缝特征，其产生的主要原因是温度作用及窗下墙应力集中。

根据裂缝的成因以及形态对两种裂缝分别进行修补，主要目的为防止水由裂缝渗入墙体从而加剧墙体的破坏程度。

（2）墙面

北大红楼作为近现代建筑，受建造时的科学技术水平的限制，其建筑材料（主要为砖，砌筑砂浆为灰土砂浆）、工艺都无法与现代的建筑材料相比，加之北京地区属于严重风化区，砖体和砌筑砂浆受气候条件的影响显著。主要表现在冻融循环的破坏以及盐在水的作用下、在结晶—溶解的过程中导致材料的崩解、粉化。此外，北京地区温差较大等因素在一定程度上也加速了材料的风化过程。

基于对红楼墙面现状及成因的分析，需进行维修的主要为下部灰砖。

（3）石质窗台

对窗台风化、成片状剥落、断裂等残损，针对不同情况，分别进行修补。

屋架、屋面

（1）屋架

存在虫蛀、木桁架杆件开裂、檩条开裂现象。参照中国林业科学研究院木材工业研究所对木构件的评定结果，对于安全等级较差的檩条、木桁架杆件采取加固措施；对于安全等级一般、较好的檩条、木桁架杆件保持现状，定期进行监测；虫蛀的檩保持现状，定期检查；采用打铁箍和碳纤维布对开裂的木构件进行固。

（2）屋面

2008年维修屋面时，屋面的防水为刷硅橡胶防水涂料，钉顺水条、挂瓦条后挂瓦；2017年对局部漏水进行整修，在原防水层上铺三元乙丙防水卷材，效果较好。但存在局部屋面漏雨，少量椽子望板糟朽现象。漏雨区域主要分布于入口处女儿墙与屋面天沟、烟囱与屋面交接处、屋顶转角窝角沟（坡谷）、老虎窗与屋面交接处、挑檐等区域。这次屋面防水工程为局部整修。

装修

（1）木楼梯

中央一层楼梯处（蔡元培铜塑像西侧）微变形的大梁（龙骨）保持现状。木楼梯少量木栏板存在破损现象，需更换。

（2）室内地面

①一至四层地面：现状一至四层为地板，现状地板是在原形制的红松材质木地板上加装了一层与原地板颜色相近的暗红色复合地板，这次未对原有木地板进行勘察。加装的复合地板质量较好，且与红楼整体格调协调，因此保持现状。

②地下室地面：根据红楼半地下室的现状和下一步的使用，原则上应对室内地面、室外墙面、散水等部位进行综合整治，但考虑

到工期和干预面积，先采用安装新风系统以加强室内通风的措施来缓解地下室潮湿的问题。

（3）室内墙面

①一至四层墙面保持现状。

②地下室墙面：考虑到地下室内墙面与地下室防潮相关，所以重新粉刷地下室墙面，采用具有防潮、防霉功能的墙面漆。

（4）门、窗

红楼的门、窗经2008~2009年大修后，基本解决了关闭不严的问题，也基本满足办公、展陈的需求。虽原窗户部分存在变形、关闭不严、油饰开裂老化等问题，但基本不影响使用，加之原窗户位于新装的纱窗和断桥铝窗之间，并不影响观瞻，考虑到这次工程的工期问题，窗户暂保持现状。

①室内窗台：室内窗台为木制窗台，部分存在油饰开裂、油腻子开裂，此类残损约占总窗台数量的30%，考虑到工期问题，这次仅对卫生间、楼梯间存在残损的木质窗台进行整修。

②门：现状室内门存在合页松动、旋转式门把手松动、失灵的情况，对其进行检查、修整、更换。

（5）老虎窗

修整老虎窗破损的博缝板，重做望板及椽子油饰。

漆饰

根据展陈和工期的需求，这次油饰的范围为中部、东西两翼的楼梯（楼梯、扶手），楼梯间的窗户、窗台，一层正厅的门窗，中部大厅的屏风、老虎窗。油饰颜色要与现状颜色协调，为暗红色调。

室内卫生间

为配合下一步的展示利用工作，对卫生间进行升级改造。

门厅

①清理坡道的石栏灰缝，用水泥砂浆进行勾抹。

②对南侧石阶破损处进行修补。石阶曾被修补处，工艺较为粗

糙，美观性较差，本次重新进行修补，并对表面进行修饰。

③清理北侧门厅东侧柱局部破损处，剔除酥松、粉化的白灰砂浆层，为增强修补材料的稳定性，在砖柱上打小锚杆（直径不超过3mm，长度不超过40mm），抹抗裂水泥砂浆，表面做水泥拉毛处理。

④清理柱础（砖外包水泥砂浆）、砖柱表面碎裂的水泥砂浆层，用水泥砂浆修补后，按照现状的喷砂工艺，对修补处进行修饰。

⑤为统一门厅柱的色调，对柱表面喷水泥沙，质感与颜色要与现状北侧门厅柱相同。

⑥东侧门厅向外鼓闪的石阶暂保持现状。

院落地面

①对南院局部断裂的青石砖（300mm×150mm×50mm）进行更换。

②重做北院院落地面，按现形制全部更换重做水泥透水砖（300mm×150mm×60mm）。

③垫层按2008年维修时的做法（300mm厚3:7灰土层和50mm厚1:3干硬性水泥砂浆）进行铺墁。

院落围墙（含大门）

①清理南侧围墙内侧排水口，使其通畅；重做东墙（南段）内部泛水，使雨水汇入南墙（东段）排水沟。

②参照红楼墙面的修补方法对墙面现状修整。

③对北墙西段、西侧墙体破损的墙帽进行局部拆砌。

④拆除北墙西段、西墙现状锈蚀的铁丝网，安装网络电子围栏。

⑤这次大门修缮待与展示工程衔接后，另行补充设计。

建筑排水

①清理雨水井，铲除松动、碎裂的水泥砂浆内壁，重做水泥防水砂浆层。

②雨水管下部邻近雨箅子的，将雨水管加长，延至排水口内；没有条件延伸至排水口内的，加长水管至地面，避免排水时雨水溅

到墙体。新接雨水管应按现有形制，刷绿色防锈漆。

建筑散水

用细水泥砂浆修补散水的缝隙，对破损处按现状水泥形制进行修补，用防水砂浆勾抹散水与墙体交接处的缝隙。

电气系统

对古建筑物电气线路配电系统进行改造及增容设计，以使其能够满足后期使用。改造对象为重点文物建筑，地下一层、地上四层，层高3.52米。

本工程以现行国家及地方有关规范、规定；民用建筑电气设计规范；华北标图集09BD；国家现行的有关电气设计规范、规程、标准等；电气设计防火规范；建筑照明设计标准；电气火灾监控系统标准；建筑电气安装工程图集；甲方提供的设计任务书；相关专业所提的用电量及控制要求为设计依据。

设计内容主要包括：室外低压供电设计，主楼供配电设计（基于现有条件）；卫生间照明及公共走道照明的设计（其他房间内照明由展陈单位二次深化设计施工）；用电安全远程监控系统的设计。本楼的消防照明、消防动力不在这次设计内，配电干线保留原设计；本楼的动力设备不在这次设计内，保留原设计；本楼的附属用房的配电箱保留，配电干线不做修改，末端由展陈精装修单位二次深化设计；主楼内除动力箱及应急照明箱不做调整，所有照明配电箱需更换；本项目消防负荷的第二路电源为EPS供电，可根据需要更换EPS电池组。综合布线系统，应甲方要求保留原有点位，每个房间增设无线AP点位，就近接至原有走廊弱电线槽。

（1）配电系统

①应甲方的要求，原室外500kVA箱变移至东侧，并增容至630kVA。

②配电：主楼及附属用房的进线位置不做调整；为后期配合展陈使用，主楼配电修改，部分进线电缆修改，配电间内ALM1、

ALM2柜需重新盘厂设计。

③原施工图纸东西侧层箱设置于卫生间，出于安全考虑，这次层箱设置在东西裙房走廊。

（2）照明

①走廊灯具的布置、灯具的选择可根据展陈精装修的效果图修改，需选择节能灯，照度满足节能要求，公共走道50lx~100lx，功率密度小于3.5W/m^2。

②本次照明预留出线回路开关，利用原有灯具位置布置。电源插座按功能要求设置，不同用处插座安装高度也不同，插座一律选用安全型。

③所有照明灯具均与PE线做可靠连接。

④开关、插座和照明灯具靠近可燃物时，采取隔热、散热等防火措施。

⑤本项目所有电源插座采用安全型。

（3）用电安全远程监控系统

①根据主楼及附属用房配电系统设计，相应在配电主线及楼层级分支回路设置用电安全监控设备。

②满足电气回路漏电、电流、电压、线温、能耗、故障电弧、环境温湿度等电气火灾隐患的实时监测和远程智能拉合闸控制需求。

③所有用电安全监控设备通过数据采集器与N线和PE线做可靠连接。

④使用电力载波技术，不破坏建筑结构，且保证数据传输的稳定与速率。

⑤采用基于公有云的主站管理系统软件平台。

（4）风机盘管

①本次空调部分不做调整，动力总箱不做改动。因主楼层箱位置调整，空调末端风机盘管的电源需就近接线。公共走道50lx~100lx，功率密度小于3.5W/m^2。

②本次照明预留出线回路开关，利用原有灯具位置布置。电源插座按功能要求设置，不同用处插座安装高度也不同，插座一律选用安全型。

（5）其他有关说明

①电气设备安装及线路敷设应符合国家颁布的有关施工规范。同时也可参照华北地区建筑设计标准化办公室编写的《建筑电气通用图集》。

②电气管线均采用明敷设，尽量利用原有钢管的敷设位置预留的孔洞。

③电气预留的孔洞、空隙均用防火堵料紧密填塞。所有配电的接地均与电气竖井内的接地干线相连接。

④所有金属灯具，当其安装高度低于2.4米时，其金属外壳必须可靠接地。

（6）施工注意事项

①电气管线在施工前需进行全部管线的会审工作。

②电气设备正常不带电的金属外壳均应可靠接地。电气装置外露可导电部分应与PE线连接。

③电气管线与其他管线交叉时，应保证一定的安全距离，并应局部穿管保护。

④电气施工应密切配合土建施工进行。在土建施工中，电气人员应做好管子、预埋件的预埋及墙板上的留洞工作。

⑤接线时尽量使三相保持平衡。

⑥结合设备检测报告对相关问题进行修整，包括部分配电箱修整及线路的整理等。

施工组织

根据《中华人民共和国文物保护法》《文物建筑修缮工程管理办法》等相关规定，在确保文物安全的前提下，最大限度地减少对文物本体的扰动，尽可能保留原有构件，使用原有材料，以确保其真实性和完整性。

施工原则和要求

施工中严格依据中国文物信息咨询中心和北京国文信文物保护有限公司编制的《北京大学红楼保护修缮工程勘察设计方案》及其施工图纸施工，遵循“修旧如旧”，体现原形制、原结构、原材料、原工艺的修缮方法；加强工地现场安全和防火工作，杜绝破坏性维修现象的发生，确保文物建筑安全。

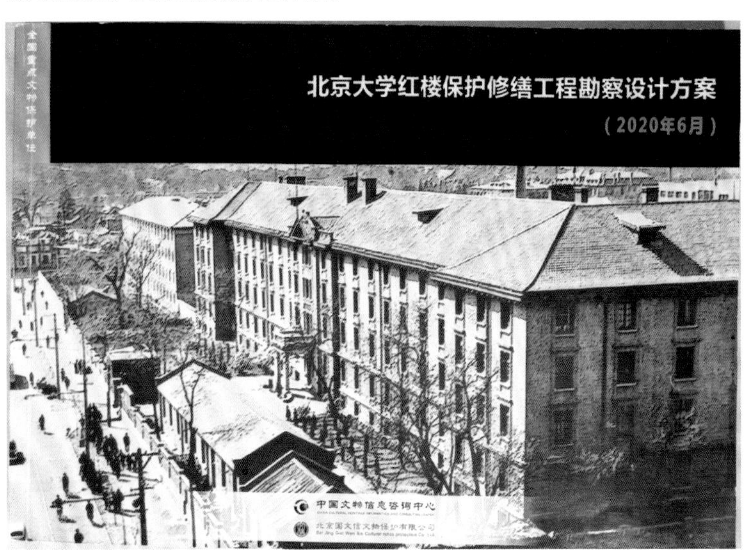

北大红楼保护修缮工程勘察设计方案

北大红楼保护修缮工程施工图

施工内容

整体结构加固

此次修缮对1978年进行的结构加固部分整体保持现状，局部进行补强。具体措施如下：

①对钢筋拉索进行检查，对松弛的拉锁进行紧固。

②对1978年结构加固裸露的钢筋进行除锈，将细锚杆钉在砖缝处，用细铁丝将松动的钢筋固定在锚杆上，在不连续的部位抹50mm厚的高延性混凝土。

北大红楼主体南立面门楼维修后

北大红楼主体南立面维修后

北大红楼东翼门楼维修前

北大红楼东翼门楼及立面维修后

北大红楼主体北立面中门楼维修后

北大红楼西翼门楼东立面维修后

墙体与墙面

（1）墙体裂缝

分布在门窗洞口旁砖柱正面、侧面和洞口角部等区域较小裂缝和北立面三分之一长度处、东翼楼南北一至四层的通裂缝，属于非地基基础变形引起的结构性损坏，主要由于温度作用和窗下墙应力集中导致，故采用石灰基勾缝剂、灰砖粉（或红砖粉）等配置的砂浆按原形制进行修补。具体做法如下：

①小裂缝采用砖修复材料对表面进行封抹。

②通裂缝先采用石灰基勾缝剂（德赛堡JM05）对缝隙进行填充，填充后要求低于砖面10mm，低于砖表面的部分采用修复砖粉（BP10）填补整修。

③对通裂缝进行填充时，先用高压空气吹除粉尘，喷少量清水到基面，25kg粉末添加到5L~6L水中，搅拌均匀，用工具进行填充。

④根据灰砖和红砖颜色的差别，分别选用对应的灰砖修复材料和红砖修复材料。

此次修缮中，采用砖修复材料对表面进行封抹的裂缝20处；采用石灰基勾缝剂（德赛堡JM05）对缝隙进行填充并以修复砖粉（BP10）填补整修的通裂缝2处。

（2）墙面

针对外墙灰砖墙面有酥碱、粉化的现象，局部砖体破损、松动、

北大红楼墙体风化修复前

北大红楼墙体风化修复后

北大红楼墙体勾缝修复前

北大红楼墙体勾缝修复后

碎裂，部分墙面勾缝脱落现状，对墙体酥碱、残破严重部位采用剔凿挖补的方法，按原工艺补砌。修复所用砖件的品种、砍磨加工的尺寸、质量及所用灰浆的品种均与原材料保持一致，墙面勾缝仍采取“鼓缝”做法。具体做法如下：

①对于表面风化、酥碱较轻的墙面，深度小于10mm时，保持现状。

②对于表面病害深度大于10mm且不足40mm（约1/3）时，采用砖修复材料修补。

③用软毛刷清理下部灰墙表面污垢、灰尘、粉化的灰缝，对缺失和残损的灰缝部位，采用“鼓缝”的做法重新勾缝，以纯白灰浆加少量纸纤为勾缝灰。

此次修缮，共修补墙砖共约150.6平方米（14827块），重做灰缝共约156.9平方米，补配墙砖7块。修缮开始前，首先在西侧或北侧小部分进行了修补试验，在保证墙面颜色一致的基础上，再应用到其他墙面。

（3）束腰

针对一层束腰水泥抹灰部分开裂、脱落的现象，采用水泥、中砂调和的砂浆进行修补。对西翼楼西南角局部砖体松动处，按原工

北大红楼墙体束腰开裂修复前

北大红楼墙体束腰开裂修复后

艺进行了局部拆砌。

（4）石质窗台

针对窗台风化、剥落、断裂等不同情况，分别采取如下措施进行修补：

①对于现状风化、断裂、曾被修补过的窗台，暂保持现状。

②对于成片剥落的窗台，清理缝隙灰尘，用石灰基勾缝剂（德

北大红楼石质窗台修复前

北大红楼石质窗台修复后

北大红楼窗口转角处修复前

北大红楼窗口转角处修复后

赛堡JM05）进行粘合；对上次用水泥进行粘补且现状粘合处粉化、破损严重的部分进行清理，同样采用石灰基勾缝剂（德赛堡JM05）进行粘合填补。

③对石材粘结处，先用高压空气吹除粉尘，喷少量清水到基面，将25kg粉末添加到5L~6L水中并搅拌均匀，再勾抹到粘结处。

此次修缮，共修补石质窗台37个。

屋架、屋面

（1）屋架

针对屋架木桁架杆件、檩条、木构件等残损情况，参照评定结果，分别采取加固、保持现状等措施。加固的具体工艺流程如下：

①卸荷：加固前对所加固的构件尽可能卸荷。

②底层处理：表面出现剥落、空鼓蜂窝、腐蚀等劣化现象的部位予以凿除，直至露出新的木材表面。对较大面积木材的缺损和大于20mm裂缝，采用同等材质的木条进行修补，然后用环氧树脂进行压力灌浆封闭处理；对较小的裂缝用环氧树脂胶直接进行表面封闭。构件表层打磨平整，转角粘贴处进行倒角处理并打磨成圆弧状，

再用吹风机将表面灰尘清理干净，用无水乙醇进行清洗，保持干燥。

③涂底胶（使用材料为MSP底层树脂）：按2:1的比例将主剂与固化剂先后置于容器中，使用电动搅拌器均匀搅拌，根据环境温度决定用量并严格控制使用时间，一般情况下1小时内用完。用滚筒刷将涂底胶均匀涂抹于构件表面，等胶固化2～3天后再进行下一步施工。

④用整平材料找平（使用材料型号为MSE找平树脂）：表面凹陷部位用MSE填平，并在规定使用时间（一般为40分钟）内粘贴碳纤维布，在确定所贴部位无误后去离析纸，做到平整、顺直和无波、折或位置偏差。然后用毛刷反复沿纤维方向涂刷，确保不浮空，使MSR浸渍树脂充分浸透碳纤维布。第二层粘贴重复上述步骤，待纤维布表面指触干燥后进行下一层的粘贴。在最后一层碳纤维布的表面均匀涂抹MSR浸渍树脂。

⑤保护：粘贴完毕后外覆塑料薄膜，用木模板压紧碳纤维布进行1～2周的封闭养护。养护完毕后，在碳纤维表面采取喷防火涂料的方式进行保护。

⑥采用厚度为3mm、宽度为30mm的不锈钢板对节点开裂的梁

北大红楼梁架糟朽修复前

北大红楼梁架糟朽修复后

等尺寸较大的木构件进行了打箍加固处理。

此次修缮，共加固木桁架杆件32根、檩条24根。

（2）屋面

针对局部屋面漏雨、少量椽子望板糟朽问题，进行修整和更换。具体做法如下：

① 按原形制更换糟朽的檐椽、望板，对更换后的木构件表面进行防腐、防火处理，涂刷防腐、防火涂料各2道。

② 对屋面漏雨的位置进行修整，对木构件糟朽严重的部位顶部进行揭露，即揭开入口处女儿墙及天沟、烟囱与屋面交接面、平面转角的窝角沟、老虎窗与屋面的交接面以及其他屋面部位，进一步排查漏雨情况，并在接瓦后据实重做、补做卷材的防水、泛水、散水，老虎窗、烟囱、天沟周边外扩0.8米进行检修。做法为采用三元乙丙自粘防水卷材重做屋面漏雨处的防水。重做屋面防水时，先将老化的防水层清铲干净，保证基层的平整光滑，采用冷铺作业

北大红楼望板修复前

北大红楼望板修复后

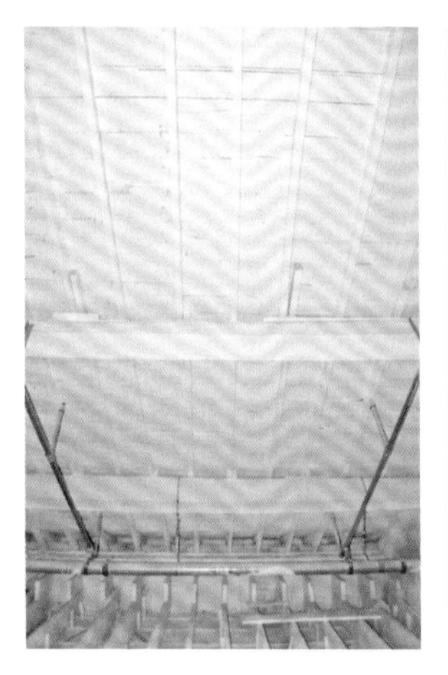

方法。特殊部位如女墙根部的水平天沟按照大于3%的坡度重新组织泛水。

瓦面

针对南侧正门入口的东西两坡面瓦面缝隙较大、排列不规整、个别瓦件碎裂等问题，进行了维修、替换。修缮过程中，在拆除屋面瓦时，先进行编号后再拆除。拆除后对其进行了清理、检查，对碎裂、酥松、破损的瓦进行剔除、更换。在屋面瓦回挂钉挂瓦条时，

北大红楼瓦面残损修复前

北大红楼瓦面残损修复后

将钉穿椽板而裸露在外的钉子做回弯处理，以避免安全隐患。

此次修缮，共按原形制更换屋面瓦约533.95平方米。

装修

（1）木楼梯

针对木楼梯少量木栏板破损问题，对破损的木栏板参照邻近的形制进行了更换。对南侧入口处台阶重新做了油饰，在木台阶上铺一层橡胶垫以避免磨损。

此次修缮，共更换木楼梯栏板5个。

（2）地下室

针对地下室由于地势较低、雨季受潮导致墙皮脱落、库存物品受潮问题，采用了两种措施。一是安装新风系统，通过加强室内通风来缓解地下室潮湿的问题。二是重新粉刷地下室墙面，采用具有防潮、防霉功能的墙面漆。具体措施及做法为铲除现状地下室面漆至现状水泥砂浆层，并对空鼓、空洞的位置进行修补至平整；然后在水泥砂浆层涂刷墙固界面剂1道，在其上刮腻子2道找平，滚刷白色室内墙面漆2道。

此次修缮，重做地下室内墙面约4444.45平方米。

（3）门、窗

①针对室内窗台为木制且约30%部分存在油饰开裂、油腻子开裂问题，考虑到工期，本次仅对卫生间、楼梯间存在残损的20处木质窗台进行整修。具体做法为铲除开裂的油饰，刮油腻子1道，然后刷暗红色油漆。

②针对室内木门存在合页松动、旋转式门把手松动、失灵问题，检修所有门合页和门把手并更换失灵的木门配件，共修整木门约50处。更换的门把手沿用2009年维修时的氟碳喷涂工艺。

（4）老虎窗

针对老虎窗存在的博缝板破损、望板及椽子油饰开裂和脱落问题，修整8根破损的博缝板，重做了望板及椽子油饰。

漆饰

根据展陈需求，对红楼内中部、东西两翼的楼梯（楼梯、扶手），楼梯间的窗户、窗台，一层正厅的门窗，中部大厅的屏风、老虎窗重新做了油饰。具体做法为：铲除开裂的油饰及腻子层至木基

北大红楼内楼梯、地板、门、窗修饰前

北大红楼内楼梯、地板、门、窗修饰后

层，用砂纸打磨附着在木基层表面的油腻子及漆皮，新刮油腻子1层，使木基层表面平整，待油腻子晾干后，刷2道暗红色油漆，面漆色调与现状做到了协调一致。

室内卫生间

针对卫生间存在铝塑板吊顶变形、墙面瓷砖空鼓、地砖开裂等问题，并配合后续展示利用工作的需求，对卫生间进行了全面重装。具体做法如下：

①卫生间施工前拆除所有原有装饰面层，对原有给排水设施进行保护性拆除，上下水路暂不调整。

②拆除完毕后对原有地面进行抹灰找平，待完全干透后进行防水施工。

③防水施工工艺：先采用堵漏灵封堵所有管道洞口、地面阴

北大红楼室内卫生间维修前

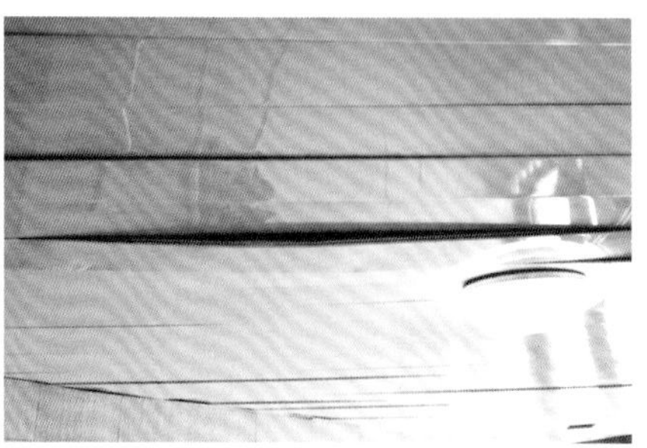

北大红楼室内卫生间维修后

角；然后采用聚氨酯柔性防水涂料滚涂3遍；最后进行48小时闭水试验。

④洁具设施选型：坐便器采用普通虹吸式连体防臭马桶，配厕纸架；蹲便器采用防臭型蹲便器，配感应器，配厕纸架；小便器采用立地式小便斗，配感应器；面盆为台下盆；龙头为全铜冷热水龙头，配感应器；热水宝容量为5L，恒温速热，放置于洗手台下方暗藏；其他每个卫生间配三合一烘手器1台，材质为304不锈钢，暗装。

⑤墙面采用仿木纹瓷砖400mm×800mm，四边倒角3mm，采用瓷砖粘接剂进行粘接，粘接前滚涂背覆胶。

⑥采用双层9mm耐水石膏板吊顶，顶面距地2.5米，顶面与墙面交接处采用10mm不锈钢收口。

⑦所有卫生间地面按照3%放坡。

⑧蹲便、小便斗隔断采用15mm抗倍特板；用金丝柚木色木饰面多层板定制洗手台，台面采用爵士白大理石；卫生间门采用金丝柚木色实木复合夹板；洗手台前墙面挂银镜，玫瑰金拉丝不锈钢包边。

此次修缮，重做卫生间地面约551平方米，墙面约1404平方米，吊顶约551平方米，挡板约235平方米；更换卫生间坐便器20个，蹲便器60个，小便器30个，面盆20个。

门厅

针对坡道石栏灰缝脱落问题，用水泥砂浆重新勾抹石栏灰缝8处。针对南侧石阶修补工艺差、不美观及局部破损问题，重新修整破损石阶，并对表面进行了修饰。针对门厅砖柱水泥喷砂层局部破损、脱落的问题，清理柱础（砖外包水泥砂浆）、砖柱表面碎裂的水泥砂浆层，用水泥砂浆修补后，按照现状的喷砂工艺对修补处进行了修饰。

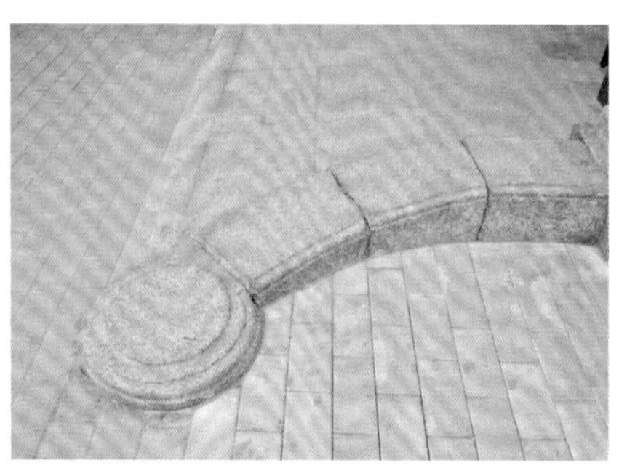

北大红楼北门楼维修前

北大红楼北门楼维修后

北大红楼南门楼维修前

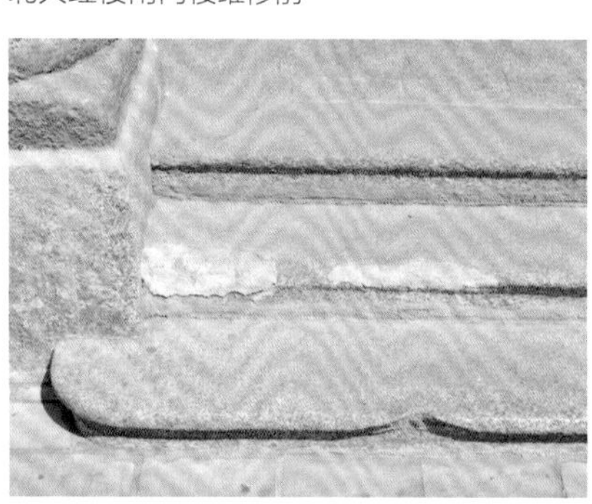

北大红楼南门楼维修后

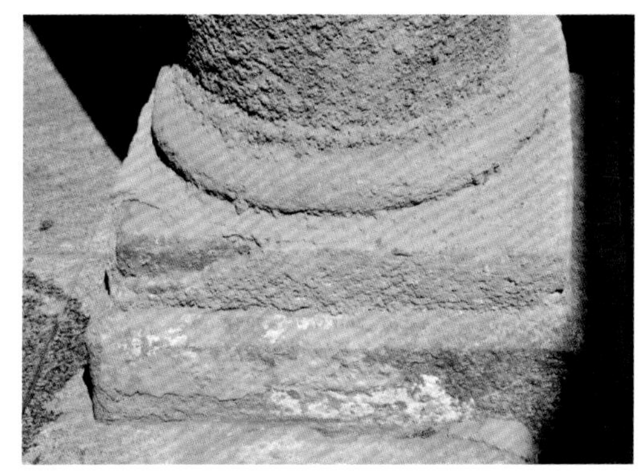

北大红楼东、西门楼维修前

北大红楼西门楼维修后

院落地面

针对院落地面存在局部坑洼不平，砖体断裂、局部开裂，石材砖切割不规整等问题，按原工艺，更换南院断裂的青石砖约10平方米；重做北院院落地面，约1566.17平方米。

院落围墙（含大门）

（1）东墙

针对东墙南段墙体由于墙内侧无泛水且内部排水沟淤堵导致雨水排放不畅、深入墙体，加剧墙体下碱砖酥碱和风化程度的问题，参照红楼墙面的修补方法进行修整；重做东墙（南段）内部泛水，使雨水汇入南墙（东段）排水沟。此次修缮，共修补墙砖约20.5平方米，并重做灰缝。

（2）南墙

针对南墙东、西段均存在墙体下部灰缝脱落问题，清理南侧围墙内侧排水口，重勾脱落处灰缝。此次修缮，共修补墙砖约51.3平方米。

北大红楼院落地面维修前

北大红楼院落地面维修后

（3）西墙、北墙

针对西墙、北墙存在的局部破损、墙帽破损、灰缝脱落等问题，对破损的墙帽进行局部拆砌，修补局部破损的墙面，重勾脱落处灰缝。此次修缮，共修补墙砖共约19.1平方米，拆砌墙帽共4个。

针对北墙（西段）、西墙墙顶铁丝隔离网破损锈蚀严重的问题，拆除现状锈蚀的铁丝网，安装网络电子围栏。

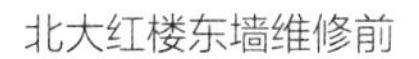

北大红楼东墙维修前

北大红楼东墙维修后

北大红楼南墙维修前

北大红楼南墙维修后

北大红楼西墙、北墙维修前

北大红楼西墙、北墙维修后

北大红楼大门维修前

北大红楼大门维修后

建筑排水

针对建筑排水管下部存在雨水溅到邻近的建筑墙体，雨水长期冲刷导致邻近墙面受损问题，或加长雨水管，或加长水管。此次修缮，共修整排水管20根，新接雨水管按现有形制刷上了绿色防锈漆。

建筑散水

针对散水存在裂缝和局部破损的问题，用细水泥砂浆修补散水的缝隙，对破损处按现状形制进行修补。此次修缮，共修补散水裂缝47处。

北大红楼排水、散水维修前

北大红楼排水、散水维修后

电气

（1）配电柜/箱

针对AL-1F-2配电箱的绝缘铜芯软导线和四层东侧水泵控制柜PE线脱落、不符合要求的问题，对两处脱落线路进行重新安装。

（2）线槽与导管

针对三层西侧办公室线路较杂乱且部分线路未在线槽内、不符合要求的问题，对三层西侧办公室线路重新整理，并在线槽内部敷设。

北大红楼重新安装的配电柜、箱

（3）灯具

针对东侧走廊一、二层间吊灯安装存在隐患及部分灯具安全性不符合要求的问题，对其重新安装或更换。

（4）空调室外机组

南院西侧附属用房屋顶安装多联机室外机组多台，为不影响红楼的整体风貌，经专家现场考察，将西侧部分屋顶拆除，室外机组移至地面。

北大红楼空调室外机组

施工保障

北大红楼保护修缮工程的修缮内容共6项（屋顶瓦面、屋架、墙体墙面、院落及围墙、电气升级改造、室内装修），分为21个子项，188道工序。工程实施受到国家文物局及北京市领导高度重视。主要领导亲自部署、多次协调，关键时期直接坐镇指挥。组建了工程工作组，全面负责工程各项工作的落实和开展。项目施工单位成立现场临时联合党支部，工程建设中出现难以协调的问题，都以党组织协商会的形式得到解决，从而确保了工程建设的顺利实施。

为确保设计施工质量和安全，各参加单位均抽调了最强技术力量投入工程建设，在具体工作环节上坚持做到四点。

国家文物局领导到北大红楼维修施工现场视察、指导

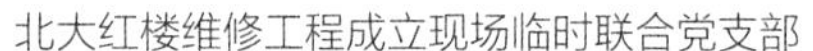
北大红楼维修工程成立现场临时联合党支部

北大红楼维修工程技术人员宣誓仪式

一是深入调查研究，尊重原始史料。工程人员查阅大量历史照片、图纸和档案，对历次修缮情况进行系统梳理，向参加历年修缮工作的人员进行咨询，考察北京及周边同时期、同类型历史建筑并进行总结分析。大到周边街区环境、小到墙缝的具体做法，力求还原红楼的建筑原形制，让维修工作的每一项内容有史可查、有据可依。

二是最小干预，尽量保持文物的原真性。在修缮之初，对“百岁高龄”的红楼进行了全面系统的“体检”，对地基基础、墙体稳定性、木屋架稳定性等进行了检测，在充分勘察评估的基础上，坚持最小干预、保持文物原真性的原则，确立了保证红楼结构稳定安全、原状修缮的总体思路。

三是传承原有技艺，遵循原做法、原工艺。红楼修缮工程尽量遵循原做法、原工艺。工程前后共召开大小论证会百余次，力求在每个节点都最大限度地保持红楼原貌。如红楼南侧正门门厅柱的修缮，柱子外立面采用的弹涂工艺现在已几乎没人能操作，大家一边寻找老工匠，一边反复试验，在经过数十次试验，做到实际效果与原状相差无几后，才在文物本体上实施。再如红楼的油饰也是经过反复调配、对比，达数十次，才最终达到了与原油饰相差无几的效果。

四是严格按照科学规范进行施工操作。施工前，根据现场实际

北大红楼墙面修缮

情况做好文物保护措施，确保维修范围内一切文物的安全。施工过程均按国家现行及施工验收规范进行。施工中做好详细记录，包括文字、图纸、照片、录像，留取完整的工程技术档案资料；发现新情况或与设计不符的情况，除做好记录以外，及时通知设计单位做调整或变更。选用的各种建筑材料均符合国家产品标准，地方传统建材满足优良等级的质量标准。屋面工程属高空作业，存在安全隐患，施工单位提前对施工人员、材料、设备做好安排，并对可能被碰触到的文物本体进行防护。

展示利用

北大红楼的高质量保护修缮为展览利用打下了坚实基础，国家文物局和北京市高度重视，将红楼展览筹备工作作为重要政治任务，精心筹备“光辉伟业　红色序章——北大红楼与中国共产党早期北京革命活动主题展”。

主题展由国家文物局、北京市委宣传部主办，中国人民抗日战争纪念馆、中国共产党早期北京革命活动纪念馆、北京新文化运动纪念馆承办，国家文物局机关服务中心协办，领导小组办公室专门成立了由北京市委党史研究室、中国人民抗日战争纪念馆及北京新文化运动纪念馆联合组成的红楼展陈策划组。为做好展览内容及形式的策划、设计和方案审定工作，展陈策划组多次组织京内外党史专家、纪念馆馆长等进行展览论证，确保展览内容准确无误。2020年底，主题展在中国人民抗日战争纪念馆进行了全要素预展，对重点展厅进行了一比一等比例搭建。北京市委主要领导到现场，会同中宣部宣教局、党史与文献研究院等单位的专家学者，对预展进

主题展序厅

行了审定。

2021年6月25日，中共中央政治局就“用好红色资源、赓续红色血脉”进行第三十一次集体学习。习近平总书记带领中央政治局同志来到北大红楼，参观“光辉伟业　红色序章——北大红楼与中国共产党早期北京革命活动主题展”，重温李大钊、陈独秀等开展革命活动，推动马克思主义在中国早期传播、酝酿及筹建中国共产党等革命历史。习近平总书记指出，北大红楼同建党紧密相关，北京大学是新文化运动的中心和五四运动的策源地，最早在我国传播马克思主义思想，也是中国共产党在北京早期革命活动的历史见证地，在建党过程中具有重要地位。习近平总书记的重要指示为用心用情用力做好革命文物保护利用工作，保护好、管理好、运用好北大红楼和中国共产党早期北京革命活动旧址提供了根本遵循。

2021年6月29日，中国共产党早期北京革命活动纪念馆正式对外开放。纪念馆的主题展览依托北大红楼的60多个展室，通过1357件珍贵文物史料、958张历史图片、40件艺术品、13个珍贵音像，集中反映了北大红楼在新文化运动、五四运动、马克思主义在中国早期传播、中国共产党孕育过程中的独特地位和独特贡献，受到了社会各界的广泛赞誉和高度评价。

展览展示

精心编写展览大纲

展览大纲是整个展览的灵魂，它明确展览的主题和思路，是后续内容策划、空间布局、展示手段等的依据和指南。因此，展览策划团队把展览大纲的编写作为重中之重，高度重视，精心设计打磨。

确立编写原则

鉴于北大红楼在中国共产党创建史上所具有的独特地位，首先确立了展览大纲的指导思想，即以马克思列宁主义、毛泽东思想、邓小平理论、“三个代表”重要思想、科学发展观、习近平新时代中国特色社会主义思想为指导，以党的十九大精神和习近平总书记关于党史等系列重要论述为遵循，以北京与中国共产党创建为主题，全力打造反映中国共产党创建时期北京革命活动光辉历史的大型主题展览，着力展现北京作为新文化运动的中心、五四运动的策源地、马克思主义在中国早期传播的主阵地、中国共产党的主要孕育地之一，在中国共产党创建史上所具有的独特地位、独特贡献、独特价值。在这一指导思想下，确立了编写大纲的四个原则。

一是强化政治引领。以党的三个历史决议和习近平总书记关于党的历史和党史工作的重要论述为根本遵循，以马克思主义立场、观点、方法为指导，努力讲好中国共产党创建故事，讲好北京红色故事。全面贯彻习近平新时代中国特色社会主义思想，深刻领悟“两个确立”的决定性意义，增强“四个意识”、坚定“四个自信”、做到“两个维护”，为全面建设社会主义现代化国家提供强大精神动力。

二是彰显历史价值。全面展示中国共产党创建时期北京革命活动的光辉历史，重点反映这一时期北京革命活动对中国思想启蒙、民族觉醒和社会革命的里程碑意义，突出李大钊、陈独秀、毛泽东等党的创始人在中国共产党历史和中国革命史上的重要作用，深刻揭示新文化运动、五四运动、马克思主义传播对中国共产党创建的历史意义和时代价值。

三是突出地域特色。充分展示以北大红楼为代表的中国共产党创建时期北京革命活动纪念地所承载的爱国情怀、初心使命、历史担当，着重反映北京在中国共产党创建过程中的辐射力、影响力，凸显北京作为新文化运动的中心、五四运动的策源地、马克思主义在中国早期传播的主阵地、中国共产党诞生的主要孕育地之一的历史地位和时代价值。

四是创新展陈形式。遵循节约办展、可持续办展原则，坚持以文载史、以图述史、以物证史，灵活运用最新科技手段，综合运用视频影像、灯箱橱窗、绘画作品、微缩景观等多种展陈形式和手段，确保展览政治性、思想性、艺术性的高度统一，做到内容严肃准确，形式灵活多样，打造多元教育文化环境，推进党性教育入脑入心。

精心组织编写

为确保展览大纲的高水平，展览策划团队在编写过程中严密组织，广泛收集，反复论证，精心编写。

一是邀请权威部门领导和相关领域专家组建专家团队。组织中央党史和文献研究院、中国人民解放军后勤指挥学院、北京大学、北京师范大学等单位近30位专家学者，先后召开7次专家研讨会，并邀请共青团中央、中央党史和文献研究院等单位的专家审读展览大纲，提供书面审读意见。根据专家修改意见建议，先后修改完善综合主题展大纲细目35稿，力求展览内容准确无误。同时，中国人民抗日战争纪念馆组织业务人员，全面启动文物史料征集、视频影像搜集等各项工作，确保展览内容丰富多样。

二是梳理文献、研究资料，构建学术支撑。北京市委党史研究室、中国人民抗日战争纪念馆等单位广泛查阅相关研究文章和图书，阅读整理大量文献资料，全面梳理了建党早期的重要人物、重要事件和重要活动，赴中央党史和文献研究院进行专题汇报，多次邀请杨胜群、邵维正等党史、军史、文献领域权威专家指导。中国人民抗日战争纪念馆多次赴中央档案馆、北京市档案馆查找资料，向有关革命后代广泛征集文物线索。确保资料翔实、真实无误、立论准确。

三是组建专业编写团队，反复论证精益求精。中国人民抗日战争纪念馆和北京新文化运动纪念馆组织专门力量编写展览大纲，经过百余次修改，最终形成展览大纲定稿。2019年10月23日至2020年2月9日，北大红楼与中国共产党早期北京革命活动旧址保护传承利用工作领导小组组织邀请了中央党史和文献研究院、中共中央党校（国家行政学院）、北京大学等单位的权威专家，先后五次召开专家研讨会，就北大红楼与中国共产党早期北京革命活动旧址保护传承利用工作进行讨论，确保了展览大纲的高水平、高质量。

明确主要内容

中国共产党的创建，是中华民族发展史上开天辟地的大事变。北京是新文化运动的中心、五四运动的策源地、马克思主义在中国早期传播的主阵地、中国共产党的主要孕育地之一。而这些都与北大红楼息息相关。为准确展示红楼在传播马克思主义、成立北京共产党早期组织，促进马克思主义与工人运动的结合中的独特地位，展览策划团队在大纲中将整个展览内容分为六大部分。

第一部分：经历近代各种力量救亡图存探索的失败，工人阶级开始登上历史舞台。重点反映近代以后，中国逐渐成为半殖民地半封建社会，为改变中华民族的屈辱命运，无数先进分子和仁人志士进行不屈不挠的探索和斗争的重要历史。随着种种救国方案相继失败，中国反帝反封建民主革命的领导责任最终落到了中国工人阶级及其政党身上。

第二部分：唤起民族觉醒，构筑新文化运动的中心。包括新文化运动发端、新旧文化交锋、北京进步社团涌现三个单元。重点反映以陈独秀、李大钊等为代表的一批知识分子高举民主和科学两面大旗，掀起轰轰烈烈的新文化运动，为五四爱国运动爆发和马克思主义传播创造有利条件的重要历史。

第三部分：高举爱国旗帜，形成五四运动的策源地。包括巴黎和会与中国外交失败、北京爱国学生运动、五四运动的总司令“陈

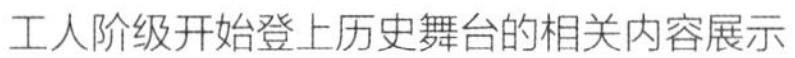
工人阶级开始登上历史舞台的相关内容展示

在新文化运动中发挥重要作用的人物及刊物

独秀”、中国工人阶级登上政治舞台四个单元。重点反映以北京学生斗争为先导的五四爱国运动为促进马克思主义在中国传播和马克思主义与中国工人运动相结合、为中国共产党成立做了思想上、干部上准备的重要历史。

第四部分：播撒革命火种，打造马克思主义在中国早期传播的主阵地。包括俄国十月革命对中国的影响、“播火者”李大钊、北京大学马克思学说研究会、青年毛泽东在京确立马克思主义信仰、马克思主义的广泛传播、与劳工阶级打成一气六个单元。重点反映李大钊为代表的一批先进知识分子研究和传播马克思主义，推动马克

北京爱国学生运动图片展示

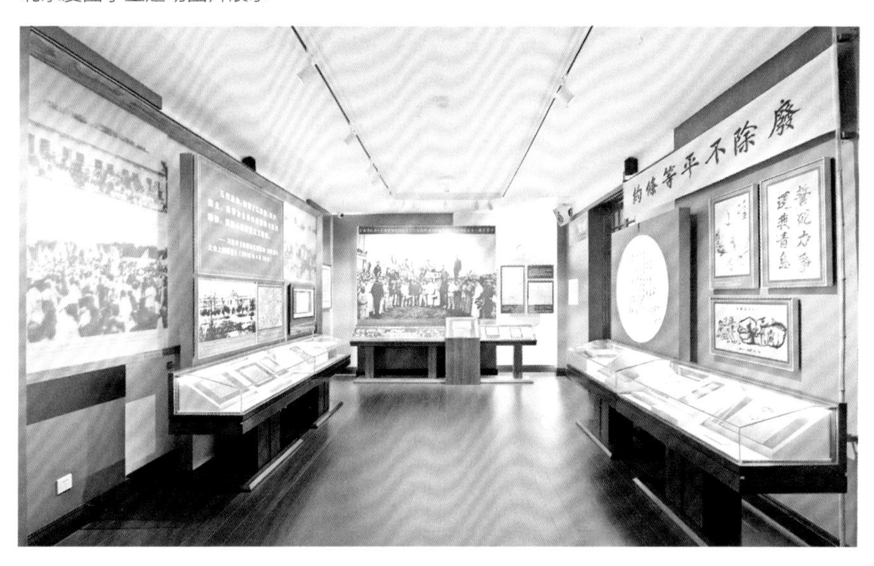

陈独秀塑像

思主义与中国工人运动相结合，巩固和扩大马克思主义思想阵地，为中国共产党成立做了思想准备的重要历史。

第五部分：酝酿和筹建中国共产党，铸就党的主要孕育地之一。包括“南陈北李”相约建党、共产国际代表来中国、北京的共产党早期组织的建立、北方各地党团组织的建立、中国共产党的诞生与北京早期党组织、北方革命事业的蓬勃兴起六个单元。重点反映党的主要创始人李大钊、陈独秀积极推动北京、上海等地建立共产党早期组织，积极参与酝酿和筹备建立中国共产党，积极参与党的一

李大钊塑像

毛泽东塑像

大、二大的重要历史。同时，集中反映中国共产党成立后，北京党组织作为领导北方革命事业的中心，集中力量领导北方工人运动，推动北方地区革命事业蓬勃兴起的重要历史。

第六部分：不忘初心、牢记使命。以毛泽东、邓小平、江泽民、胡锦涛同志及习近平总书记关于中国共产党成立的重要论述为主线，集中展示新民主主义革命时期、社会主义革命和建设时期、改

“南陈北李”相约建党文献展示

中国共产党第一次代表大会

革开放和社会主义现代化建设时期、党的十八大以来举办的有关马克思、李大钊、毛泽东、五四运动、中国共产党成立的纪念活动的内容。

各历史时期有关纪念活动的内容展示

全方位组织文物展品征集和复仿制

根据展览需要，展览策划团队全方位展开了文物展品征集和复仿制。

文物征集

积极向包括中国国家博物馆、国家图书馆在内的全国13省（市）50余家博物馆、纪念馆、图书馆发送文物征集复制函，涉及各类文物600余件（套）。征集到建国前《共产党宣言》6个全译本——陈望道版《共产党宣言》、华岗版《共产党宣言》、成仿吾、徐冰版《共产党宣言》、博古版《共产党宣言》、陈瘦石版《共产党宣言》、莫斯科外文局版《共产党宣言》，中共一大至七大党章；反映北京以及北方地区中共早期革命的珍贵文物，如中共北京区委兼地委机关刊物《政治生活》、北京大学的《政治评论》《北京大学日刊》《语丝》和北京高等师范大学的《平民教育》《工学》等；反映北京对北方地区革命指导和影响的重要文物，如陕西旅京学生组织共进社发行的《共进》等。此外，还征集到中国共产党早期领导人重要著作及多种重要期刊的创刊号，如《少年中国》《共产党》《语丝》等。

档案复仿制

积极会同北京市档案馆，发掘利用中央档案馆、北京大学档案馆、北京市档案馆馆藏资源，复制包括李大钊、毛泽东、陈独秀、五四运动、北京早期党组织活动等相关档案近300件（中央档案馆30余件、北京大学档案馆40余件、北京市档案馆170余件）。其中，包括中央档案馆藏毛泽东填写《少年中国学会改组委员会调查表》、毛泽东1933年党证（填写入党时间为1921年5月）、毛泽东填写的《中国共产党第八次全国代表大会代表、候补代表登记表》（填写入党时间为1920年）、北京共产主义组织的报告及中共一大、二大、三大通过的相关文件，北京市档案馆藏五四运动中许德珩等32名被捕学生供词、李大钊被捕及牺牲相关档案（首次公开）、北京第一次纪念五一劳动节相关档案等。

此外，依托国际二战博物馆协会平台优势，联络俄罗斯国家社会政治历史档案馆、日本早稻田大学等机构，并与俄罗斯国家社会政治历史档案馆达成文物档案复仿制合作意向。复制李大钊履历表、李大钊在参加共产国际五大期间与翻译王一飞的合影、维经斯基填写的履历表及反映共产国际与中国共产党成立内容的书籍《在革命的火焰中》《联共（布）、共产国际与中国国民革命运动（1920~1925）》等相关档案。

视频照片征集：组织人员赴中央新闻纪录电影制片厂、上海影像资料馆等查阅视频影像资料。共征集复制相关视频资料35分钟，其中包括巴黎和会、十月革命及邓中夏等人组织开展工人运动等珍贵历史影像。

精心组织设计布展

“光辉伟业　红色序章——北大红楼与中国共产党早期北京革命

活动主题展”的展览设计及布展由清华大学美术学院的专业团队承担。设计及布展团队接受任务伊始，就对新文化运动时期中国的建筑艺术、绘画艺术、服饰服装、家具陈设，特别是对当时的平面装潢、书籍、报纸、杂志装帧艺术进行系统归纳和吸收，以深刻理解一百年前中国特别是北京的社会文化风貌，力图通过朴实而智慧的图形、和谐高雅的色彩，在一间间展室、一组组展柜、一张张的图片与版面上，真实再现革命先驱的风貌，并呈现中国共产党成立前后春潮澎湃的历史时空。

工作人员布置展览

设计布展理念

一是围绕重点内容核心叙事。注重凸显李大钊、陈独秀、毛泽东等重点人物，突出反映中国共产党创建时期北京革命活动对中国思想启蒙、民族觉醒和社会革命的里程碑意义，全面展示中国共产党创建时期北京革命活动的光辉历史。

二是彰显北京建党地域特色。注重彰显北京在中国共产党创建时期对马克思主义传播及全国党组织建立的辐射力、影响力，突出展示中国共产党早期创建过程中的北京贡献，系统呈现北京党组织开创北方革命事业新局面的重要历史。

三是实现文物本体与展览有机融合。注重将展览内容与北大红楼内旧址复原相结合，做到北大红楼内67个展室“一室一专题”，使各展室皆有驻足点和亮点。促进主题展览与相关旧址联动。注重与北京市31处中国共产党早期北京革命活动旧址保护利用相结合，将旧址相关信息纳入主题展览流线，实现31处旧址矩阵式联动。

四是展陈与文物保护并重。充分考虑北大红楼本体保护，将展览形式设计与红楼保护相结合，以尽可能保持北大红楼建筑原有风貌为前提，从外观和内部陈设两方面还原北大红楼历史原貌，适当改造、合理布局，巧妙突出北大红楼原有建筑元素与风貌，增强观众参观的代入感、沉浸感。

五是创新展览展示手段。摒弃大场景、大制作、大型雕塑，采用壁饰景观、场景复原和各种数字化演示手段等，通过灵活多样的展陈手段和艺术形式，生动呈现中国共产党早期北京革命活动时期波澜壮阔、惊心动魄的革命历史，烘托展览整体氛围，增强展览临场感、历史感，给观众的心灵以极大撞击。

六是量身定制展示道具。采用集中式与分散式两种陈列形式，结合北大红楼本身历史风貌，量身定制展示道具，精心设计文物展示情境，准确传达文物所承载的重要内容与历史信息，提高文物展示的知识性、观赏性，让观众在展览中有所得、有所悟。

空间设计：与北大红楼本体充分融合

主题展的展览面积约6000平方米，分布于北大红楼一、二、三层的67个展室内，展线设计依据人体工程学原理，设计为顺时针参观路线，同时在展览一至三层东西走廊分别设置观众休息区共六组，提高观展舒适度。

由于展览载体是一座百年古建，因此整体设计风格层面以历史真实性为基础。北大红楼的门厅、走廊均保持原有建筑的风貌。门厅内不附加任何影响建筑风貌的结构，完全保留原有门厅的天花板、墙面、地面和装饰等。对展厅内原有的建筑要素尽量不遮挡，如需在门窗与暖气前设置展板时，则使用金属格栅或木格栅构建展墙结构。文物展柜简洁庄重，体量轻薄，色彩与地面颜色协调统一，展柜下方不设底箱，不遮挡建筑原有设施。力求将展览的空间结构要素与文物保护有机融合。

展览紧紧围绕中国共产党早期北京革命活动历史的主线，充分考虑办展场地楼层多、展室多、展线长的特殊性，突破传统展览布展方式，最大限度为观众提供“选择性参观”的解决方案。按照编年史结合小专题的方式，在展室中采取“一室一专题，室室有亮点”的展览设计理念，在各间展室均衡设置不同的重要历史事件、重要历史人物和有历史影响的机构、报刊、杂志等专题，既实现了整体内容衔接紧凑，又做到了各展室具有相对独立性，努力让展览与建筑文物相融合，在复杂、断续的空间里表现宏大的主题，给观众沉浸式的参观体验。

在确立了“一室一专题”的宗旨后，针对空间相对独立的重点内容采取有效的方式营造亮点。

一是放大独幅照片。将意义重大、影响深远的独幅历史照片复制放大，形成视觉亮点。

二是用图片组合营造亮点。围绕一张重要的图片，通过精心编排构图，形成图片组合，使画面具备丰富的视觉效果。

三是用重点文物柜营造展览亮点。将组合文物柜或单件重要文物通过精心布置，制作相应道具，形成展览亮点。

四是用艺术作品营造亮点。形成以艺术作品为中心的叙事空间。

五是用艺术场景营造亮点。如步入式场景“留法百年”、李大钊英勇就义的场景等。

六是用影像视频营造亮点。如巴黎和会珍贵影像、李大钊在苏联期间珍贵历史影像等。

七是用新媒体艺术营造亮点。两组全息影像“北京大学红楼”与

1917年北京大学文科中国哲学门第一届毕业班合影

李大钊在苏联期间珍贵历史影像

“留法百年”步入式场景展示

李大钊英勇就义场景展示

“五四运动”，不仅在两间展室内形成亮点，也是整个展览的亮点。

内容设计：与科技、艺术充分融合

展览主要由展墙版面、文物展品、辅助展品、多媒体艺术设计四类元素组成，按照“整体大于部分之和”的理念，将内容设计与空间设计交织一体，产生更大的视觉冲击力和震撼心灵的力量。

展墙版面设计：由于北大红楼展室面积较小，展墙间距离狭窄，沿展室四周设置的版面承担着突出大部分展览重点亮点的功能，因此在设计过程中尤其注重历史风貌的真实再现，适度保留、融汇那个时代的风尚特色，营造富有真实感和震撼力的观展环境，给观众以沉浸式体验。同时，为深刻阐释主题，在层次与造型上，使用多层立体展墙、壁饰景观与富有力量感的造型语言突出主题内容，丰富展览审美要素。

近代中国半殖民地半封建社会历史图片展示

展览特别突出重点文字的设计，在若干历史时期的重大节点中，经过艺术处理，将历史人物语录、重要文献、重要书刊的节录等重点文字，进行精心设计和认真的视觉筹划。用不同字体、不同图形、不同材质、不同体量、不同底色、不同照明的立体版面，使文字更加有利于观众阅读，让文字本身形成一种特殊的装饰艺术，生动形象地揭示了展览的思想内涵。

文物展品陈列设计：北大红楼于1961年被列为第一批全国重点文物保护单位，其本身就是真实历史发生地，完好地保存着历史的真实信息。展览基于红楼的这个特点，在陈列布展过程中结合空间特色，使用性能良好的展柜，搭配具有优质光源的灯具与自然光结合的光环境，按照文物保护要求和人体工程学的规律，在充分研究每件文物材质形态的基础上量身定制展台、展架等展示道具，并对部分纸质文物的陈列采用“挂龛”的形式，文献上墙的展陈设计更利于历史内容的展开，方便观众近距离无障碍观看历史资料。

党史文物大多为文献、档案、书刊，信息量大，为了突出重点、潜移默化引导观众。策展人员、大纲作者、设计师用一年多时间逐一研究征集的纸质文物，最重点的纸质文物放在醒目位置，重点文

北京高等师范学校被捕学生返回学校时合影

“北京市民宣言”传单

字标上红线；比较重要的纸质文物，装裱镜框或做成挂龛上墙展出；展板文字通过字体、颜色、材质的变化来区分；63期《新青年》、50册10种文字的《共产党宣言》矩阵式排列，强化视觉冲击力。

辅助展品陈列设计：展览生动再现了党在北京早期革命活动的光辉历程。时隔百年，部分重大历史节点形象语言的衔接出现断层，因此在各个展厅中适当使用了油画、国画、版画、雕塑、艺术场景、壁饰景观等辅助展品，弥补主线内容的空白，同时结合微缩场景、

不同时期出版的《新青年》杂志

壁饰场景、沙盘模型等艺术语言，使观众产生强烈的“情感共鸣”。让艺术品与主展线自然融合，动线流畅，构图美观，实现内容严肃准确，形式灵活多样，使展览主题更加形象生动，增强展览表现力。

油画《南陈北李　相约建党》

浮雕《北京“共产党小组”部分成员》

多媒体艺术设计：为在有限空间里丰富观展内容，展览共展出全息影像2组、体验式投影2组、交互触摸屏20组、珍贵影像视频13个，每种多媒体力争发挥最大效能，形成庞大的数字化展示体系，进一步丰富观众的参观体验。其中，两组全息影像“北大红楼”与“五四运动”通过反复调试透视角度，使用三维建模技术晕染特效，并使用前后多层幕的相互配合，生动地展示了北大红楼的建筑结构与五四爱国精神。

北大红楼全息影像

五四运动全息影像

展览亮点

旧址复原

旧址复原是中国共产党早期北京革命活动纪念馆极具特色的展览类型。展览根据相关档案记载和实物遗存，选择可以进行复原的历史时期和历史场景，使文物展品与北大红楼这座近代建筑构成和谐统一的整体，让展览与旧址有机融合、相得益彰，使观众从原状陈列中真切感受到当时的浓厚氛围，复原的场景主要包括五四游行筹备室、图书馆登录室、图书馆主任室、文科学长室、大教室和第二阅览室六处。

图书馆主任室位于北大红楼一层东南角，分里外两间。1918年8月到1922年12月，李大钊任北京大学图书馆主任时在此工作。

李大钊办公室常常聚集着校内外进步青年。李大钊向他们介绍、推荐传播新思想的书籍，共同讨论、研究各种新思潮，其中就包括马克思主义。在李大钊的影响下，许多进步青年如邓中夏、高君宇等接受马克思主义并走上中国革命之路，成为中国共产党早期的骨干力量。

李大钊办公室旧址复原

五四运动后，这里曾多次举办座谈会，开展对马克思主义理论问题的辩论，筹划成立北京大学马克思学说研究会。1920年，李大钊在这里会见共产国际代表维经斯基，研究酝酿成立共产党。10月，李大钊在此发起成立北京的共产党早期组织，取名“共产党小组”，并担任小组负责人。

文科学长室位于北大红楼二层左手朝南第一间，分里外两间。1917年1月，陈独秀出任北京大学文科学长，秉持“兼容并包”“思想自由”的宗旨，对北京大学文科进行改革。同时，陈独秀将《新青

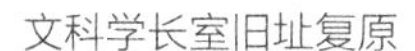

文科学长室旧址复原

年》编辑部从上海迁至北京，实现了“一校一刊”的结合。借助北京大学这一文化思想阵地，《新青年》高举“民主”“科学”大旗，传播新文化、新思想，成为引领新文化运动的思想高地，打开了遏制新思想涌流的闸门，从而在社会上掀起了一股思想解放的潮流。

1918年10月，陈独秀搬至这里办公。同年底，他在办公室里召集李大钊、张申府、高一涵等，议定创办《每周评论》。《每周评论》创刊后，与《新青年》相互配合，协同作战，对五四运动起到促进和推动作用，成为五四时期研究和宣传马克思主义的重要刊物。

图书馆登录室位于北大红楼一层东侧李大钊图书馆主任室隔壁，主要承担对新到书刊进行登记、统计、盖章、贴卡等工作。李大钊在北京大学图书馆主持工作期间，引进的马克思主义及其他进步文献就在这里登录入藏。李大钊组织学生在此勤工俭学，利用课余时间，帮助整理图书、翻译、编目、打印卡片等。毛泽东担任图书馆助理员期间也在此承担部分登录工作。

第二阅览室位于北大红楼一层西端南侧三十一号，原为北京大学图书馆日报阅览室，又称新闻纸阅览室。1918年8月，为组织湖南新民学会会员和湖南学生赴法国勤工俭学，毛泽东由长沙来到北京，后在北京大学图书馆主任李大钊帮助下，在图书馆做助理员的

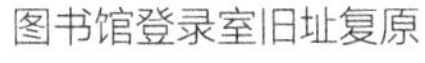
图书馆登录室旧址复原

工作，管理中外文报纸。在陈独秀、李大钊等人影响下，毛泽东积极参加北京大学学术团体，研究各种“主义”，批判鉴别各种知识，寻求救国真理，迅速朝着马克思主义的方向发展。

第二阅览室旧址复原

五四游行筹备室为北京大学《新潮》杂志社的办公室，位于北大红楼一层东北角。五四运动前夕——1919年5月3日晚，在结束了决定次日在天安门前举行示威游行的学生联合会议后，群情激愤的北大学生在这间位于红楼一层东北角的新潮社，连夜购置布匹，赶制

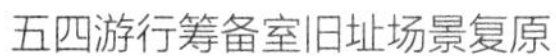

五四游行筹备室旧址场景复原

旗帜，书写了“誓死力争，还我青岛”“外争主权，内除国贼”“取消二十一条”等标语。罗家伦在这里起草了《北京全体学界通告》。

大教室位于北大红楼二层西南角。红楼1918年投入使用时，二层西面主要是教学区域，这间位于西南角的房间是第三十六教室，有座位78个，起初为预科合班使用。1920年，李大钊被聘为北京大学政治学系教授，先后在此为学生讲授“社会主义与社会运动”“唯物史观”“工人的国际运动与社会主义的将来”等马克思主义理论课程。这是我国大学第一次把马克思主义理论作为正式课程进行讲授。同年，在教育部任职的鲁迅被蔡元培聘为北京大学讲师，在这间教室讲授“中国小说史”。

大教室旧址复原

第三十六教室是红楼内面积最大的教室，深受学生欢迎的教员们多安排在此向学生传授新思想、新文化，为当时马克思主义的传播创造了有利条件。

重点文物和展品

第一部分集中展示了一批反映西方列强从政治、经济、军事、文化等方面侵略中国的文物，包括《南京条约》《马关条约》在内的不平等条约；展示八国联军侵占北京纪念铜牌、安民告示、反映八国联军分区侵占北京情况的《京城各国暂分界址全图》等；集中展示辛亥革命时期传单、纪念章、孙中山《建国方略图》等；展示反映近代北京民族工业发展的珍贵历史照片。

第二部分矩阵式展示全部63期《新青年》杂志；展示《每周评论》《北京大学日刊》《新潮》等新文化运动时期重要刊物的创刊号；集中展示新文化运动中具有较大影响力的民国报纸“四大副刊”；展示北京大学平民教育讲演团的团员征集启事和简章；展示刊有毛泽东在北京大学新闻学研究会听课证明的《北京大学日刊》；展示《少年中国》期刊、少年中国学会周年纪念册、会员终身志业调查表；通过表格集中展示新文化运动时期北京地区及在北京辐射影响下成立的18个代表性进步社团的基本情况。

《新青年》《每周评论》等刊物

第三部分展示了中央新闻电影制片厂珍藏反映1919年巴黎和会期间中国外交失败的珍贵历史影像；集中展示北京市档案馆珍藏北京大学学生许德珩等32名被捕学生的供词档案；通过电子触摸屏，集中展示美国杜克大学所藏、美国记者西德尼·甘博拍摄的有关五四爱国运动的照片；集中展示北京市档案馆珍藏关于社会各界营救陈独秀出狱的部分档案。

第四部分展示了中央新闻电影制片厂珍藏反映十月革命的珍贵历史影像；通过文物、图片、绘画等多种形式，集中展示李大钊1912年冬、1913年7月两次来京相关内容；展示刊有李大钊撰写的

《我的马克思主义观》的《新青年》第6卷第5号原件；展示李大钊任职北京大学图书馆主任期间的《北京大学图书馆的西文书登录簿（1919~1920）》，其中记录了关于马克思主义、社会主义及俄国十月革命的图书共67种；展示李大钊在北京大学任教期间撰写的《唯物史观》讲义、《史学要论》等重要文物原件；展示李大钊出席共产国际五大的珍贵历史视频；集中展示马克思学说研究会相关内容，并集中展示现存研究会152人名录；展示影响青年毛泽东的三种重要马克思主义著作《共产党宣言》《阶级斗争》《社会主义史》的文物原件；展示中央档案馆珍藏毛泽东1933年党证、毛泽东填写的《中国共产党第八次全国代表大会代表、候补代表登记表》；专题集中展示建国前《共产党宣言》6个全译本；集中展示北京市档案馆珍藏北京第一次纪念五一劳动节的珍贵档案。

第五部分展示了中央档案馆珍藏毛泽东批注过的北京共产党早期组织起草的《中国共产党宣言》；展示北京社会主义青年团机关刊物《先驱》创刊号；集中展示北京早期党组织帮助指导天津、唐山、济南等地创建党团组织及早期活动的见证物，如展示了山东省博物馆珍藏邓恩铭的家信；突出展示北京代表在中共一大上所作的报告《北京共产主义组织的报告》；展示中央档案馆珍藏中共一大、二大相关档案文件，如中共一大通过的中国共产党第一个党纲、中共二大通过的《中国共产党章程》，并集中展示中共一大至七大党章。展示中共北京区委兼地委机关刊物《政治生活》文物原件；集中突出展示北京早期革命活动期间牺牲的部分党员（28人）生平事迹；集中展示北京市档案馆首次公开的关于李大钊被捕及牺牲相关珍贵档案。

第六部分集中展示了31处中国共产党早期北京地区革命活动旧址相关内容，展示了党的十八大以来习近平总书记参观的革命纪念地、纪念馆，也展示了全国各地为庆祝中国共产党成立100周年举办的相关活动等内容。

社会教育

2021年6月29日，中国共产党早期北京革命活动纪念馆正式对外开放，各级党政机关以及社会各界踊跃参观，反响热烈。两年来，北大红楼与中国共产党早期北京革命活动系列旧址已接待观众400余万人次，在党史学习教育和主题教育中发挥了实景课堂的重要作用。截至2023年6月，纪念馆累计接待党政机关、军队、高校、企事业单位等参观团体6000余批，观众超过50万人次。

展览开放以来，中国共产党早期北京革命活动纪念馆围绕深入学习贯彻习近平总书记关于用好红色资源、赓续红色血脉的重要论述和在庆祝中国共产党成立100周年大会上的重要讲话精神，用好首都红色资源，服务党史学习教育，积极做好社会教育各项工作，成功打造了面向中小学生的“七个一”教育活动、面向大学生的“觉醒年代”研学行活动、面向广大党员干部的北京市党员干部现场教学点，以及“北大红楼读书会”“北大红楼大讲堂”等系列社教活动红色品牌。

“七个一”教育活动

2021年，北京市委党史学习教育领导小组印发了文件，要求在现有中小学生培育和践行社会主义核心价值观“四个一”实践活动基础上，拓展形成涵盖中国共产党历史展览馆、中国国家博物馆、中国人民革命军事博物馆、首都博物馆、中国人民抗日战争纪念馆、中共中央北京香山革命纪念地、北大红楼与中国共产党早期北京革命活动旧址的“七个一”活动体系。

2022年2月，中国共产党早期北京革命活动纪念馆作为试点被纳入中小学生培育和践行社会主义核心价值观“七个一”活动。纪念馆发挥红色资源优势，努力探索馆校合作新模式，积极推进中小学生培育和践行社会主义核心价值观“七个一”教育活动各项工作，精心开发了“走进北大红楼”系列课程，并完成教案编写、学案设计，得到了中小学校思政教育课堂广泛认可。

“走进北大红楼”系列教案

“北大红楼读书会”系列融媒体节目

中国共产党早期北京革命活动纪念馆与北京电视台合作，以强化青年一代爱国教育为宗旨，精心策划推出“北大红楼读书会”系列融媒体节目，依托红色资源，广邀学者名师，深入解读中国共产党早期北京革命活动代表人物和经典作品。通过在北大红楼、北大二院旧址、来今雨轩等中国共产党早期北京革命活动旧址现场讲读，以电视、广播融媒体联合传播的形式，带领观众走近历史现场，重温激扬岁月。

首期节目于2022年4月28日——李大钊牺牲95周年之际、五四青年节前夕——播出，全国特级教师、教育部课程改革专家组成员、北京师范大学第二附属中学文科实验班班主任何杰在北大红楼大教室讲读“李大钊《青春》”。本期节目在北京电视台青年频道、听听FM等平台播出后实时关注度达到微博“北京同城热点”第二名。

此后，节目相继邀请国际奥委会文化和奥林匹克遗产委员会委员、中国人民大学人文奥运研究中心研究员侯琨分享“毛泽东《体育之研究》”，北京师范大学原党委副书记、中国中共党史学会原副会长王炳林分享“从陈独秀《敬告青年》到伟大建党精神”，中国人民大学教授、中国鲁迅研究会原会长、北京鲁迅博物馆原馆长孙郁分享“鲁迅，与我们息息相关的风景”，中国科学院院士、中国月球探测工程首席科学家欧阳自远分享“国家的发展培育我成长”，中国社会科学院历史学部主任、中国考古学会理事长、中华文明探源工程首席专家王巍分享“探源工程二十载，实证文明五千年”，中央编译局原副局长、中国国际共产主义运动史学会原会长王学东分享“重温《共产党宣言》”，中国文联副主席、中国摄影家协会主席李舸分享“用影像书写生生不息的人民史诗”，中国作家协会副主席、中国报告文学学会会长何建明分享“红楼内外的邓中夏”，北京大学博雅讲席教授、中国俗文学学会原会长陈平原分享“读蔡元培《就任北京大学校长之演说》”。

第一季“北大红楼读书会”系列融媒体节目共播出十期，反响热烈，累计访问量超千万人次，微博话题“北大红楼读书会”等超

“北大红楼读书会”第一期宣传海报

“北大红楼读书会”第二期《体育之研究》

话累计阅读量超600万。2023年起，“北大红楼”微信公众号开设“听·读书会”栏目，以音频的形式重温“北大红楼读书会”。

“北大红楼大讲堂”系列讲座

中国共产党早期北京革命活动纪念馆充分利用北大红楼独特的资源优势，创新采取线下+线上形式，精心策划推出“北大红楼大讲堂”系列讲座，通过邀请著名党史专家做讲座并与观众交流，积极搭建学术平台，把党史学习教育“搬”进北大红楼现场。截至2023年6月初，纪念馆高质量举办了16期“北大红楼大讲堂”，每场讲座在线人数平均达1000人次，在传播红色文化、开展党史学习教育中发挥重要作用。

2022年，纪念馆先后邀请了中共中央党校（国家行政学院）中国史教研室主任王学斌讲授“从近代沉沦到觉醒年代——近代中华民族的遭遇与抗争”，北京大学历史学系欧阳哲生教授讲授“漫谈五四运动史研究及其历史意义”，中国李大钊研究会副会长侯且岸讲授“李大钊的社会主义理论与实践”，中央党史和文献研究院办公厅林小波研究员讲授“深刻领悟‘两个确立’，坚决做到‘两个维护’——学习《中共中央关于党的百年奋斗重大成就和历史经验的决议》”，西北大学文化遗产学院王建新教授讲授“丝绸之路考古的新进展”，原中共中央文献研究室副秘书长、第三编研部主任龙平平讲授“伟大觉醒与伟大的建党精神”，中国人民大学文学院孙郁教授讲授“鲁迅与新文化运动时期学界之关系”，中共中央党史研究室宣教局原副局长薛庆超讲授“坚持把马克思主义基本原理同中国具体实际相结合、同中华优秀传统文化相结合——学习《习近平谈治国理政》第四卷”，北京大学校史馆杨琥副研究员讲授“走近李大钊、理解李大钊——编辑《李大钊年谱》的体会和认识”。2023年上半年，先后邀请欧阳哲生讲授“新文化运动的文献整理与历史诠释——编辑《复兴文库・新文化运动》”，王学斌讲授“推进文化自信自强　铸就社会主义文化新辉煌”，王建伟讲授“近代北京史研究的几点思考”，中国社会科学院当代中国研究所党组成员、副所长宋月红讲授“站在历史和时代的高度深入学习贯彻党的二十大精神”，侯且岸讲授“李大钊的深刻‘思辨’——聚焦‘唯物史观’”，北京市政府参事室参事于平讲授“传承中轴文脉　传播中华文化”，中国文化遗产研究院教授葛承雍讲授“丝绸之路视野下的亚洲文明交流”。

系列讲座主题涵盖新文化运动、五四运动、马克思主义早期传播、习近平新时代中国特色社会主义思想研究、文物保护传承等方

2021年10月，优秀红色讲解员组成宣讲团，走进河南和河北宣讲党史故事。

面，内容丰富，史料翔实，受到广泛好评。京内观众通过预约来到北大红楼现场，河北、天津、陕西、河南、安徽、江苏、浙江等数百位京外观众和有关革命旧址工作人员在线参与，通过线上线下相结合的方式，探索出了一条具有北大红楼特色的讲好中国共产党故事、弘扬伟大建党精神的有效途径。

“觉醒年代”研学行活动

为深入宣传贯彻党的二十大精神，弘扬以伟大建党精神为源头的中国共产党人精神谱系，充分发挥北大红楼红色资源优势，引导高校师生参与内涵挖掘、革命文物保护等研究学习，由北京市委宣传部、北京市委教育工委、北京市委党史研究室（北京市地方志编纂委员会办公室）主办了“觉醒年代”研学行活动。活动由中国共产党早期北京革命活动纪念馆承办，依托以北大红楼为代表的中国共产党早期北京革命活动旧址群，发挥早期旧址片区文物和史料优势，根据年度工作重点，共设置16个研学项目，包括8个内涵挖掘类研学主题和8个文物史料类研学主题，供参与活动的高校师生根据兴趣和研究基础选择申报。

参与高校包括北京大学、清华大学、中央民族大学、首都师范大学、中国传媒大学、北京第二外国语学院、北京印刷学院等在京高校，研学行活动主要面向中国共产党党史、科学社会主义、思想政治教育等马克思主义理论相关专业，历史学、博物馆学、文物保护技术等历史学专业，以及教育学专业的学生。高校师生参与到相关研究中，在内涵挖掘、革命文物保护修缮、展览展示等工作方面为纪念馆提供了有力的人才和智力支撑。

合作巡展

为迎接党的二十大胜利召开，深化党史学习教育，持续开展理想信念教育、爱国主义教育和革命传统教育，2022年6月，由中共

主题展在天津滨海文化中心开展

天津市滨海新区委员会组织部、中共天津市滨海新区委员会宣传部、共青团天津市滨海新区委员会、滨海文投公司联合中国共产党早期北京革命活动纪念馆合作举办的“光辉伟业　红色序章——北大红楼与中国共产党早期北京革命活动主题展”在天津滨海文化中心开展。展览接待了近5万观众。

2022年6月21日，由中共一大纪念馆、上海图书馆、中国共产党早期北京革命活动纪念馆、北京鲁迅博物馆（北京新文化运动纪念馆）合作举办的“伟大精神铸就伟大时代——中国共产党伟大建

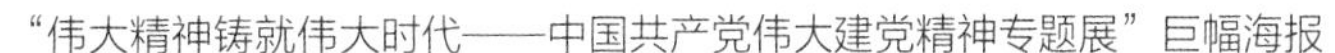
“伟大精神铸就伟大时代——中国共产党伟大建党精神专题展”巨幅海报

党精神专题展”全国巡展移至北大红楼东平房临展厅展出，巡展内容根据北大红楼空间做了相应调整，进一步聚焦伟大建党精神与北大红楼的深厚渊源，取得圆满成功。

2022年9月，由中央档案馆、北京市委宣传部共同主办，香山革命纪念馆、中国共产党早期北京革命活动纪念馆承办的“红色电波中的领袖风范——毛泽东同志香山时期发布电报手稿专题展览”巡展在北大红楼开幕。巡展精选近百封反映毛泽东同志在香山时期关于重大历史节点、重大历史事件、重要历史人物、重要历史决策的电报手稿，辅以珍贵历史照片，深挖电报文稿字里行间的历史细节，生动讲述了全国解放前夕一系列重大事件、重大战役、重要人物与香山的渊源，再现了中共中央在香山“为新中国奠基”的伟大历程，充分彰显了毛泽东同志作为党的第一代中央领导集体核心、人民领袖、军事统帅的伟人风范。

志愿服务

纪念馆积极推动社教志愿者队伍建设，先后制定了《中共早期北京革命活动纪念馆志愿者招募方案》《中共早期北京革命活动纪念馆志愿者服务章程》以及《中共早期北京革命活动纪念馆志愿者管

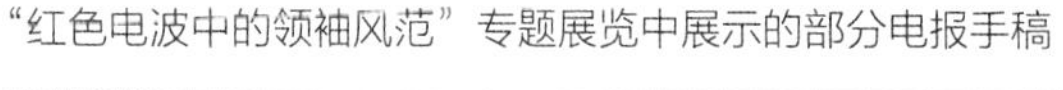
“红色电波中的领袖风范”专题展览中展示的部分电报手稿

理办法》等规章制度，设计并制作了志愿者工作证。2022年暑假期间，面向大中小学开展“喜迎二十大　青春志愿行”北大红楼青少年志愿服务活动，吸引了来自雍和宫小学、北京市第六十五中学、中国传媒大学等学校的大批学生踊跃参加。

社教活动新形式

为更好服务党史学习教育，中国共产党早期北京革命活动纪念馆因时因地制宜，开展了形式多样、丰富多彩的社教活动：积极探索采用“云直播”形式为中国驻新潟（日本）总领馆、北京市文汇中学等国内外观众远程讲解主题展览；2022年5月18日国际博物馆日，北大红楼联合北大二院旧址（原北京大学数学系楼）、《新青年》编辑部旧址（陈独秀故居）等9家中国共产党早期北京革命活动旧址，推出“信仰的力量——‘云’游北大红楼与中国共产党早期北京革命活动旧址”国际博物馆日专题教育活动，直播间观看人数达199040人次，热度值达到47万；同日，“光辉伟业　红色序章——北大红楼与中国共产党早期北京革命活动主题展”线上展正式面向公众发布。

“信仰的力量”专题活动网页

学术研究

举办首届"北大红楼与伟大建党精神"学术研讨会

在习近平总书记带领中央政治局同志到北大红楼参观学习一周年之际，首届"北大红楼与伟大建党精神"学术研讨会在北大红楼成功举办。研讨会由北京市委宣传部、北京市委党史研究室、中国李大钊研究会、北京市社会科学界联合会主办，中国共产党早期北京革命活动纪念馆、北京新文化运动纪念馆、北京大学马克思主义学院、清华大学马克思主义学院、中国人民大学马克思主义学院、北京师范大学马克思主义学院、北京大钊学社承办。中央党史和文献研究院院长曲青山，文化和旅游部副部长、国家文物局局长李群，"七一勋章"获得者、李大钊之孙李宏塔，时任北京市委常委、宣传部部长莫高义出席开幕式并致辞。

学术研讨会主会场设在具有百余年历史的北大红楼大教室，分别在北大红楼、北大二院旧址（原北京大学数学系楼）、中法大学旧址、陶然亭公园慈悲庵、中山公园来今雨轩设置五个分会场，采取"线上线下相结合""主会场分会场相结合"的方式举行。来自中央和国家机关有关部门、研究机构以及北京、上海、天津、河北、内蒙古等20个省、自治区、直辖市的100余位专家和有关领导围绕"北大红楼与伟大建党精神"主题，围绕"伟大建党精神研究""北大红楼与马克思主义在中国早期传播研究""北大红楼与中国共产党的孕育研究""新文化运动、五四运动相关事件与历史人物研究”“革命文物与纪念馆研究”五个议题进行了深入研讨，活动取得圆满成功。

《人民日报》、新华社、《光明日报》等十余家中央和北京市属媒体对研讨会进行了宣传报道,《北京日报》进行了专版宣传，研讨会得到社会各界和学术领域广泛关注。会后，纪念馆邀请权威专家精选首届北大红楼与伟大建党精神学术研讨会优秀稿件，与《北京党史》合作编辑“北大红楼与伟大建党精神研究”主题增刊，进一步搭建了学术交流平台，取得了良好效果。

大力推动相关领域课题研究

中国共产党早期北京革命活动纪念馆围绕伟大建党精神、中国共产党早期北京革命活动、新文化运动和五四运动等重点领域，确立了一批研究课题，为进一步开展学术研究和推出相关专题展打好基础；先后组织研究人员赴中国共产党历史展览馆、北京展览馆、中国人民抗日战争纪念馆、中法大学旧址、陶然亭慈悲庵等场馆和革命旧址交流学习，主动与各单位研究人员建立学术联系；以学术研讨会和学术讲座为契机，积极与中央党史和文献研究院、北京市委党史研究室、北京大学、清华大学、中国人民大学等单位的专家学者开展业务交流，共同研究相关学术议题。

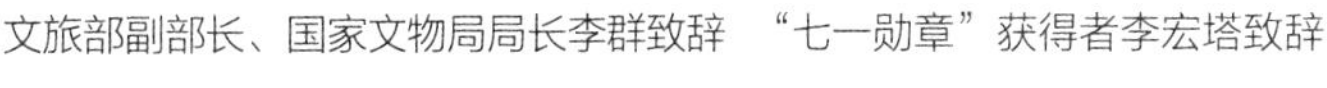

中央党史和文献研究院院长曲青山致辞　文旅部副部长、国家文物局局长李群致辞　“七一勋章”获得者李宏塔致辞

推出一批高质量学术成果

纪念馆充分鼓励研究人员围绕北大红楼文博建设、思政建设、展览展陈等议题撰写发表论文，先后发表了《北大红楼与现代博物馆事业》《革命类纪念馆融入高校大思政课的必要性与可行性研究》《打造北大红楼品牌高校大思政课的若干思考》等一批高质量学术文章；并在《中国文物报》《中国博物馆》等刊登专版，深入介绍中国共产党早期北京革命活动纪念馆与展示利用工作。

2022年1月，由中国共产党早期北京革命活动纪念馆联合中共中央党校出版社共同策划的《北大红楼日志》出版发行。全书以"光辉伟业　红色序章——北大红楼与中国共产党早期北京革命活动主题展"为基础，采用365组图文展现"北大红楼历史上的今天"，全面反映了北大红楼在新文化运动、五四运动、马克思主义在中国早期传播和中国共产党的孕育过程中的重要地位。

思想宣传

宣传重点

2021年6月29日，北大红楼正式对外开放。在北京市委宣传部直接领导下，中国共产党早期北京革命活动纪念馆统筹安排，从四方面系统开展新闻宣传工作。

一是加强新闻宣传工作统筹协调，做好活动现场采访管理和报道安排。聚焦习近平总书记参观，新闻宣传工作不断迎来热潮，中央媒体、北京市属媒体、网络媒体等纷纷开展全方位、多角度、立体化的报道。据不完全统计，百余家中央、北京市属媒体和新媒体平台，通过人物采访、场馆介绍、宣传册制作、节目录制等方式累计报道4000余篇次。

二是做好"北大红楼"系列采访报道。协助《人民日报》、新华社、中央广播电视总台、《光明日报》、《北京日报》、北京广播电视台等媒体，邀请电视剧《觉醒年代》主创团队场景重现，对北京

2021年7月，电视剧《觉醒年代》主创人员参观北大红楼

市委党史研究室专家、展览策划专家、讲解员、纪念馆建设者等进行面对面采访活动，提升新闻宣传的感染力和影响力。

三是围绕中国共产党成立100周年，大力弘扬伟大建党精神。加大报道力度，录制“故事里的中国”、拍摄《领航》音乐电视作品、举办“北大红楼党史系列讲座”“北大红楼大讲堂”“北大红楼读书会”、组织红色故事讲解员大赛、推出在线直播等活动，多种途径搭建宣传矩阵，形成宣传推广合力，讲好中国故事、弘扬伟大建党精神。

讲解员在红色故事讲解比赛中

红色故事讲解员大赛表彰仪式

四是聚合中国共产党早期北京革命活动旧址资源优势，用好宣传矩阵。2021年7月，中共早期北京革命活动旧址联席会议机制建立。中国共产党早期北京革命活动纪念馆发挥牵头作用，整合资源优势，凝聚工作合力，通过整合各旧址预约端口，打造预约宣传矩阵，发布纪念馆开放公告，公布预约方式及参观流程。通过媒体和网站高频次发布纪念馆开馆公告和预约流程指南，方便观众通过多种方式预约参观。推介纪念馆周边参观攻略、交通出行等实用性信息，引导团体观众参观提前预约、合理规划、有序出行，及时发布交通管控、天气等各类服务信息，同时对纪念馆动态消息等进行及时播报，提供第一手资讯。

2021年7月30日，“北大红楼”微信公众号正式上线

效果成绩

中国共产党早期北京革命活动纪念馆开放以来，努力做好融媒体、多渠道宣传，北大红楼成为社会广泛关注的焦点，宣传工作取得优异成绩。

一是充分发挥主动性，做好主动宣传。“北大红楼”微信公众号全年累计推送文章超过1400篇，阅读点击量达150万次，粉丝总量达25万人；结合五四青年节、国际博物馆日、首届“北大红楼与伟大建党精神”学术研讨会等时间节点和特色活动的相关推送受到广泛好评。

纪念馆与人民文学出版社合作在北大红楼第三十六教室举办的“百位名人迎新领读——文学中国跨年盛典”，通过“线上+线下、现场+连线”的方式，以百位名人共同领读中外文学名篇的形式跨年迎新。5个小时的精彩直播得到了50余家全媒体平台的支持，直播在微信视频号开播仅7分钟便观看破万。据不完全统计，当晚全网观看量突破1200万，话题阅读量近千万，受到了文学爱好者尤其是广大青少年群体的热烈欢迎。

二是与各级各类媒体开展广泛良好合作。纪念馆积极与中央广播电视总台、新华社、中央团校、中央广播电视总台英语环球节目中心、北京广播电视台、北京城市广播等新闻媒体合作，录制了大批精品电视和网络音视频节目，包括中央广播电视总台“故事里的中国”“面对面”节目、新华社《“中国之美”守望者》纪录片、中央团校《青春中国》纪录片、北京城市广播“运河之上”访谈节目、中央广播电视总台英语环球节目中心（CGTN）五四运动相关视频、北京广播电视台生活频道中心“生活这一刻”节目等，点击率、收视率均取得优异成绩。

三是积极融入北京市宣传系统工作，服务全国文化中心建设。开馆以来，为了“让文物活起来”，北京市委宣传部积极整合首都

2021年10月，李宏塔在北大红楼录制“故事里的中国”节目

文艺资源，合力打造了电影《革命者》、电视剧《觉醒年代》《长辛店》、广播剧《北大红楼》、新编京剧《李人钊》、纪录片《播“火”——马克思主义在中国的早期传播》、音乐剧《觉醒年代》等文艺精品，全方位、立体化做好北大红楼与中国共产党早期北京革命活动旧址宣传工作。

社会荣誉

重新开放的北大红楼成为北京乃至全国公认的党史学习教育实景课堂和北京红色旅游热门打卡地，获得多个荣誉奖项及社会广泛认可。

“光辉伟业　红色序章——北大红楼与中国共产党早期北京革命活动主题展”先后荣获“新时代博物馆百大陈列展览精品”“第十九届（2021年度）全国博物馆十大陈列展览精品推介活动特别奖”，入选2021年度“弘扬中华优秀传统文化、培育社会主义核心价值观”主题展览征集重点推介项目。

北大红楼还先后被评为全国关心下一代党史国史教育基地、北京市大中小学思政课一体化建设教育基地、北京市学校“大思政课”实践教学基地、北京市党员教育培训现场教学点、北京市少先队校

主题展入选2021年度主题展览征集重点推介项目的证书

中国共产党早期北京革命活动纪念馆

光辉伟业　红色序章——北大红楼与中国共产党早期北京革命活动主题展

入选2021年度“弘扬中华优秀传统文化、培育社会主义核心价值观”主题展览征集

重点推介项目

国家文物局

二〇二一年七月

外实践教育基地、北京市文化旅游体验基地、“2021北京网红打卡地”，获评“喜迎二十大　强国复兴有我——青少年中华文物我来讲”优秀博物馆志愿服务推介项目，并在“百年征程波澜壮阔　百年初心历久弥坚——2021年北京红色故事讲解员大赛”中荣获优秀组织单位。

附录

北京大学红楼保护传承利用工作大事记

2018

2018年，为迎接建党100周年，国家文物局党组就如何更好地加强北大红楼保护利用事宜，开始策划、协调北京市及有关方面，加大北大红楼腾退和展览展示相关工作。

2019

2019年4月23日，国务院有关负责同志到北京新文化纪念馆调研，指出要加快北大红楼周边环境整治，协调有关方面采取切实措施，有效改善北大红楼保护利用展示工作。

2019年6月15日，北京市委主要负责同志率北京市委常委一行赴北京新文化运动纪念馆开展主题教育活动，并对北大红楼周边环境整治作重要指示，协调北京市政府、东城区政府及有关部门研究整治方案。

2019年7月，国家文物局完成了北大红楼二层整体腾退和旧址复原工作，并将北京市东城区“光辉起点”展览引入红楼作为基本陈列长期展览。

2019年8月，为进一步提升北大红楼开放展示水平，国家文物局党组研究决定实施北大红楼提升改造工程，目标是在2021年中国共产党成立100周年时，恢复北大红楼历史面貌，实现北大红楼全面开放，并把北大红楼打造成为党员干部党史教育基地。

2020

2020年1月，北京市主要负责同志召开专题会，明确北大红楼与中国共产党早期北京革命活动旧址保护传承利用要作为专项工作来抓，在做好北大红楼相关旧址群整体保护的同时，按照适度恰当、因地制宜原则，在北大红楼举办综合主题展览。

2020年2月，国家文物局机关服务中心启动北大红楼保护修缮工程筹备工作，计划实施北大红楼本体、附属设施、设备的修缮工作，推进综合提升改造工程。

2020年3月，开展北大红楼安全评估和本体现状勘察等相关工作。

2020年4月2日，国家文物局调研北大红楼与中国共产党早期北京革命活动旧址保护传承利用工作进展以及北大红楼办公单位拟腾退安置办公用房情况，召开部市合作推进北大红楼项目沟通协调机构工作会议，研究北大红楼保护利用和主题展览筹办工作。

2020年4月15日，北大红楼与中国共产党早期北京革命活动旧址保护传承利用工作领导小组第一次会议召开，审议通过《北大红楼与中国共产党早期北京革命活动旧址保护传承利用工作领导小组及办公室组成方案（送审稿）》。

2020年4月，红楼综合安全评估工作完成。依据安全评估指标，结合现状勘察情况，着手编制修缮设计方案。

2020年5月，北大红楼修缮设计方案编制工作完成，并按程序报北京市文物局核准；启动开展安、消防设施设备现场评估工作。

2020年6月，《北京大学红楼保护修缮工程设计方案》完成审批；安防、消防部分完成现状评估，启动设施设备改造工程初步设计工作。

2020年7月，委托中央政府采购中心启动招标工作，编制招标文件和招标控制价，并按程序报相关部门批准；初步编制完成安防、消防设计方案。

2020年8月，启动《北京大学红楼保护修缮工程》竞争性磋商工作，开展供应商资格预审相关工作；组织安消防专家对北大红楼安防升级改造方案进行内部评审。同时，为达到北大红楼安消防升级与展览布展相融合，邀展陈方案编制单位进行深入交流，并完善优化方案。

2020年9月，完成监理和施工企业的招标工作。29日，“北京大学红楼保护修缮工程”正式开工。

2020年11月14日，北大红楼与中国共产党早期北京革命活动旧址保护传承利用工作领导小组第二次会议召开，审议展览大纲，研究部署下一阶段工作。

2020年11月，北京市文物局核准并批准北大红楼消防、安防升级改造工程设计方案。

2020年12月，除由于气候原因，根据文物保护施工要求施工暂停而造成的甩项外，修缮工程本体修缮部分基本完成；消防升级改造施工企业遴选工作完成。

2020年12月至2021年6月，完成北大红楼综合主题展览布展施工；完成消防升级改造施工。

2021

2021年6月25日，习近平总书记带领中央政治局常委、委员视察北大红楼并参观展览。

北京大学红楼
结构检测及评估报告

中国文物信息咨询中心

北京国文信文物保护有限公司

2020年4月

项目名称：北京大学红楼结构检测及评估报告

委托单位：国家文物局机关服务中心

编制单位：中国文物信息咨询中心

北京国文信文物保护有限公司

中心主任：刘铭威

项目审定：梁立刚

项目审核：王立平

项目主持：滕　磊　张云舟　白春光

项目编制：白春光　滕东宇　杨　英　杨旭东　王薇薇　钟　永

武国芳　陈勇平　王立国　尚　锋　刘云鹏

项目校对：杨　英

项目顾问：倪吉昌　杨　新

参与专家：杨　娜　张文革

目 录

1. 工程概况

1.1 红楼简介与历史沿革

北京大学红楼建于1916~1918年，为原北京大学的标志性建筑，著名的新文化运动与“五四”运动发祥地，1961年被国务院公布为全国重点文物保护单位。

自1961年始，红楼使用与维修情况如下：

1962年，文物博物馆研究所迁入红楼办公；

1969~1972年，红楼基本处于闲置状态；

1972年前后，国家文物局等单位回到红楼办公；

2001年4月，国家文物局局机关搬出红楼，将红楼一层辟为新文化运动展室，二至四层仍为国家文物局机关服务局、文物出版社等单位办公用房；

2003年8月，国家文物局机关服务中心委托中国文物研究所牵头，会同总装备部工程设计研究总院、中国林业科学研究院木材研究所等单位，对红楼现状进行了较为全面的检测与评估；

2007~2009年，红楼实施了保护维修工程，内容包括主楼内外保护修缮、附属用房修缮、院落环境整治等土建工程，以及配电系统及灯具安装、配管配线、综合布线、保安监控、消防消火系统安装等安装工程；

2009年至今，红楼继续使用中，同时兼有文博展示与办公用途。

1.2 红楼建筑形式

北京大学红楼平面为凹字形，东西长110m，中部南北宽14.03m，东西两翼

图1-1 红楼建筑外观照片

图1-2 红楼院落位置图

南北进深32.8m，总建筑面积10700m^2。其平面布局紧凑，中间走道，两侧为大空间的教室与办公室。地上四层，地下一层，结构形式为砖木结构，楼面为木龙骨、铺钉木地板，屋面结构为木桁架，坡屋顶。

北京大学红楼外观照片见图1-1，院落位置图见图1-2，各层平面图见图1-3至图1-7。

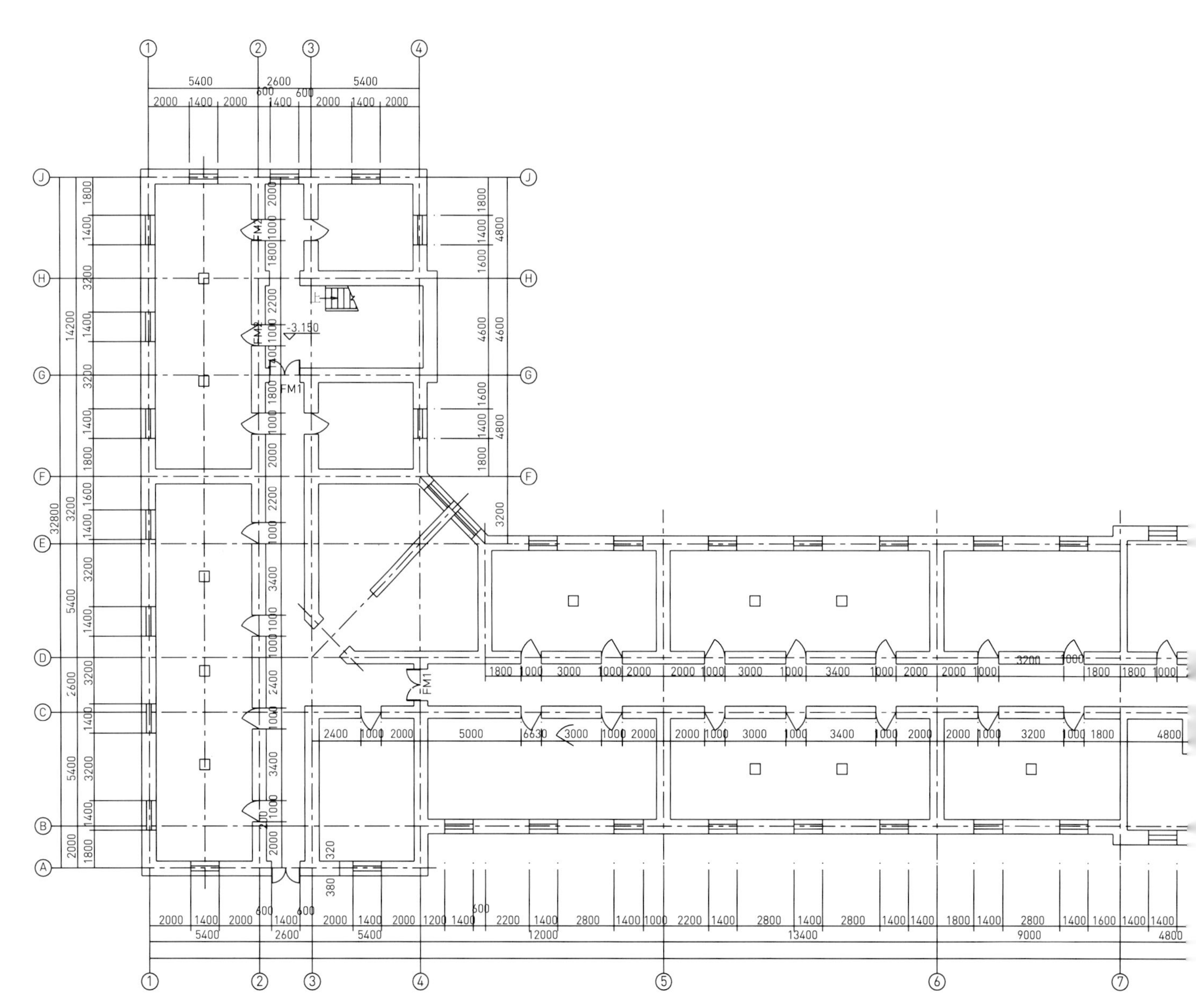

图1-3　红楼地下室平面布置图

1.3 检测评估目的

北京大学红楼使用已逾百年，经历多次维护修缮，目前仍在服役中。红楼目前存在墙体开裂、木构件带裂纹工作等病害现象。为全面了解北大红楼结构安全现状，解决展示提升面临的安全隐患，对北大红楼进行结构检测及安全性评估。

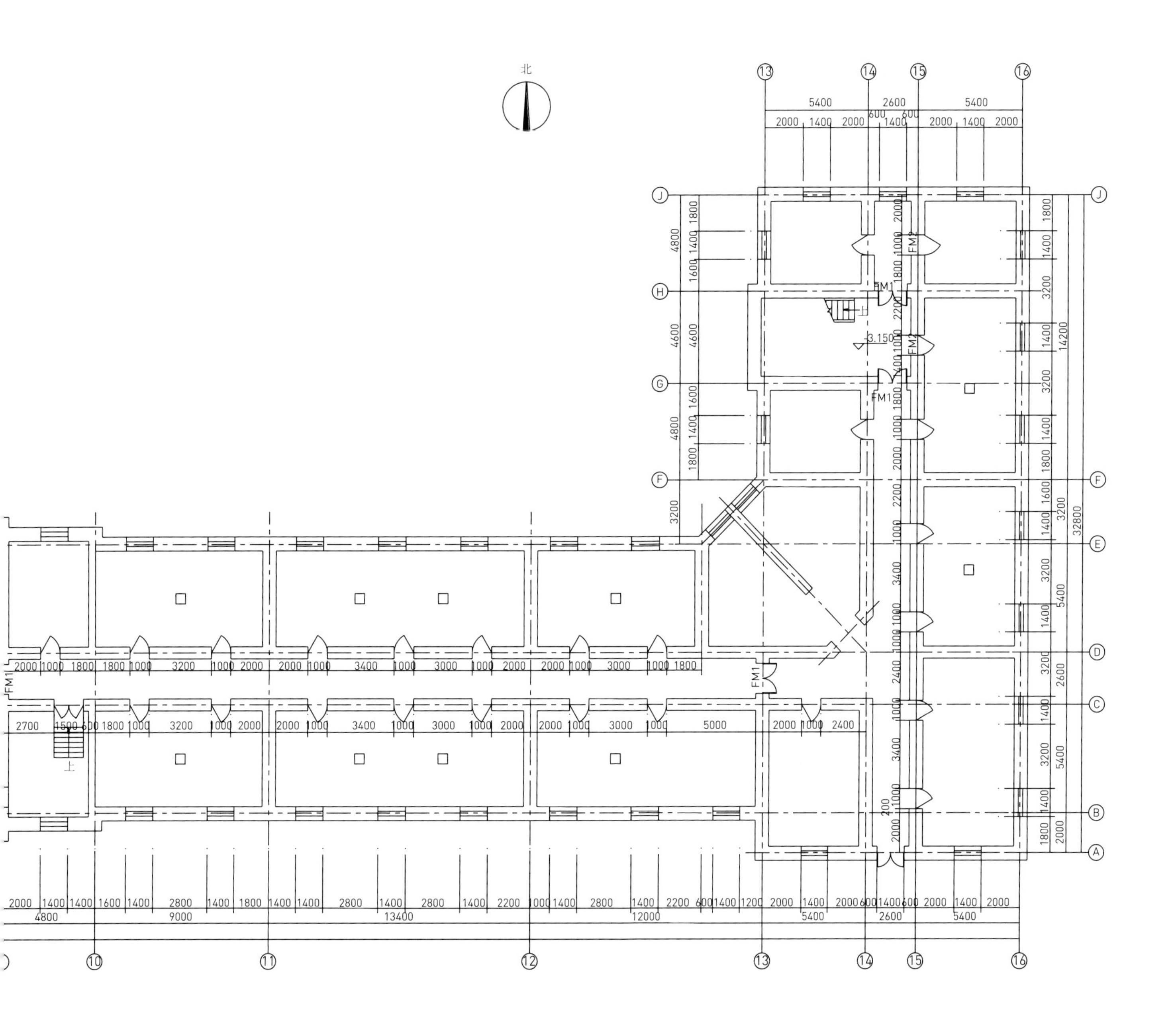

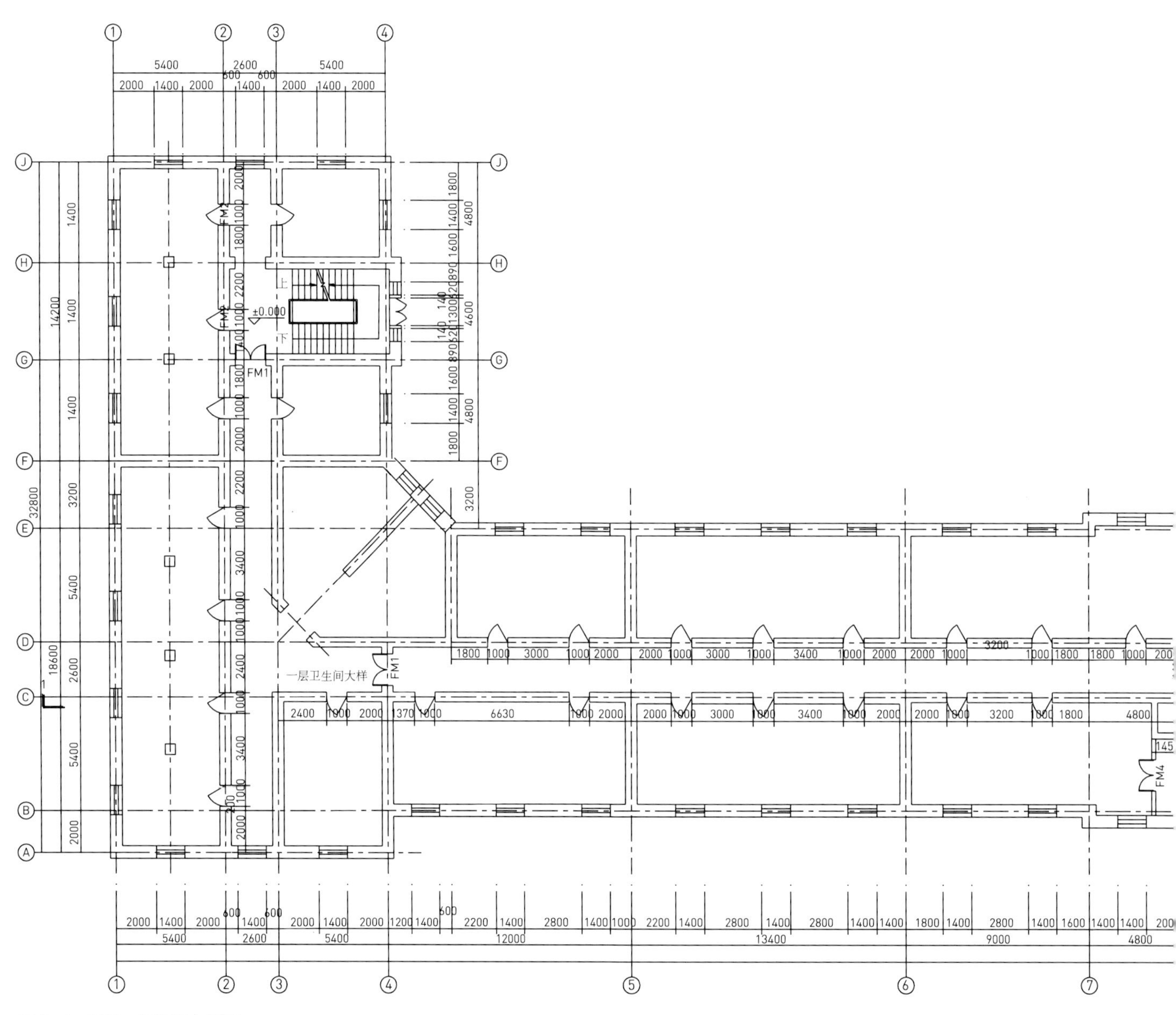

图 1-4　红楼一层平面布置图

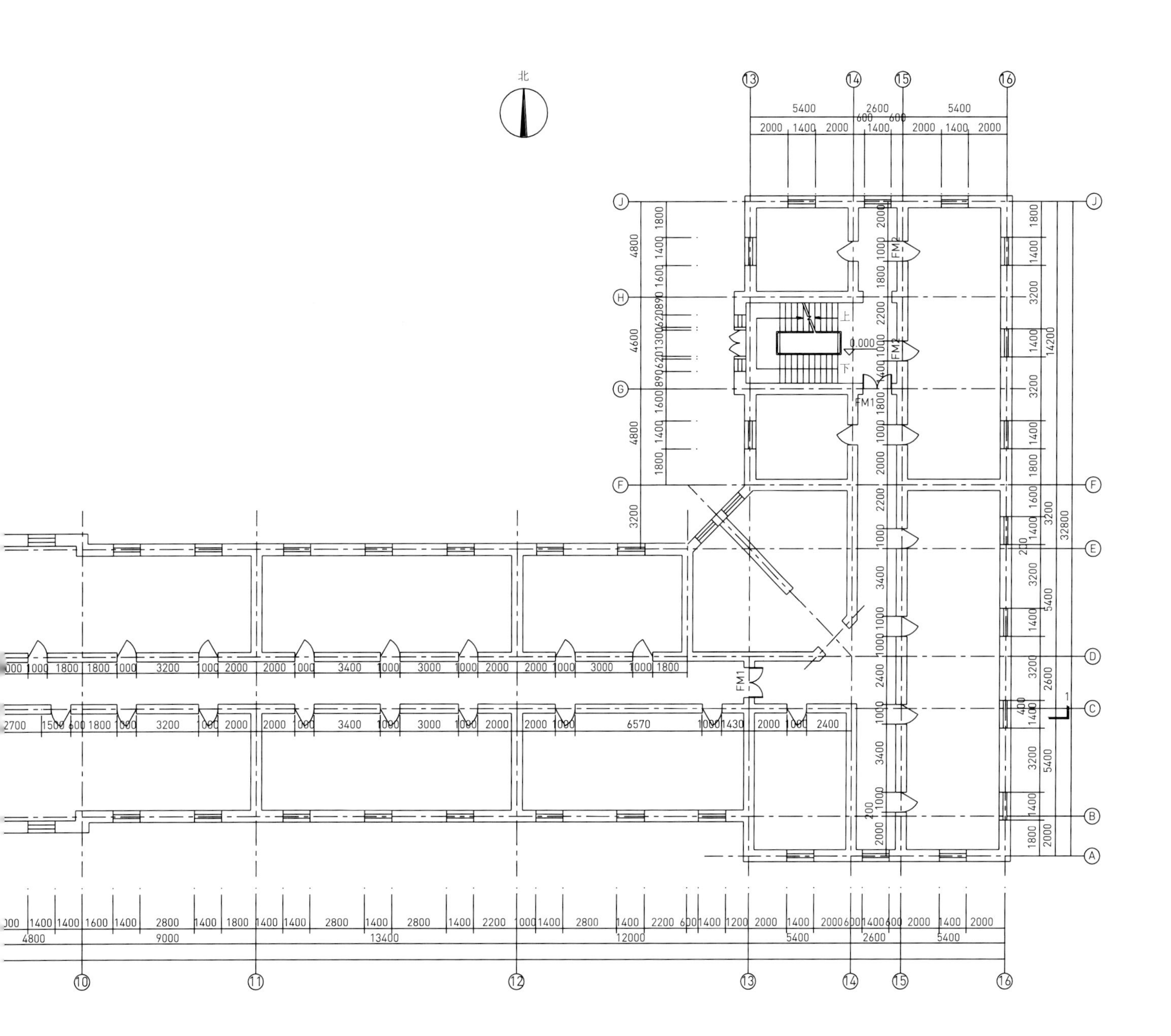

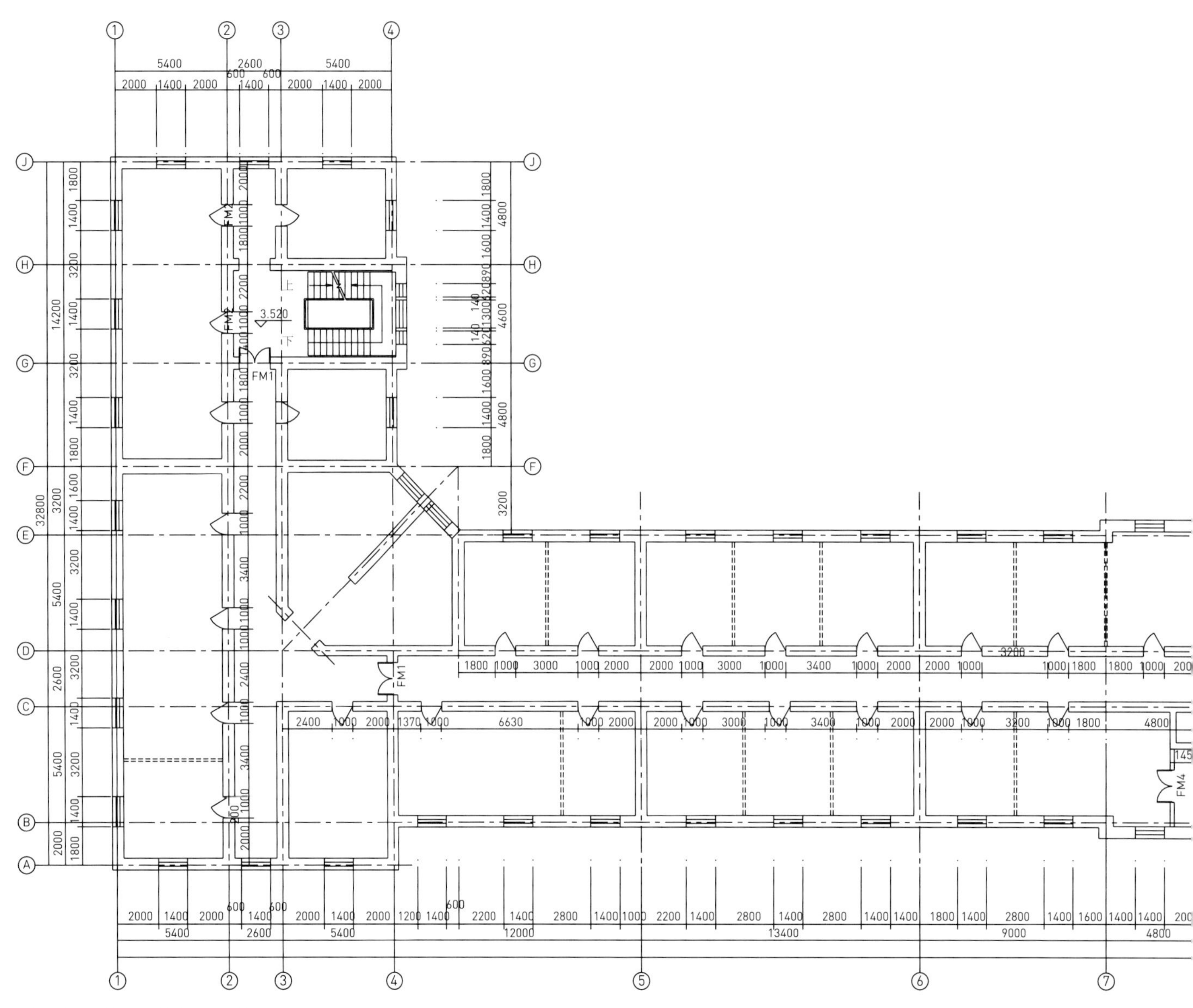

图 1-5　红楼二层平面布置图

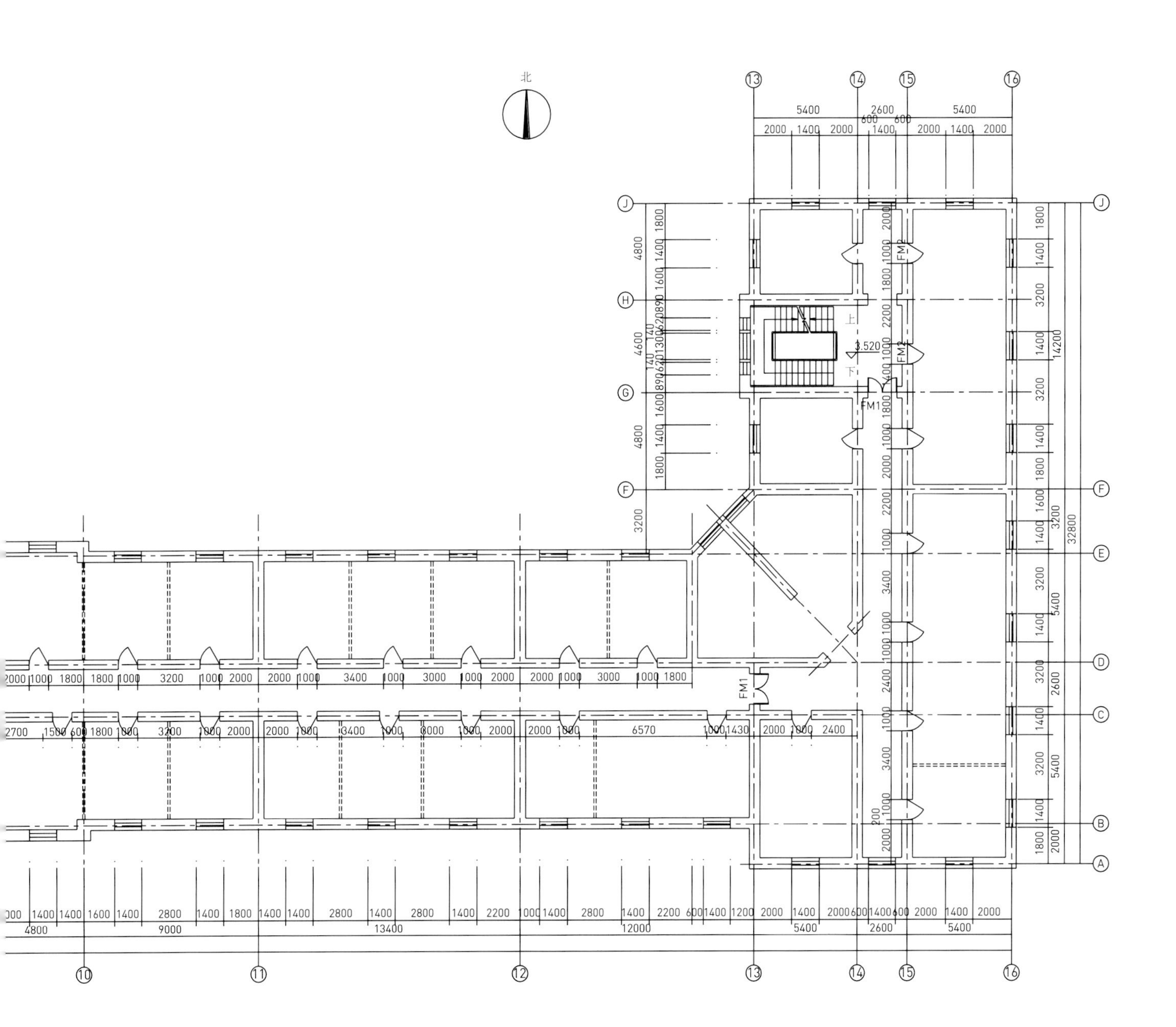

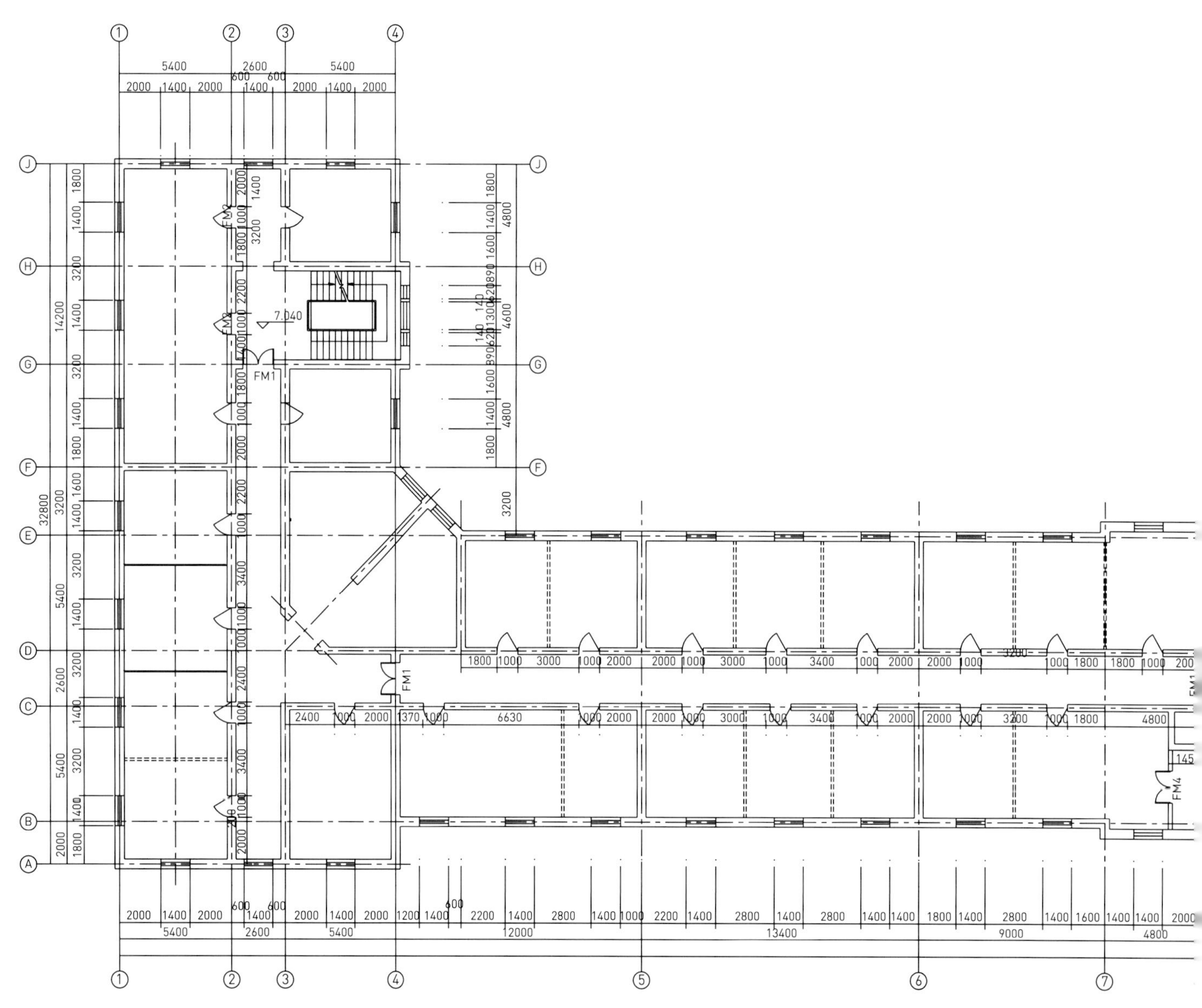

图1-6　红楼三层平面布置图

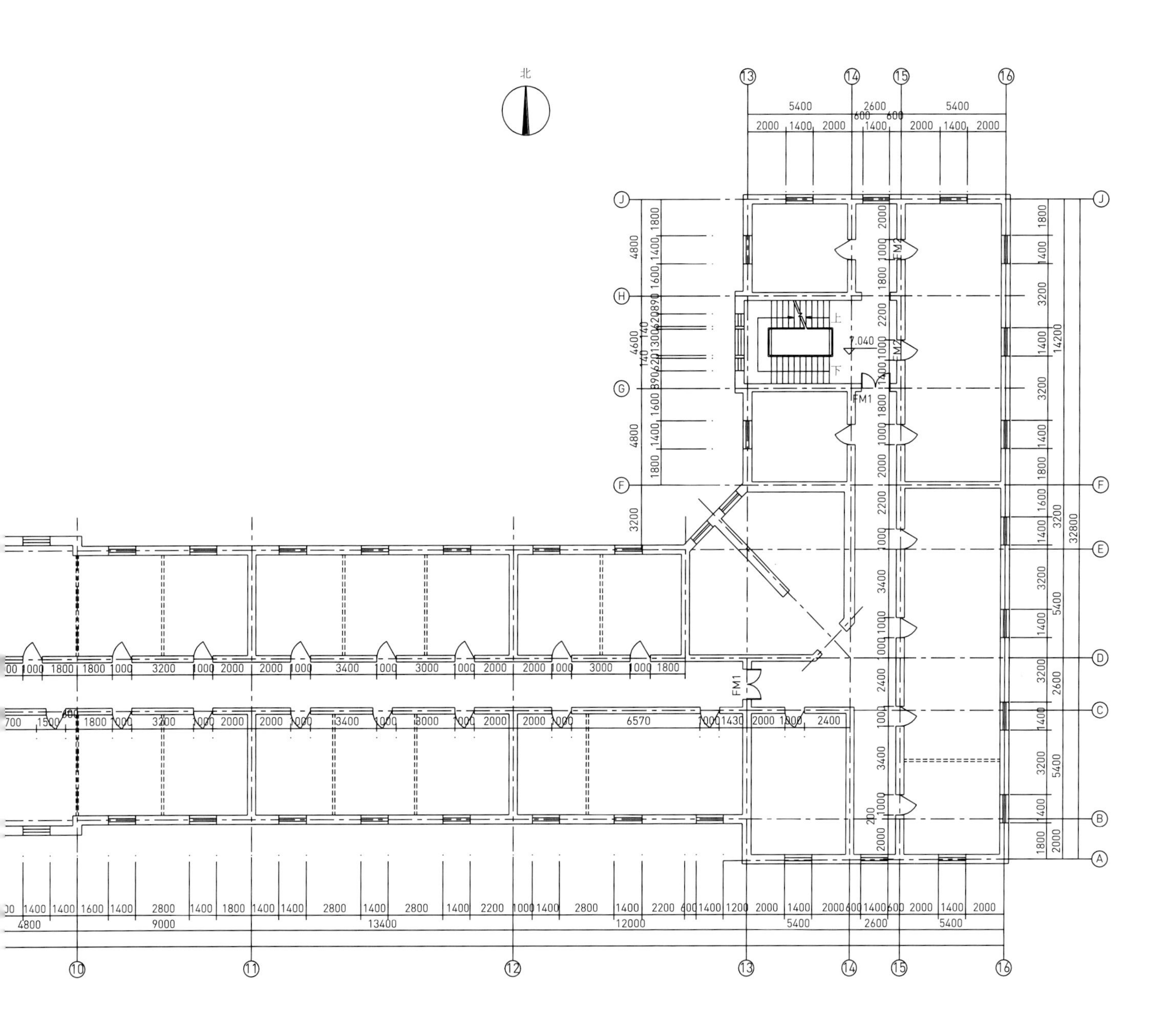

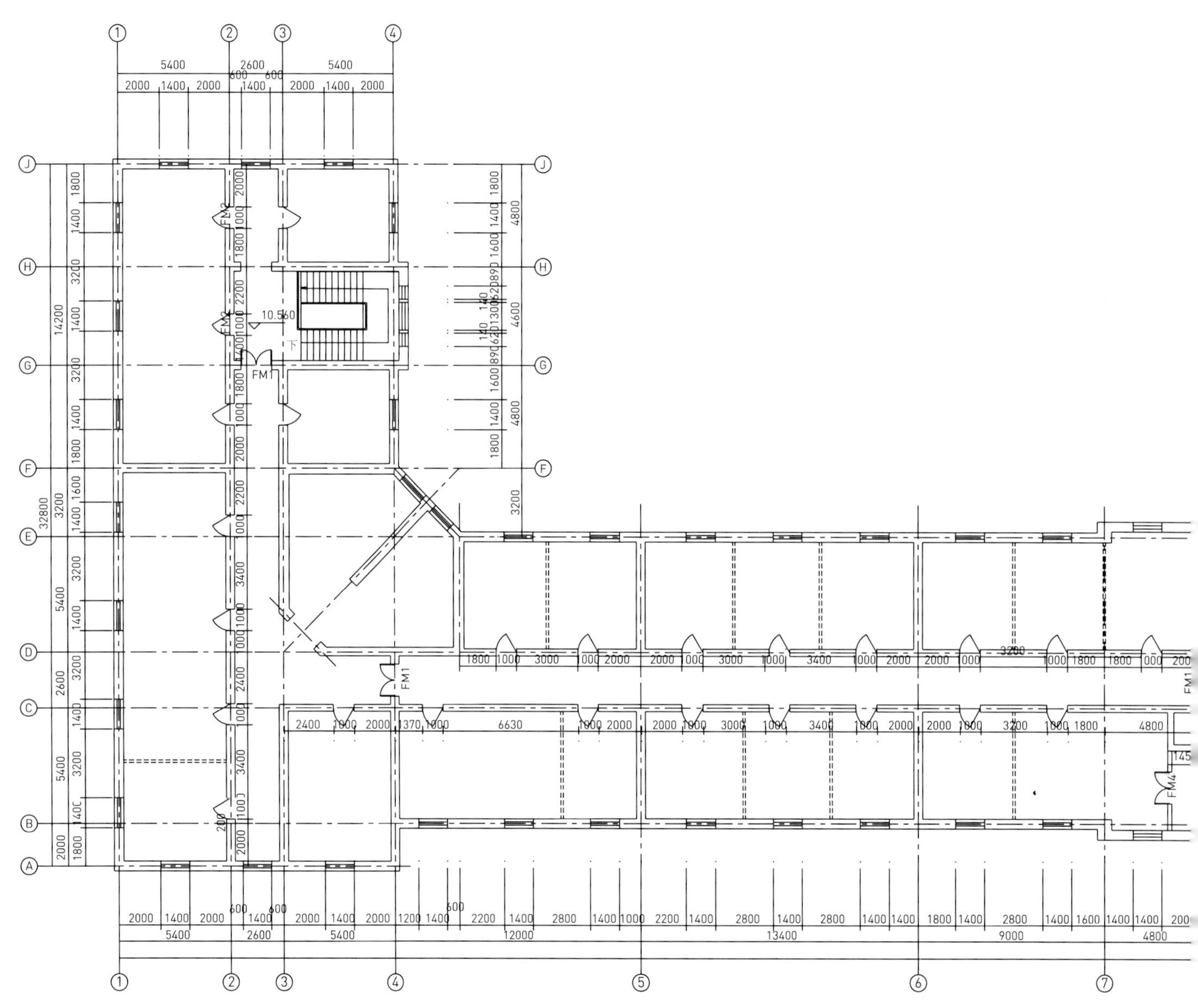

图 1-7　红楼四层平面布置图

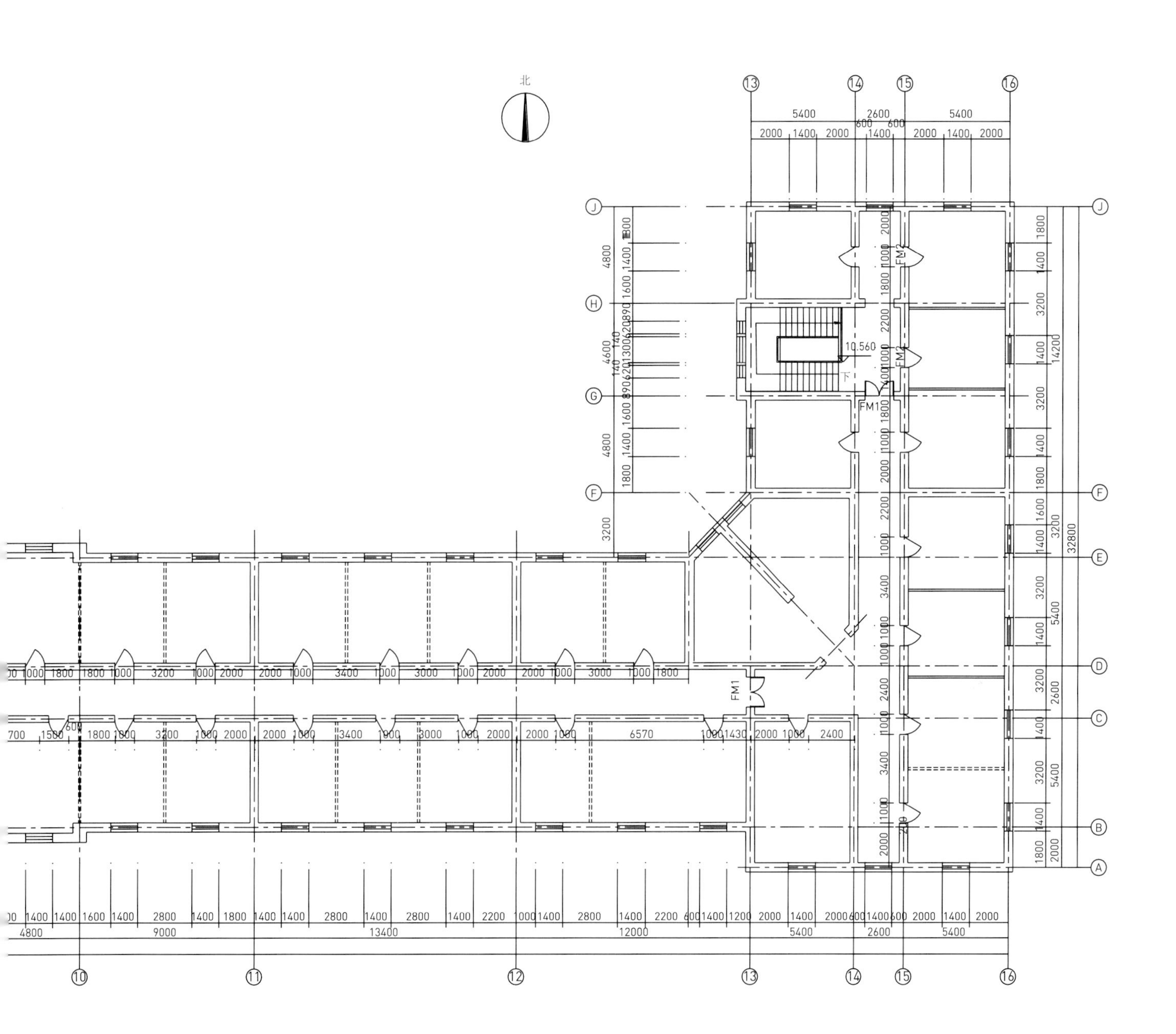

2. 检测评估依据

《建筑结构检测技术标准》(GB/T 50344—2004);

《砌体工程现场检测技术标准》(GB/T 50315—2011);

《混凝土结构现场检测技术标准》(GB/T 50784—2013);

《贯入法检测砌筑砂浆抗压强度技术规程》(JGJ/T 136—2017);

《回弹法检测混凝土抗压强度技术规程》(JGJ/T 23—2011);

《建筑变形测量规范》(JGJ/T 8—2016);

《混凝土中钢筋检测技术标准》(JGJ/T 152—2019);

《古建筑结构安全性鉴定技术规范第1部分：木结构》(DB11/T 1190.1—2015);

《近现代历史建筑结构安全性评估导则》(WW/T 0048—2014);

《文物建筑抗震鉴定技术规范》(DB11/T 1689—2019);

《民用建筑可靠性鉴定标准》(GB 50292—2015);

《建筑结构荷载规范》(GB 50009—2012);

《砌体结构设计规范》(GB 50003—2011);

《木结构设计标准》(GB 50005—2017);

《古建筑木结构维护与加固技术规范》(GB 50165—92);

其他相关国家现行标准、规范等;

委托方提供的相关图纸及资料等。

3. 检测评估内容

结构布置情况核查;

构件外观质量检查;

承重墙体砌筑用砖强度检测;

承重墙体砌筑砂浆强度检测;

梁柱构件混凝土强度检测;

梁柱构件截面尺寸检测;

梁柱构件配筋情况检测;

构件变形情况检测；

建筑整体垂直度检测；

地基基础检测；

加固措施现状检测；

木结构检测；

木楼板、木楼梯极限承载能力分析；

主体结构安全性评估；

主体结构抗震性能评估；

鉴定结论及处理建议。

4. 现场检测结果

4.1 结构布置情况核查

红楼占地2140m^2，总建筑面积10700m^2，地下1层（半地下）、地上4层，檐口高度15.93m，建筑长110m，中部南北宽14.03m，东西两翼南北进深32.8m，平面布局紧凑，中间为走廊，两侧为大空间的展室与办公室，总建筑平面布局呈“凹”字形，采用砖木混合结构，承重墙体采用烧结砖和灰土砂浆砌筑，承重墙体砖块主要采用灰砖，由于建筑造型需要，在墙体外侧砌筑红砖，其中地下室外墙厚度610mm、内墙厚度550mm，一层外墙厚度550mm、内墙厚度420mm，二层外墙厚度520mm、内墙420mm，三、四层外墙厚度420mm、内墙270mm。该楼除地下室锅炉房顶板及地下室至四层厕所楼面为钢筋混凝土梁板结构外，其余楼屋盖均为木结构，楼面为木龙骨、铺钉木地板，由纵墙承受楼面重量。屋面为四面坡的木屋盖，上铺木望板和红瓦，四层顶设有木桁架，由横墙、木桁架承担屋面木望板和红瓦等重量。

经调查相关改造资料，涉及结构方面的加固改造主要有：

①地下室和一层房间内增加钢筋混凝土柱、梁，用以减小木龙骨跨度，增强木楼盖承载力，地下室至三层的卫生间顶梁和顶板改为钢筋混凝土现浇结构，加固改造时间为1961~1962年和1978~1980年唐山地震后大修。

②东翼地基进行抗滑桩加固，为1971年针对东翼外墙竖向裂缝而进行的。

③ 大多数横墙、少数纵墙采用50mm厚豆石混凝土加钢筋网进行双面或单面板墙加固、增设混凝土圈梁方式进行加固，墙体设置槽钢和钢板壁柱、各层龙骨及顶棚设置水平轻钢桁架和钢拉索，屋顶木结构增设钢筋拉索及三角屋架加固，为1978~1980年唐山地震后大修加固。

将结构现状与相关改造资料进行比对，结构现状与资料相符合。

4.2 构件外观质量检查

4.2.1 楼体外墙外立面检查结果

（1）经对该楼外立面墙体外观质量全面普查，发现在东翼北侧和南侧外墙中部窗间墙位置（14-15-J轴、14-15-A轴）存在竖向裂缝。

北墙裂缝具体情况为：地下室室内地坪至室外地面不明显，室外地面至地下室窗底较明显，剔除抹灰后室内测量宽度0.8mm，地下室窗顶至一层窗底裂缝宽度最大，剔除抹灰后室内测量宽度3.5mm，室外测量宽度5.0mm，二层窗下未剔凿灰缝宽度1.5mm，三层窗下未剔凿灰缝宽度0.6mm，四层窗下不明显。

南墙裂缝具体情况为：地下室室内地坪至室外地面不明显，室内地面至地下室窗顶不明显，一层未查，二层窗下未剔凿灰缝宽度0.2mm，三层窗下未剔凿灰缝宽度0.4mm，四层窗下未剔凿灰缝宽度0.2mm。

资料显示，红楼东侧紧邻古河道，历史上曾产生向河道内滑移现象，造成该楼东侧墙体一层至四层开裂。东翼楼北墙裂缝在2004年检测中未见提及，因此不排除2004年至今的时间区段内有所发展。根据裂缝形态分析，不具备典型的地基基础变形引起的裂缝特征，其产生主要由于温度作用和窗下墙应力集中导致。裂缝外观照片见图4.2-1~2。

（2）经墙体外立面普查，发现中部南北门西侧第三与第四房间之间（6-B轴、6-E轴）存在竖向裂缝，裂缝由地面至四层均存在，在2004年检测中已被发现，并进行了修补，目前未发现修补后的裂缝存在继续发展迹象。

（3）除以上三个位置的裂缝，楼体外立面部分位置存在局部开裂情况，一般分布在门窗洞口旁砖柱正面、侧面和洞口角部等区域，裂缝宽度小，长度短，一般不会对墙体承载力产生显著影响。

（4）外墙墙面存在风化，返碱现象，砖块表面存在起壳、酥松、脱落现象，

图4.2-1 东翼楼北墙地下室窗顶至一层窗下墙竖缝

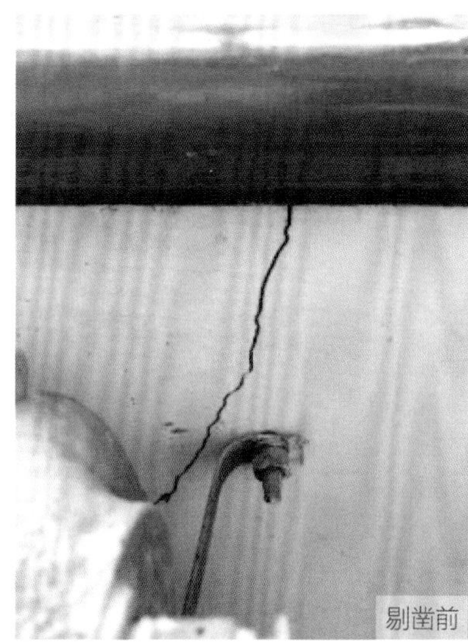

图4.2-2 竖缝剔除前后

勾缝砂浆和砌筑砂浆存在粉化、脱落等现象。

4.2.2 楼体内墙检查结果

（1）结合砖和砂浆检测测区，对表面抹灰剔除后墙体外观质量进行检查，未见存在开裂现象，砖块和砂浆存在微风化和粉化现象，砂浆砌筑饱满度较差。

（2）部分门窗洞口处存在较明显的斜向开裂情况。

4.2.3 混凝土梁柱构件检查结果

结合混凝土强度检测测区，对表面抹灰剔除后梁柱构件外观质量进行检查，混凝土浇筑质量一般，表面存在较明显的麻面现象，未见存在明显的蜂窝、孔洞、开裂、露筋和钢筋锈蚀引起的混凝土胀裂现象，未见存在异常的倾斜、下挠变形现象。

4.2.4 木结构外观质量

针对木楼盖部件，分别选取地下室、一层、三层等3个楼面14个房间的木楼盖格栅进行勘测。基于目测，木楼盖格栅未发现虫蛀、表层腐朽等缺陷，且格栅未发现明显变形。

针对木楼梯部件，分别选取东侧、西侧、中间等3个楼梯6个典型区域进行勘测。基于目测，木楼梯部件均未发现虫蛀、表层腐朽等缺陷，且未发现明显变形。

针对木屋盖，依据桁架、墙体位置将整个勘测区域分为80个子区域，共300根檩条和46榀木桁架，全部进行了勘察。检查结果为：

① 存在漏雨和表层腐朽的子区域为57个，占比达到72%。主要分布于入口处女儿墙与屋面天沟、烟囱与屋面交接处、屋顶转角窝角沟（坡谷）、老虎窗与屋面交接处、挑檐区域。

② 在桁架7-10子区域中的檩4上方椽子处发现一处虫蛀现象。

③ 存在檩条开裂的区域为58个，占比达到73%；存在开裂的檩条数有90根，占比达到33%。

④ 存在杆件开裂的木桁架为38榀，占比达到83%，存在开裂的杆件数有110根，占比达到18%。

木桁架编号示意图见图4.2-3，檩条开裂位置统计结果见图4.2-4，屋面漏雨及糟朽区域统计结果见图4.2-5，木桁架开裂检测结果见图4.2-6。

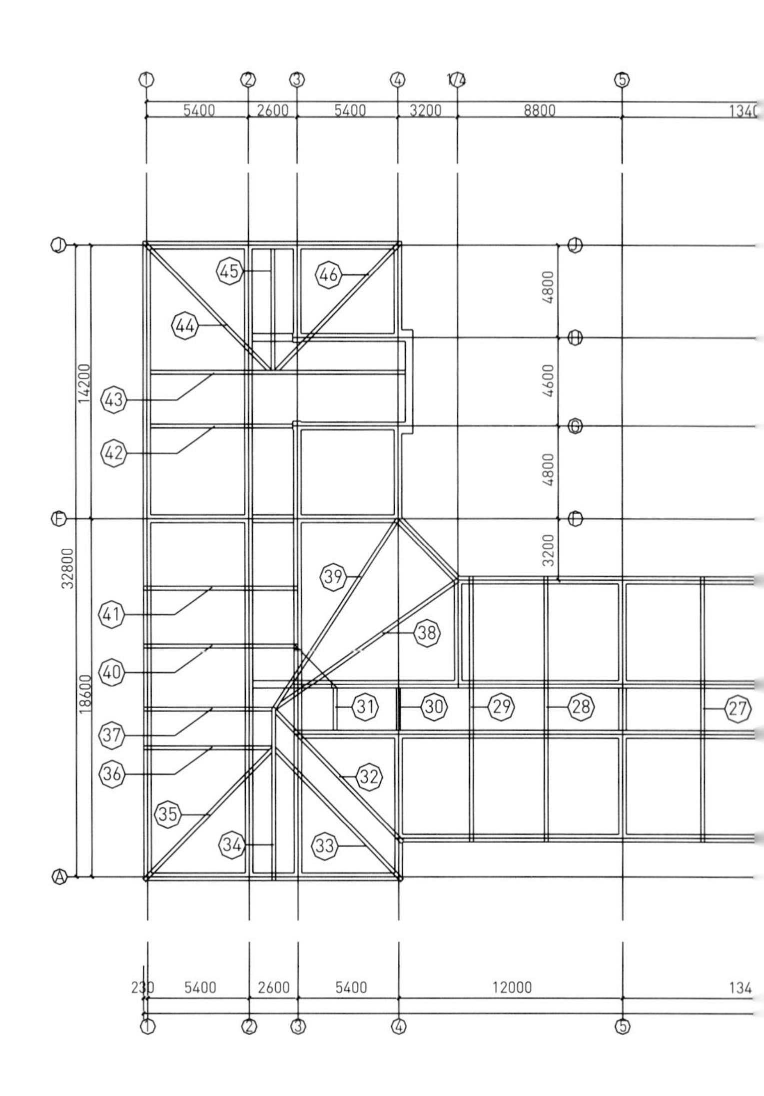

图4.2-3 木桁架编号示意图

4.3 承重墙体砌筑用砖强度检测

经剔凿核查，红楼各层承重墙体主要采用灰砖和灰土砂浆砌筑而成，为了展现楼体外立面效果，在墙体外表面采用少量红砖进行砌筑。

根据《建筑结构检测技术标准》（GB/T 50344—2004）、《砌体工程现场检测技术标准》（GB/T 50315—2011）的规定，对承重墙体采用回弹法结合取样检测的方法进行检测。

根据现场实际情况和规范相关要求，将红楼按楼层划分为5个检测单元，其中地下室共抽取10片墙体（测区位于墙体内立面或外立面）、一层抽取10片墙体

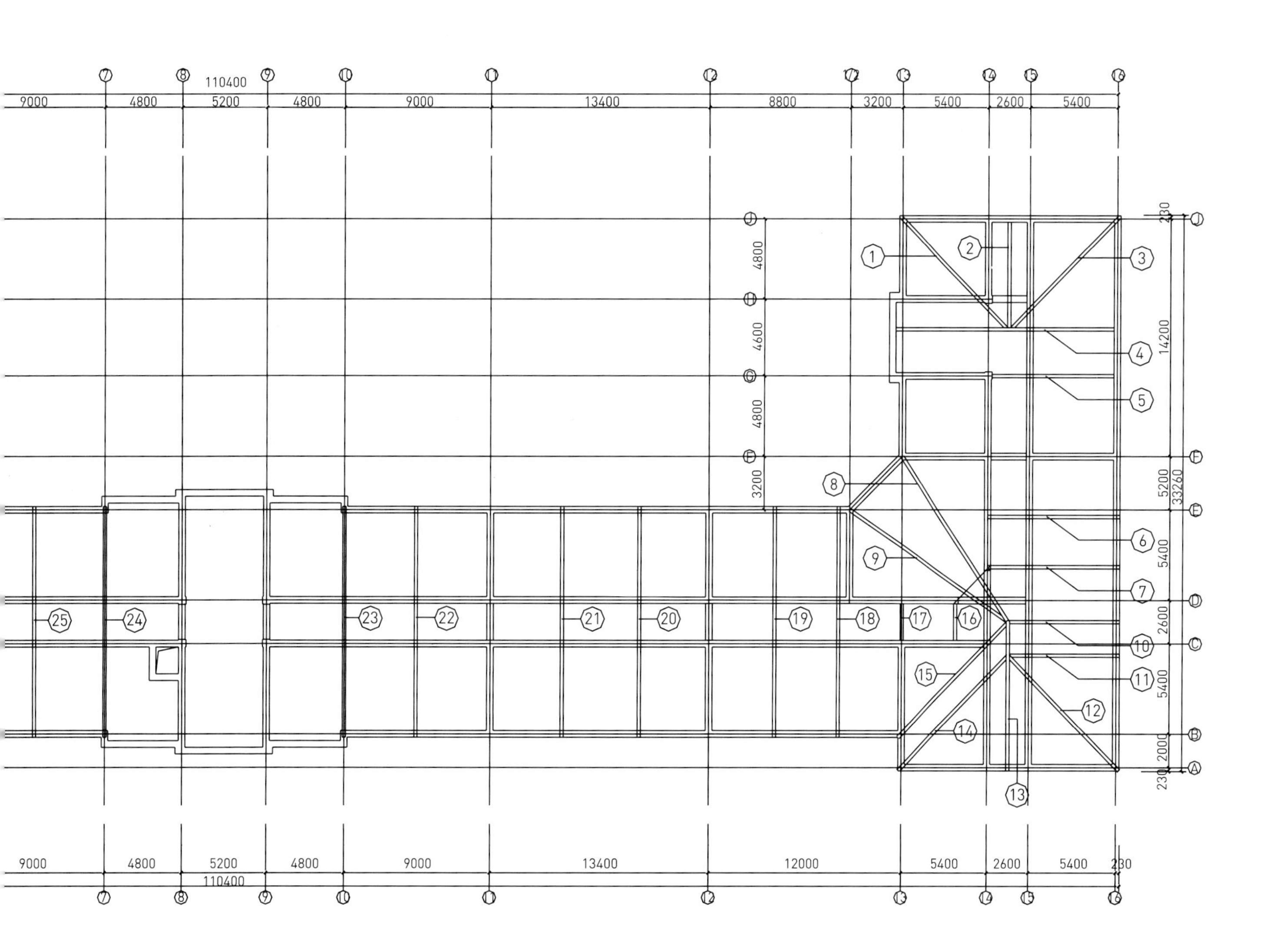

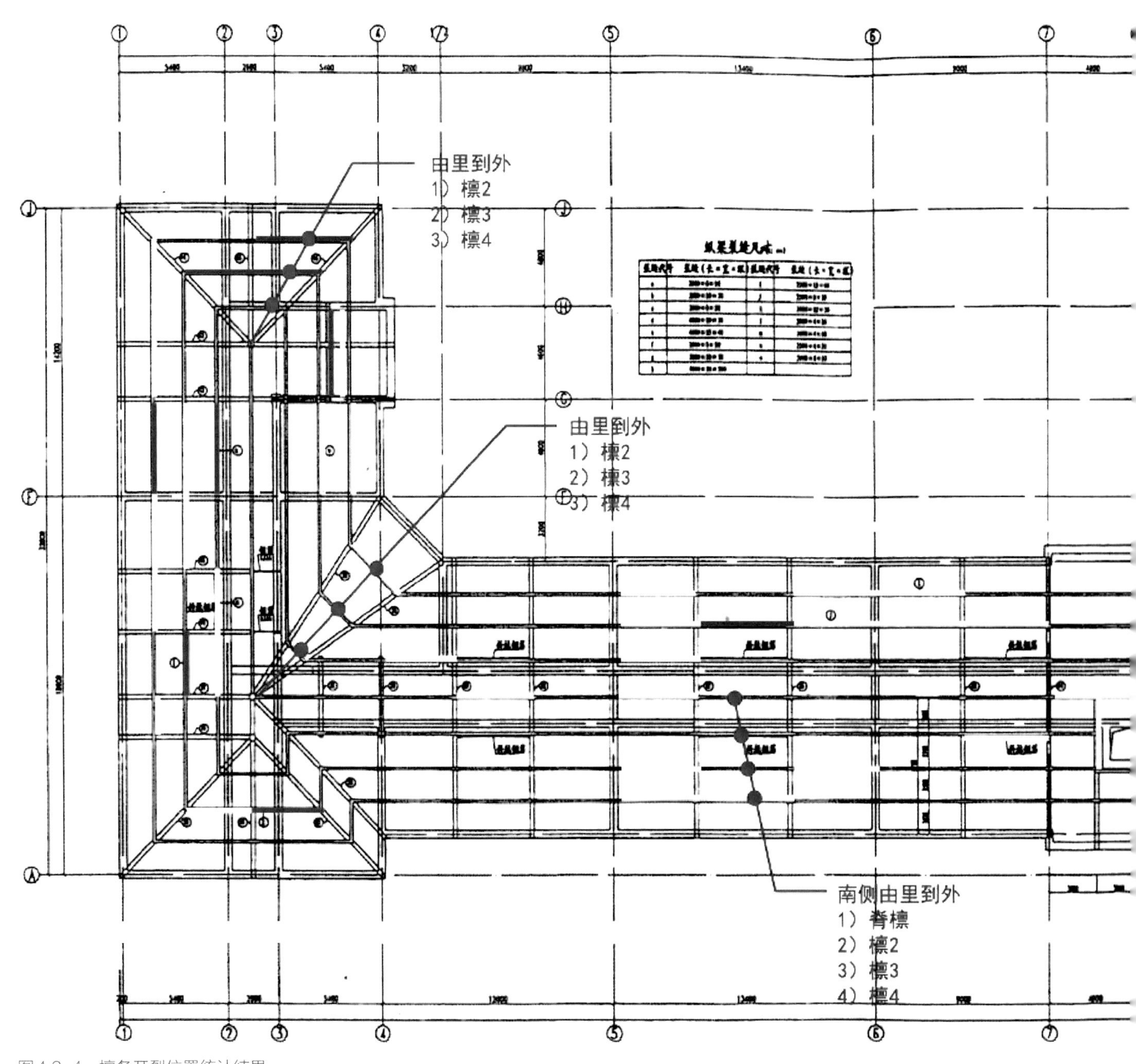

图4.2-4　檩条开裂位置统计结果
（红色表示较严重；黄色表示较轻微）

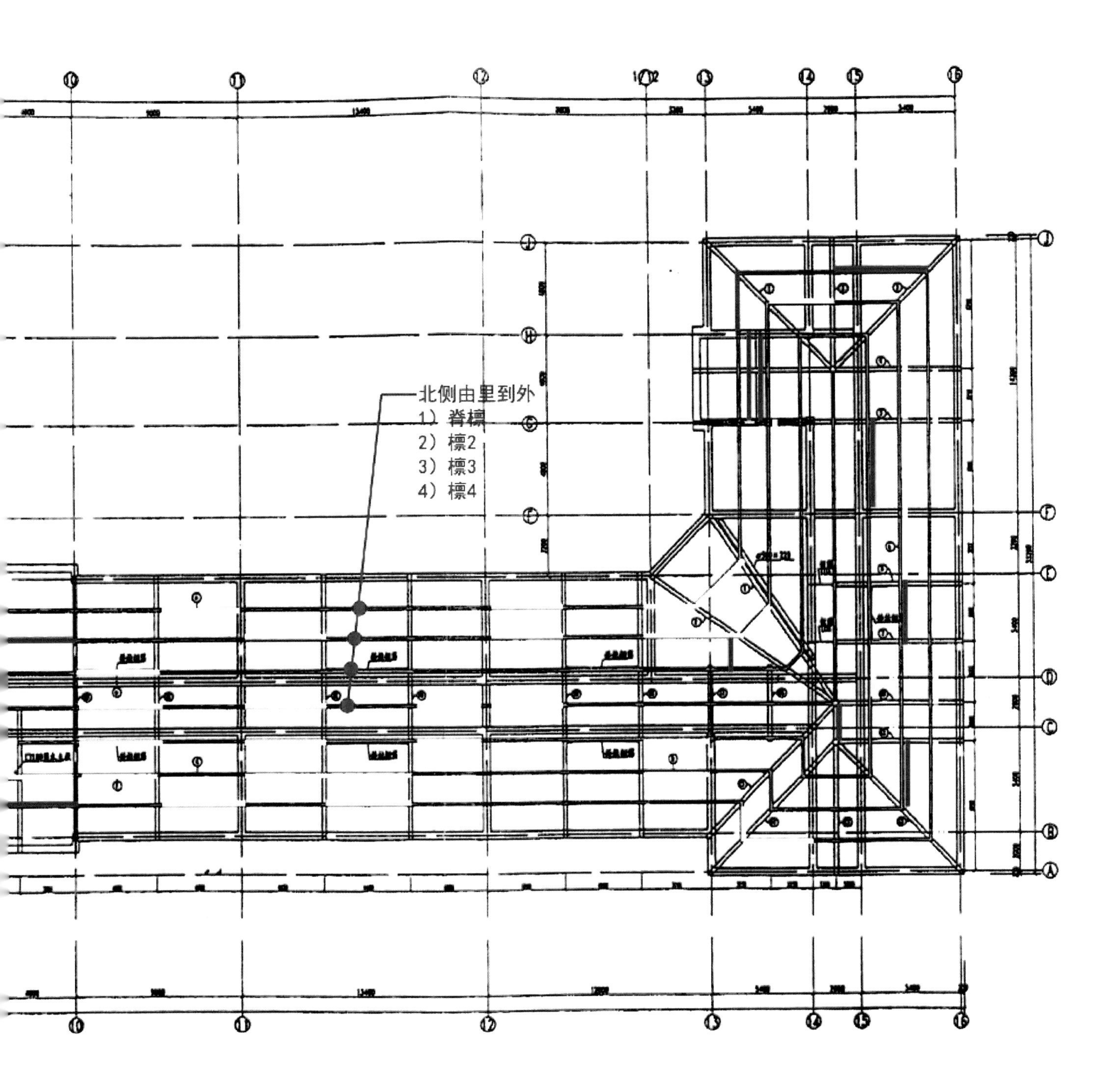
北侧由里到外
1）脊檩
2）檩2
3）檩3
4）檩4

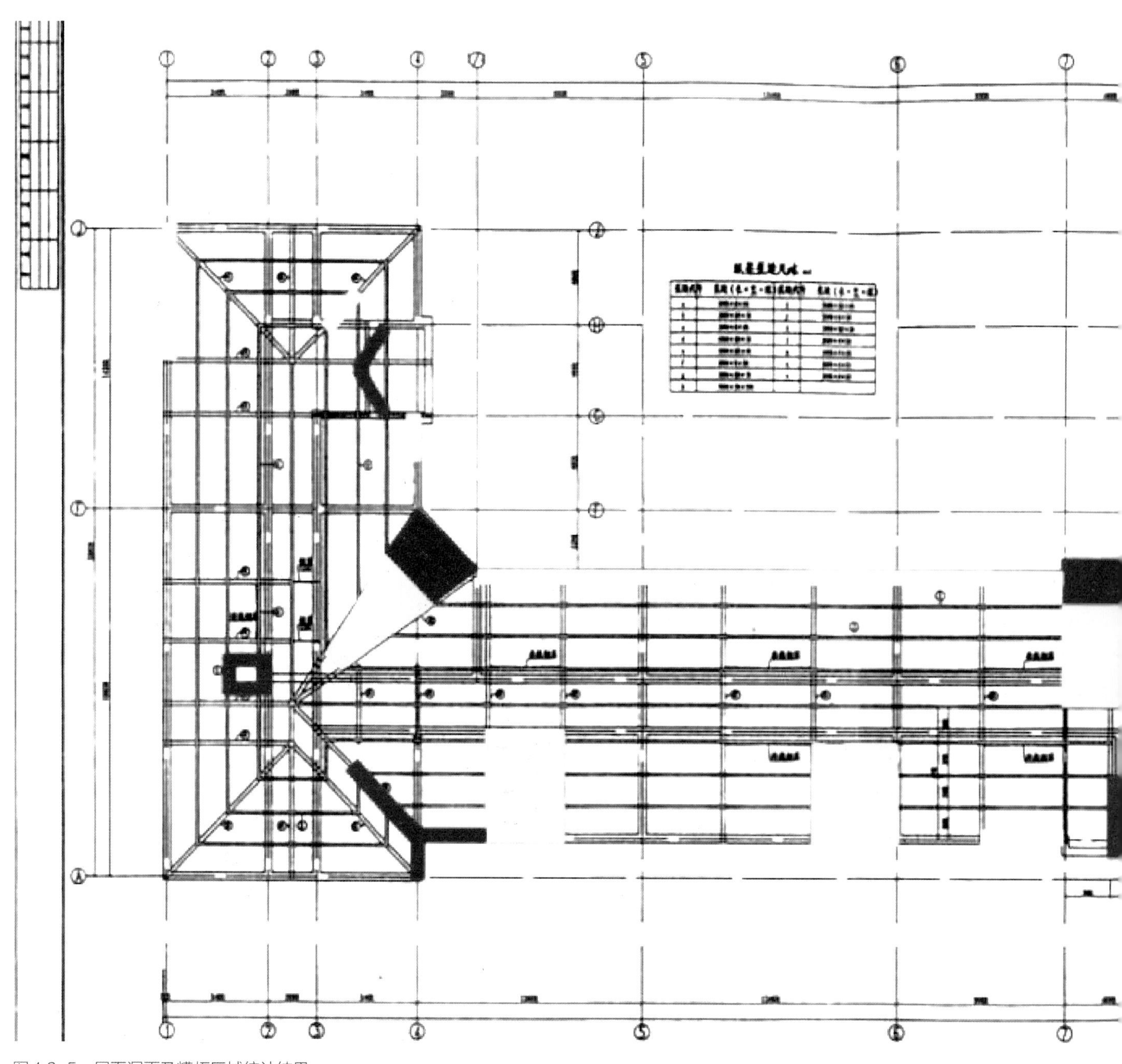

图4.2-5　屋面漏雨及糟朽区域统计结果

（红色表示重度漏雨区域；黄色表示中度、轻度漏雨区域）

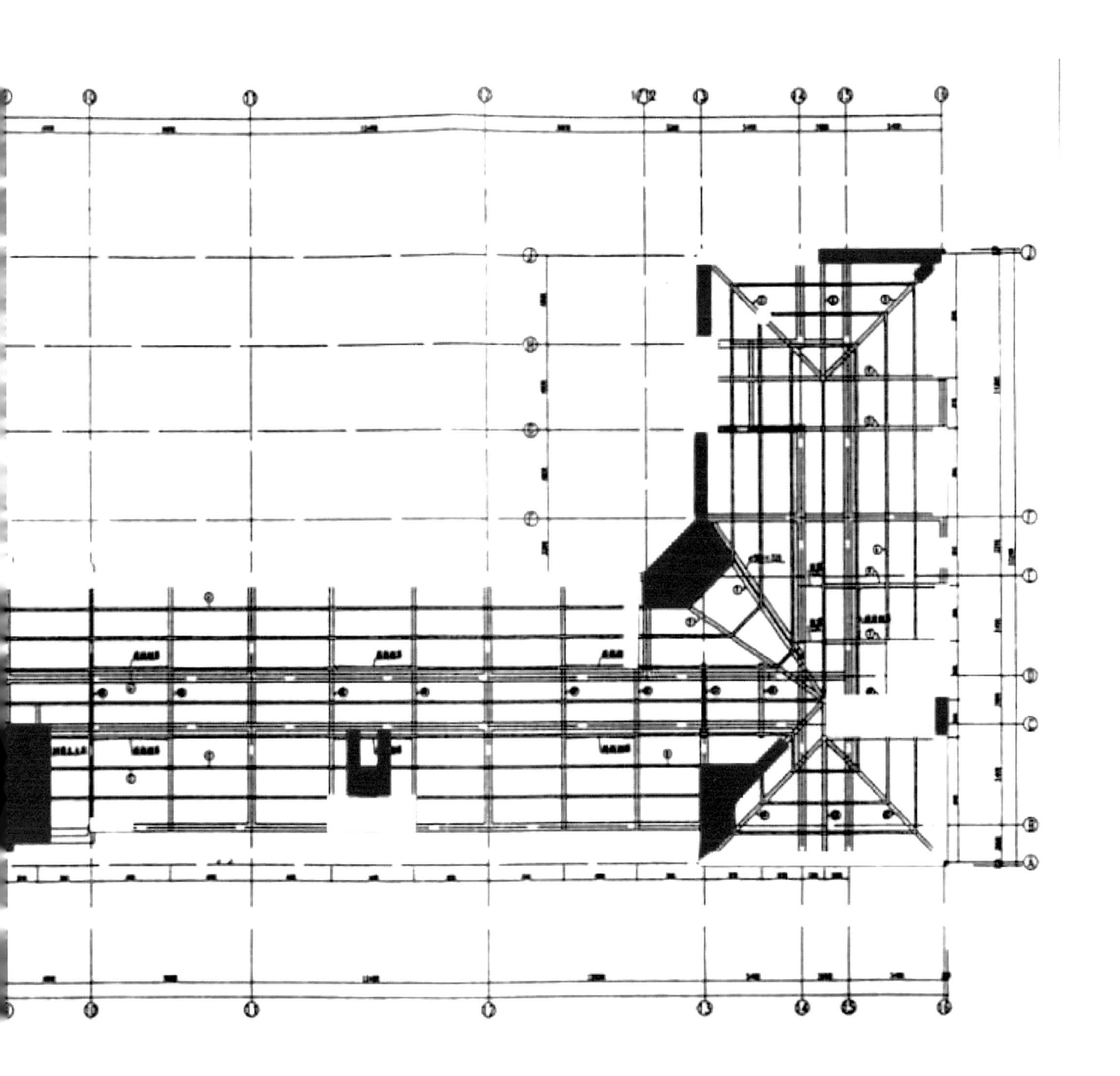

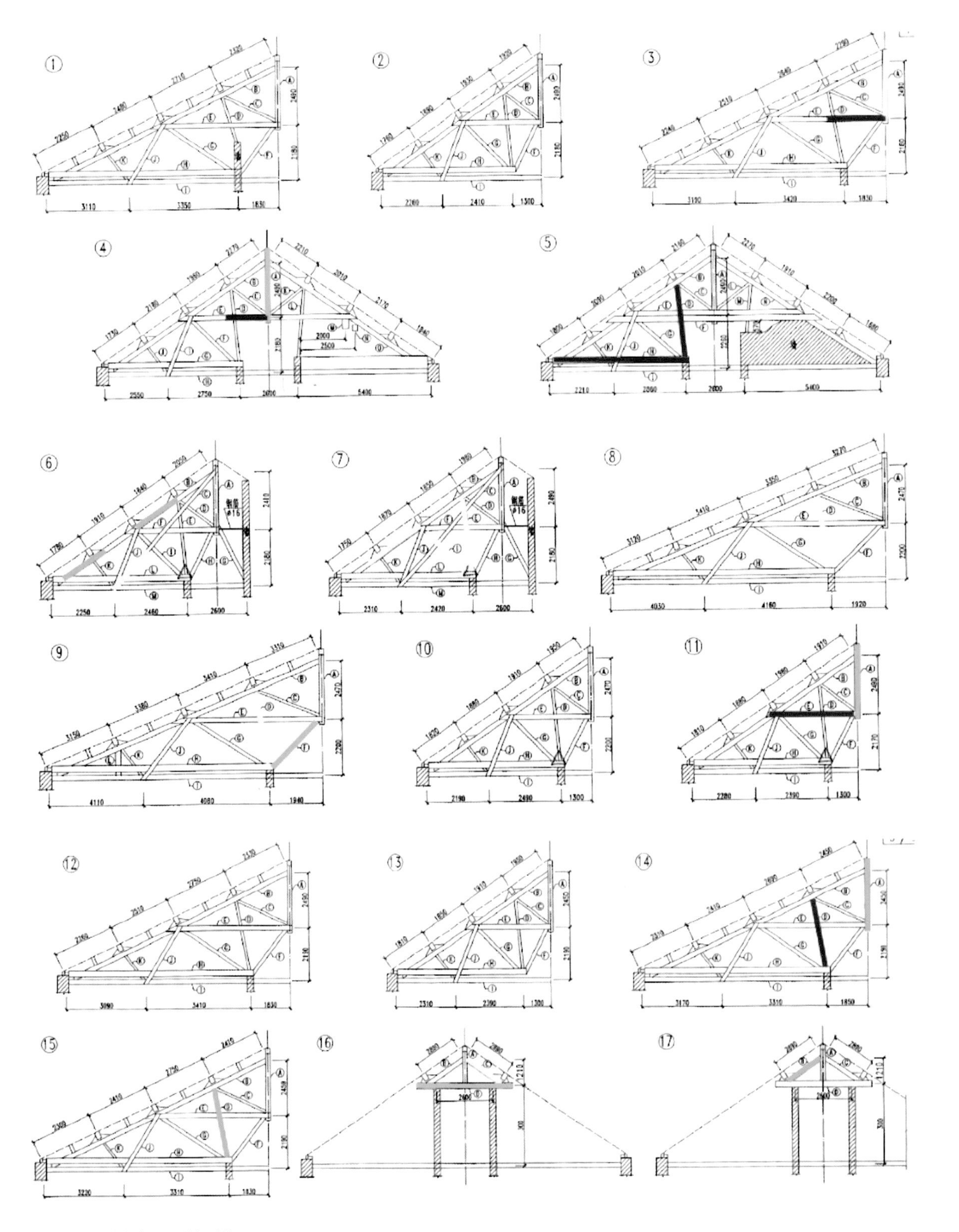

图4.2-6 木桁架开裂检测结果

（根据杆件受力特性和裂缝位置程度确定严重程度：绿色—轻微；黄色—中等；红色—显著，建议处理）

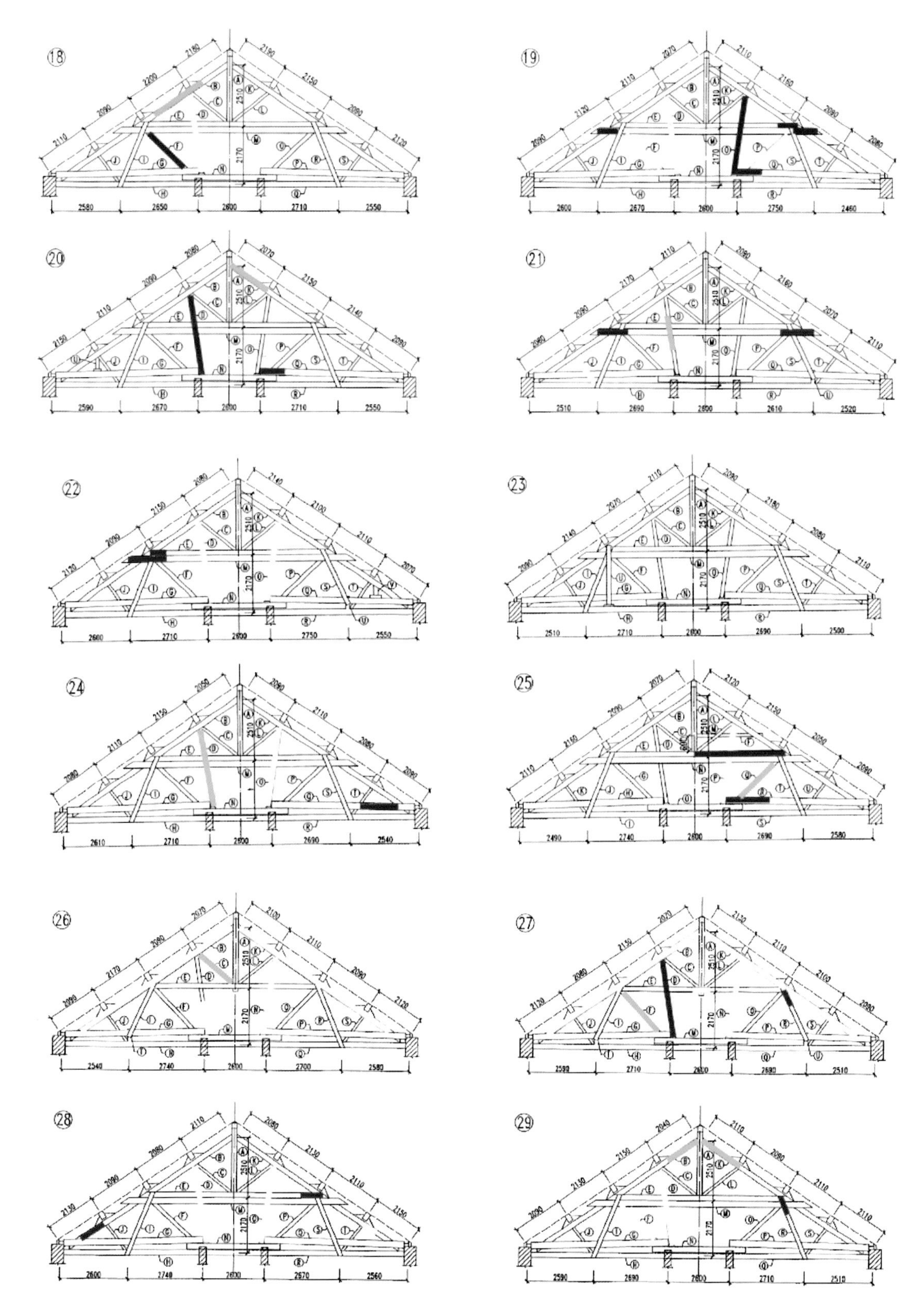

续图4.2-6　木桁架开裂检测结果

（根据杆件受力特性和裂缝位置程度确定严重程度：绿色—轻微；黄色—中等；红色—显著，建议处理）

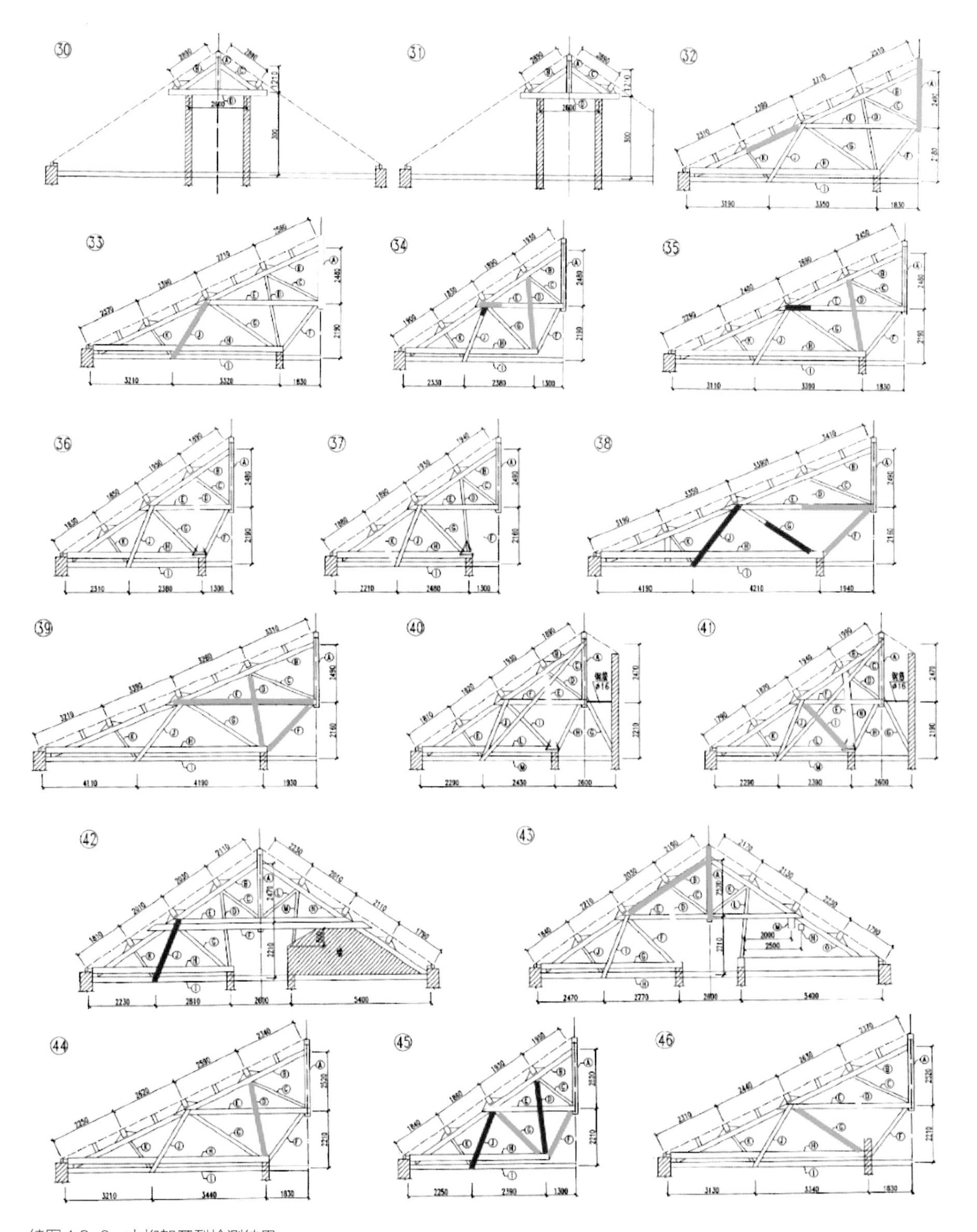

续图4.2-6　木桁架开裂检测结果

（根据杆件受力特性和裂缝位置程度确定严重程度：绿色—轻微；黄色—中等；红色—显著，建议处理）

（测区位于墙体内立面或外立面）、二层抽取6片内墙（测区位于墙体内立面）、三层抽取11片墙体（测区位于墙体内立面）、四层抽取12片墙体（测区位于墙体内立面），每构件检测面积为1m×1m，墙体内立面抹灰剔除，将表面清洁干净，采用砖回弹仪对随机选择的10块条面向外的砖作为10个测位进行回弹检测，选择的砖与砖墙边缘的距离大于250mm。被检测砖为外观质量合格的完整砖，砖的条面干燥、清洁、平整、无饰面层、粉刷层，必要时用砂轮清除表面的杂物，并磨平测面，同时用毛刷刷去粉尘。在每块砖的测面上均匀布置5个弹击点，选定的弹击点避开砖表面的缺陷，相邻两弹击点的间距不小于20mm，弹击点离砖边缘不小于20mm，每个弹击点弹击一次，回弹值读数估读至1。测试时回弹仪处于水平状态，其轴线垂直于砖的测面。单个测位的回弹值，取5个弹击点回弹值的平均值，依据《砌体工程现场检测技术标准》（GB/T 50315—2011）第14章的规定，按烧结普通砖的测强曲线，求出抗压强度的换算值。

为保证检测结果的准确性，在楼顶选取9块完整的灰砖，送国家建筑工程质量监督检验中心实验室进行砖块抗压强度测试，具体检测结果见表4.3-1，依据砖块抗压强度测试结果与对应回弹换算值结果，求出总体修正量，具体结果见表4.3-2，将此修正量对回弹法检测结果进行修正，给出红楼各层承重墙体砌筑用砖强度检测结果，具体见表4.3-3。

表4.3-1　抗压强度测试结果（国家建筑工程质量监督检验中心实验室）

砖编号	承压面积（mm^2）	破坏荷载（kN）	抗压强度（MPa）
1	12760	76.08	5.96
2	14520	93.05	6.41
3	15128	199.39	13.18
4	14880	92.56	6.22
5	15367	119.52	7.78
6	13750	122.60	8.92
7	14508	107.42	7.40
8	15480	97.40	6.29
9	15360	123.74	8.06

表4.3-2 总体修正量计算结果 （MPa）

砖编号	抗压强度	回弹换算强度	差值	修正量
1	5.96	4.74	1.22	3.42
2	6.41	4.20	2.21	
3	13.18	10.19	2.99	
4	6.22	3.94	2.28	
5	7.78	4.33	3.45	
6	8.92	2.95	5.97	
7	7.40	3.31	4.09	
8	6.29	2.07	4.22	
9	8.06	3.68	4.38	

表4.3-3 红楼各层承重墙体砌筑用砖强度检测结果 （MPa）

楼层及轴线号	测区换算值	平均值	标准值	最小值	单元评定强度等级
地下室 5-6-D	7.01	8.4	6.4	7.0	MU7.5
地下室 2-B-C	10.61				
地下室 4-5-D	7.96				
地下室 4-5-C	9.13				
地下室 6-7-D	8.15				
地下室 10-11-B	9.24				
地下室 11-12-B	8.87				
地下室 16-B-C	6.96				
地下室 15-16-J	8.16				
地下室 13-F-G	7.62				
一层 7-8-D	7.67	7.8	5.9	6.1	MU7.5
一层 10-11-C	6.86				
一层 10-11-D	7.42				
一层 11-12-D	7.61				
一层 4-5-C	6.09				
一层 5-6-C	6.82				
一层 11-12-E	8.37				
一层 9-10-E	9.01				
一层 7-8-E	9.12				
一层 10-11-E	9.34				

续表

楼层及轴线号	测区换算值	平均值	标准值	最小值	单元评定强度等级
二层 7-8-D	7.77	6.5	4.9	5.5	低于MU7.5
二层 5-6-C	7.21				
二层 10-11-C	6.23				
二层 4-5-D	6.77				
二层 11-12-D	5.61				
二层 12-B-C	5.53				
三层 5-6-E	6.50	7.3	6.1	6.5	低于MU7.5
三层 2-C-D	8.01				
三层 1-C-D	7.87				
三层 4-5-B	6.82				
三层 16-F-J	6.82				
三层 15-D-E	6.62				
三层 16-D-E	7.17				
三层 15-F-J	7.59				
三层 11-12-E	7.20				
三层 12-13-C	8.73				
三层 10-11-C	7.24				
四层 2-D-E	9.21	6.8	5.3	6.0	低于MU7.5
四层 1-D-E	6.58				
四层 14-F-G	6.33				
四层 11-12-B	7.15				
四层 11-12-C	6.09				
四层 4-5-E	7.02				
四层 12-13-E	6.83				
四层 1-2-J	5.95				
四层 2-H-J	6.59				
四层 16-D-E	6.14				
四层 12-13-C	7.17				
四层 5-6-D	6.89				

经检测，红楼地下室至一层承重墙体砌筑用砖抗压强度评定等级为MU7.5，二至四层为低于MU7.5。

部分红楼墙体内立面测试部位外观照片见图4.3-1~36。回弹法检测砖强度工作照片见图4.3-37、4.3-38。

图4.3-1　地下室6-7-D

图4.3-2　地下室2-B-C轴

图4.3-3　地下室4-5-C

图4.3-4　地下室4-5-D轴

图4.3-5　地下室5-6-D轴

图4.3-6　一层10-11-C轴

图4.3-7　一层10-11-D轴

图4.3-8　一层11-12-D轴

图4.3-9　一层7-8-D轴

图4.3-10　二层11-12-D轴

图4.3-11　二层12-B-C轴

图4.3-12　二层4-5-D轴

图4.3-13　二层5-6-C轴

图4.3-14　二层7-8-D轴

图4.3-15　二层10-11-C轴

图4.3-16　三层1-C-D轴

图4.3-17　三层2-C-D轴

图4.3-18　三层4-5-B轴

图4.3-19　三层5-6-E轴

图4.3-20　三层15-D-E轴

图4.3-21　三层16-D-E轴

图4.3-22　三层16-F-J轴

图4.3-23　三层15-F-J轴

图4.3-24　三层11-12-E轴

图4.3-25　三层10-11-C轴

图4.3-26　三层12-13-C轴

图4.3-27　四层11-12-B轴

图4.3-28　四层11-12-C轴

图4.3-29　四层16-D-E轴

图4.3-30　四层14-F-G轴

图4.3-31　四层12-13-C轴

图4.3-32　四层5-6-D轴

图4.3-33　四层2-D-E轴

图4.3-34　四层1-2-J轴

图4.3-35　四层2-H-J轴

图4.3-36　四层4-5-E轴

图4.3-37　回弹法检测砖强度（1）

图4.3-38　回弹法检测砖强度（2）

国家建筑工程质量监督检验中心实验室进行砖块抗压强度测试现场照片见图4.3-39、4.3-40，检验报告见附件。

4.4　承重墙体砌筑砂浆强度检测

经剔凿核查，红楼各层承重墙体砌筑砂浆采用灰土砂浆。

根据《建筑结构检测技术标准》(GB/T 50344—2004)、《砌体工程现场检测技术标准》(GB/T 50315—2011)的规定，采用贯入法对承重墙体砌筑砂浆抗压强度进行检测，检测操作按相关规定进行，检测仪器采用贯入式砂浆强度检测仪和数字式贯入深度测量表。

根据现场实际情况和规范相关要求，将红楼按楼层划分为5个检测单元，结合砖强度检测测区进行，其中地下室共抽取6片墙体（测区位于墙体内立面）、一层抽取6片墙体（测区位于墙体内立面）、二层抽取6片内墙（测区位于墙体内立面）、三层抽取11片墙体（测区位于墙体内立面）、四层抽取12片墙体（测区位于墙体内立面），每构件检测面积为1m×1m，被检测灰缝饱满，其厚度小

图4.3-39　加工后的砖块试件

图4.3-40　实验室检测

于7mm，并避开竖缝位置、门窗洞口、后砌洞口和预埋件的边缘。检测范围内的饰面层、粉刷层、勾缝砂浆、浮浆以及表面损伤层等，清除干净，待灰缝砂浆暴露并经打磨平整后再进行检测。每个构件测试16点，测点均匀分布在构件的水平灰缝上，相邻测点水平间距不宜小于240mm。检测数据中，将16个贯入深度值中的3个较大值和3个较小值剔除，余下的10个贯入深度值取平均值，然后参照《贯入法检测砌筑砂浆抗压强度技术规程》（JGJ/T 136—2017）附录D中现场拌制水泥混合砂浆测强曲线进行砂浆抗压强度值推定，从而得到各层承重墙体砌筑砂浆实测强度，具体检测结果见表4.4。

表4.4　红楼各层承重墙体砌筑砂浆强度检测结果　（MPa）

楼层及轴线号	测区换算值	平均值	标准差	变异系数	最小值	推定强度
地下室 5-6-D	1.0	1.1	0.26	0.24	0.8	0.9
地下室 2-B-C	0.9					
地下室 4-5-C	0.8					
地下室 4-5-D	1.1					
地下室 6-7-D	1.5					
地下室 9-10-B	1.3					
一层 7-8-D	1.1	1.0	0.28	0.28	0.7	0.8
一层 10-11-C	1.5					
一层 10-11-D	1.0					
一层 11-12-D	0.8					
一层 4-5-C	0.9					
一层 5-6-C	0.7					
二层 7-8-D	0.8	1.0	0.14	0.14	0.8	0.9
二层 5-6-C	1.2					
二层 10-11-C	1.0					
二层 4-5-D	0.9					
二层 12-13-C	0.9					
二层 11-12-P	1.0					

续表

楼层及轴线号	测区换算值	平均值	标准差	变异系数	最小值	推定强度
三层 5-6-E	1.5	1.2	0.33	0.28	0.7	0.8
三层 2-C-D	1.3					
三层 1-C-D	0.9					
三层 4-5-B	0.8					
三层 15-D-E	1.5					
三层 16-D-E	1.5					
三层 15-F-J	1.0					
三层 16-F-J	0.7					
三层 11-12-E	0.8					
三层 12-13-C	1.5					
三层 10-11-C	1.4					
四层 2-D-E	1.0	1.0	0.27	0.28	0.7	0.8
四层 1-D-E	0.8					
四层 14-F-G	1.0					
四层 11-12-B	0.9					
四层 11-12-C	0.8					
四层 4-5-E	1.5					
四层 12-13-E	1.3					
四层 1-2-J	0.7					
四层 2-H-J	0.7					
四层 16-D-E	0.9					
四层 12-13-C	1.4					
四层 5-6-D	0.9					

经检测，红楼地下室至四层承重墙体砌筑砂浆强度推定值分别为0.9MPa、0.8MPa、0.9MPa、0.8MPa和0.8MPa。

墙体砌筑砂浆强度检测工作照片见图4.4所示。

4.5 梁柱构件混凝土强度检测

经核查资料，红楼混凝土梁柱构件为1961~1962年和1978~1980年唐山地震后大修加固所设置。

图4.4　墙体砌筑砂浆强度检测工作照片

根据《建筑结构检测技术标准》(GB/T 50344—2004)、《混凝土结构现场检测技术标准》(GB/T 50784—2013)的规定，采用回弹法对梁柱混凝土抗压强度进行检测，检测操作按相关规定进行，检测仪器采用混凝土回弹仪。

根据现场实际情况，在各层随机抽取一定数量的梁柱构件，去除表面装修层及抹灰，露出混凝土原浆面，以混凝土回弹仪进行水平方向的弹击，每个测区读取16个回弹值，测点均匀分布。检测数据中，将每测区16个回弹值中的3个较大值和3个较小值剔除，余下的10个回弹值取平均值，然后按照《回弹法检测混凝土抗压强度技术规程》(JGJ/T 23—2011)的附录A中测强曲线进行混凝土抗压强度值推定，从而得到各受检构件现龄期混凝土强度推定值，具体检测结果见表4.5。

表4.5　梁柱构件现龄期混凝土强度检测结果　(MPa)

楼层及轴线号	混凝土抗压强度换算值			现龄期推定强度	设计强度等级
	平均值	标准差	最小值		
地下室柱 1/5-1/B	13.8	0.44	13.0	13.1	/
地下室柱 1/1-D	14.6	0.91	14.0	13.0	/
地下室柱 1/1-G	14.7	0.78	13.5	13.4	/
地下室梁 7-8-1/D	15.3	1.24	14.4	13.2	/
地下室梁 6-7-1/D	14.8	1.06	13.2	13.1	/
地下室梁 5-6-1/B	14.2	0.54	13.6	13.3	/
地下室梁 4-5-1/D	14.0	0.59	13.5	13.0	/
地下室梁 1/1-D-E	14.5	0.86	13.5	13.1	/
地下室梁 1/1-F-G	14.1	0.58	13.5	13.2	/

续表

楼层及轴线号	混凝土抗压强度换算值			现龄期推定强度	设计强度等级
	平均值	标准差	最小值		
地下室东卫生间大梁	17.0	0.82	16.1	15.7	/
地下室东卫生间小梁	16.3	0.52	15.4	15.5	/
三层东卫生间大梁	13.9	0.45	12.8	13.1	/
二层东卫生间大梁	15.2	1.02	13.7	13.5	/

经检测，受检梁柱混凝土强度推定值位于13.0MPa~15.7MPa。

部分梁柱构件回弹测试部位外观照片见图4.5-1~8。

4.6 梁柱构件截面尺寸检测

根据《建筑结构检测技术标准》(GB/T 50344—2004)、《混凝土结构现场检测技术标准》(GB/T 50784—2013)的规定，采用钢卷尺对梁柱构件截面尺寸进行检测，检测操作按相关规定进行。

依据现场实际情况，随机抽取一定数量的梁柱构件，剔除表面抹灰，采用钢卷尺对梁截面宽度和高度进行测量。对柱截面两方向宽度进行测量，并依据检测结果进行规格推定，具体检测结果见表4.6。

表4.6 梁柱构件截面尺寸检测结果 (mm)

构件类型及轴线号	检测内容	实测值	规格值
地下室柱 1/5-1/B	b边 ×h边宽度	249×250	250×250
地下室柱 1/1-D	b边 ×h边宽度	/×250	250×250
地下室柱 1/1-G	b边 ×h边宽度	/×250	250×250
地下室梁 7-8-1/D	宽度 × 高度	200×300	200×300
地下室梁 6-7-1/D	宽度 × 高度	200×310	200×300
地下室梁 5-6-1/B	宽度 × 高度	200×400	200×400
地下室梁 4-5-1/D	宽度 × 高度	200×310	200×300
地下室梁 1/1-D-E	宽度 × 高度	200×300	200×300
地下室梁 1/1-F-G	宽度 × 高度	200×302	200×300
地下室东卫生间大梁	宽度 × 高度	200×500	200×500
地下室东卫生间小梁	宽度 × 高度	110×130	110×130
三层东卫生间大梁	宽度 × 高度	200×495	200×500
二层东卫生间大梁	宽度 × 高度	200×490	200×500

图4.5-1　地下室1/5-1/B轴柱

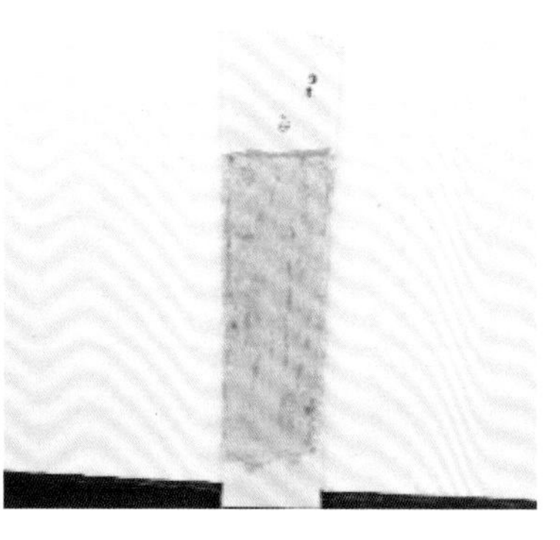

图4.5-2　地下室1/1-D轴

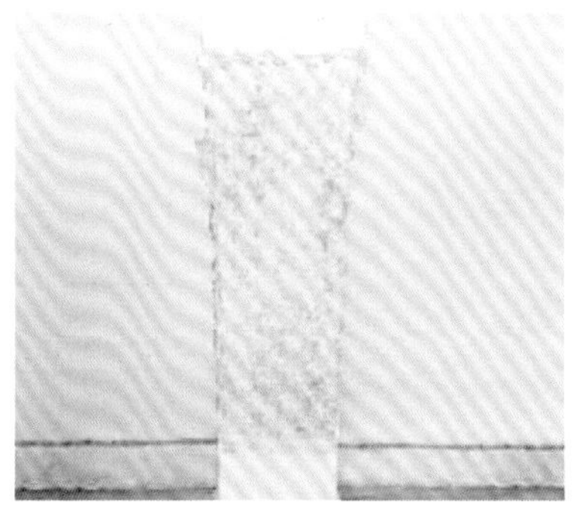

图4.5-3　地下室1/1-G轴柱

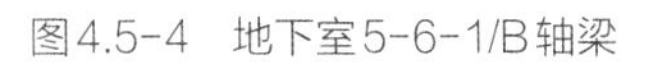

图4.5-4　地下室5-6-1/B轴梁

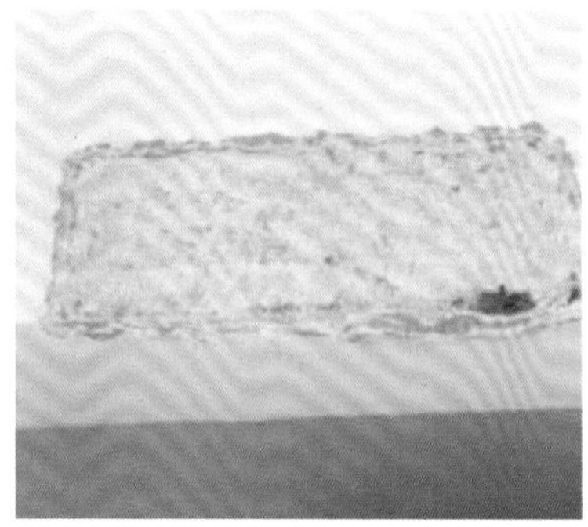

图4.5-5　地下室1/1-D-E轴梁

图4.5-6　地下室1/1-F-G轴梁

图4.5-7　地下室4-5-1/D轴梁

图4.5-8　地下室7-8-1/D轴梁

4.7　梁柱构件配筋情况检测

根据《建筑结构检测技术标准》（GB/T 50344—2004）、《混凝土中钢筋检测技术标准》（JGJ/T 152—2019）的规定，采用钢筋扫描仪对梁柱构件配筋情况进行检测，检测操作按相关规定进行。

依据现场实际情况，随机抽取一定数量的梁柱构件，采用钢筋扫描仪对柱主筋根数和箍筋间距、梁底部主筋根数和箍筋间距进行检测，并依据检测结果进行规格推定，具体检测结果见表4.7。

表4.7　梁柱构件配筋情况检测结果

构件类型及轴线号	检测内容	实测值	规格值
地下室柱 1/5-1/B	*b* 边 ×*h* 边主筋根数	2 根 ×2 根	2 根 ×2 根
	箍筋间距	205	200
地下室柱 1/1-D	*b* 边 ×*h* 边主筋根数	/×2 根	2 根 ×2 根
	箍筋间距	172	200
地下室柱 1/1-G	*b* 边 ×*h* 边主筋根数	/×2 根	2 根 ×2 根
	箍筋间距	175	200
地下室梁 7-8-1/D	底部主筋根数	3 根	3 根
	箍筋间距	182	200
地下室梁 6-7-1/D	底部主筋根数	3 根	3 根
	箍筋间距	194	200
地下室梁 5-6-1/B	底部主筋根数	3 根	3 根
	箍筋间距	217	200
地下室梁 4-5-1/D	底部主筋根数	3 根	3 根
	箍筋间距	191	200
地下室梁 1/1-D-E	底部主筋根数	3 根	3 根
	箍筋间距	191	200
地下室梁 1/1-F-G	底部主筋根数	3 根	3 根
	箍筋间距	202	200
地下室东卫生间大梁	底部主筋根数	3 根	3 根
	箍筋间距	149	150
地下室东卫生间小梁	底部主筋根数	2 根	2 根
	箍筋间距	100	100
三层东卫生间大梁	底部主筋根数	3 根	3 根
	箍筋间距	132	150
二层东卫生间大梁	底部主筋根数	3 根	3 根
	箍筋间距	160	150

4.8　构件变形情况检测

采用吊线锤的方法对墙体倾斜变形情况进行检测，检测操作按《建筑变形测量规范》（JGJ/T 8—2016）的相关规定进行，具体检测结果见表4.8。

表4.8　墙体倾斜变形情况检测结果

楼层及轴线号	实测值	测量高度	倾斜率
地下室内墙 2-C-D	向走廊 2mm	2m	H/1000
地下室内墙 4-5-D	向走廊 2mm	2m	H/1000

续表

楼层及轴线号	实测值	测量高度	倾斜率
地下室内墙 5-6-C	向走廊 5mm	2m	H/400
地下室内墙 10-11-D	向房间 3mm	2m	H/667
地下室内墙 15-G-H	向走廊 4mm	2m	H/500
一层轴外墙 1-G-H	向外 8mm	3m	H/375
一层轴外墙 4-5-B	向外 9mm	3m	H/333
一层轴外墙 7-8-B	向外 2mm	3m	H/1500
一层轴外墙 10-11-B	向外 2mm	3m	H/1500
一层轴外墙 15-16-A	向里 4mm	3m	H/750
一层轴外墙 16-G-H	向里 5mm	3m	H/600
一层轴外墙 13-14-J	向外 5mm	3m	H/600
一层轴外墙 12-13-E	向外 3mm	3m	H/1000
一层轴外墙 6-7-E	向外 5mm	3m	H/600
一层轴外墙 4-5-E	向外 3mm	3m	H/1000
一层内墙 3-D-F	向走廊 5mm	2m	H/400
一层内墙 3-4-C	向房间 2mm	2m	H/1000
一层内墙 15-F-G	向房间 1mm	2m	H/2000
一层内墙 14-H-J	向房间 1mm	2m	H/2000
二层内墙 3-F-G	向走廊 1mm	2m	H/2000
二层内墙 4-5-C	向房间 5mm	2m	H/400
二层内墙 6-7-D	向走廊 1mm	2m	H/2000
二层内墙 10-11-D	向走廊 1mm	2m	H/2000
二层内墙 11-12-C	向房间 3mm	2m	H/667
二层内墙 15-E-F	向房间 5mm	2m	H/400
三层内墙 3-C-D	向走廊 1mm	2m	H/2000
三层内墙 5-6-C	向房间 5mm	2m	H/400
三层内墙 6-8-D	向房间 2mm	2m	H/1000
三层内墙 11-12-C	向房间 4mm	2m	H/500
三层内墙 1/12-13-D	向走廊 4mm	2m	H/500
三层内墙 14-F-G	向走廊 2mm	2m	H/1000
四层内墙 3-D-F	向房间 3mm	2m	H/667
四层内墙 4-5-C	向房间 3mm	2m	H/667
四层内墙 6-8-D	向走廊 2mm	2m	H/1000
四层内墙 9-11-D	向房间 3mm	2m	H/667
四层内墙 12-13-C	向走廊 1mm	2m	H/2000
四层内墙 15-D-F	向房间 2mm	2m	H/1000

经检测，墙体层间最大倾斜率为H/333，按《民用建筑可靠性鉴定标准》（GB 50292—2015）规定，未发现影响结构安全的墙体层间变形，结合其他检测结果分析，所测得的墙体层间倾斜均为红楼建造伊始的砌筑偏差。

4.9 建筑整体垂直度检测

采用经纬仪对该楼整体垂直度进行检测，检测位置为具备检测条件的建筑物大角，检测工作遵守《建筑变形测量规范》（JGJ/T 8—2016）的有关规定进行，具体检测结果见表4.9和图4.9。

表4.9 建筑整体垂直度检测结果

构件类型及轴线号	检测内容实测值	备注
测点 1	向西 29mm，倾斜率为 H/345	测量高度 10m
测点 2	向东 8mm，倾斜率为 H/1250	测量高度 10m
	向南 15mm，倾斜率为 H/667	测量高度 10m
测点 3	向西 22mm，倾斜率为 H/455	测量高度 10m
测点 4	向西 17mm，倾斜率为 H/588	测量高度 10m
	向南 2mm，倾斜率为 H/5000	测量高度 10m
测点 5	向东 2mm，倾斜率为 H/5000	测量高度 10m
	向北 8mm，倾斜率为 H/1250	测量高度 10m
测点 6	向东 18mm，倾斜率为 H/556	测量高度 10m
	向南 28mm，倾斜率为 H/357	测量高度 10m
测点 7	向东 2mm，倾斜率为 H/5000	测量高度 10m
	向南 8mm，倾斜率为 H/1250	测量高度 10m
测点 8	向东 20mm，倾斜率为 H/500	测量高度 10m
	向南 18mm，倾斜率为 H/556	测量高度 10m
测点 9	向北 8mm，倾斜率为 H/1250	测量高度 10m
测点 10	向北 9mm，倾斜率为 H/1111	测量高度 10m
测点 11	向东 3mm，倾斜率为 H/3333	测量高度 10m
测点 12	向东 11mm，倾斜率为 H/909	测量高度 10m
测点 13	向北 28mm，倾斜率为 H/357	测量高度 10m
注：所测顶点位移含施工偏差。		

经检测，该楼顶点侧向位移最大值为29mm，倾斜率为H/345。按《民用建筑可靠性鉴定标准》（GB 50292-2015）规定，建筑倾斜不影响结构的安全性能。

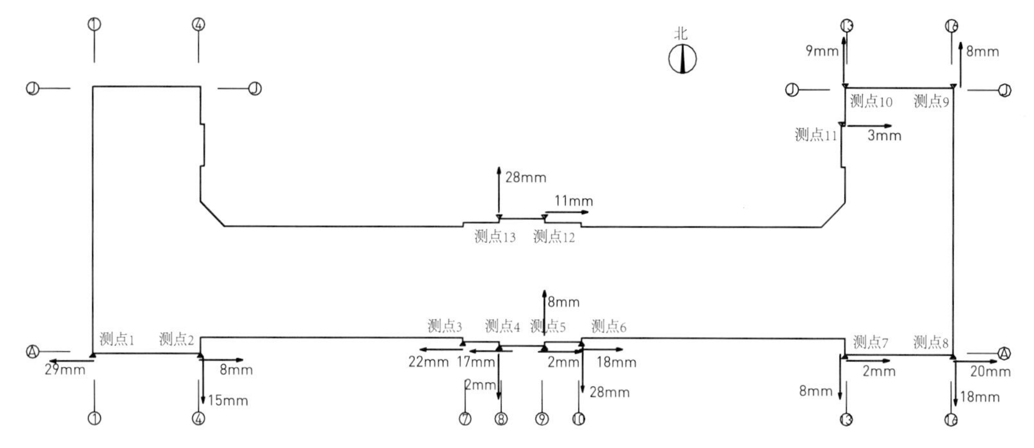

图4.9　建筑整体垂直度检测结果

4.10　地基基础检测

4.10.1　基础尺寸检测

现场在地下室采取室内开挖方法，对承重墙基础及地基情况进行检测，共布置3个开挖点，分别为9-10-B外纵墙基础、6-7-B轴外纵墙基础、6-B-C轴内横墙基础及6-7-C轴内纵墙基础。对各基础尺寸、埋深等进行测量并绘制剖面示意图，见图4.10-1~4，各基础开挖后外观照片见图4.10-5~8。

经检测，基础形式为墙和灰土组成的条形基础，埋深见图中所示。

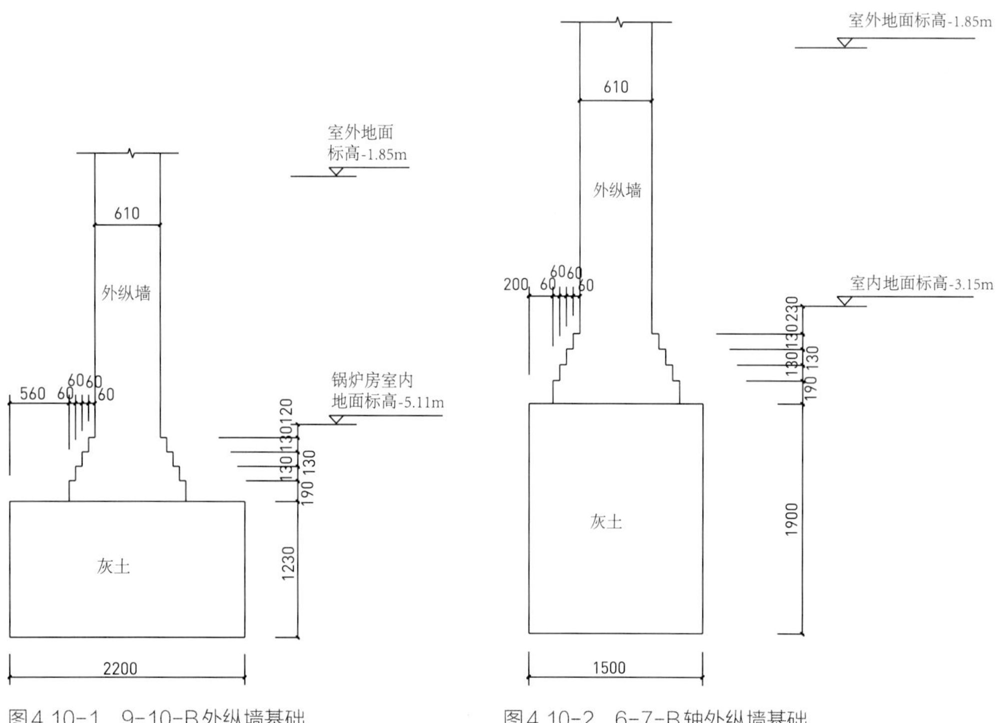

图4.10-1　9-10-B外纵墙基础　　图4.10-2　6-7-B轴外纵墙基础

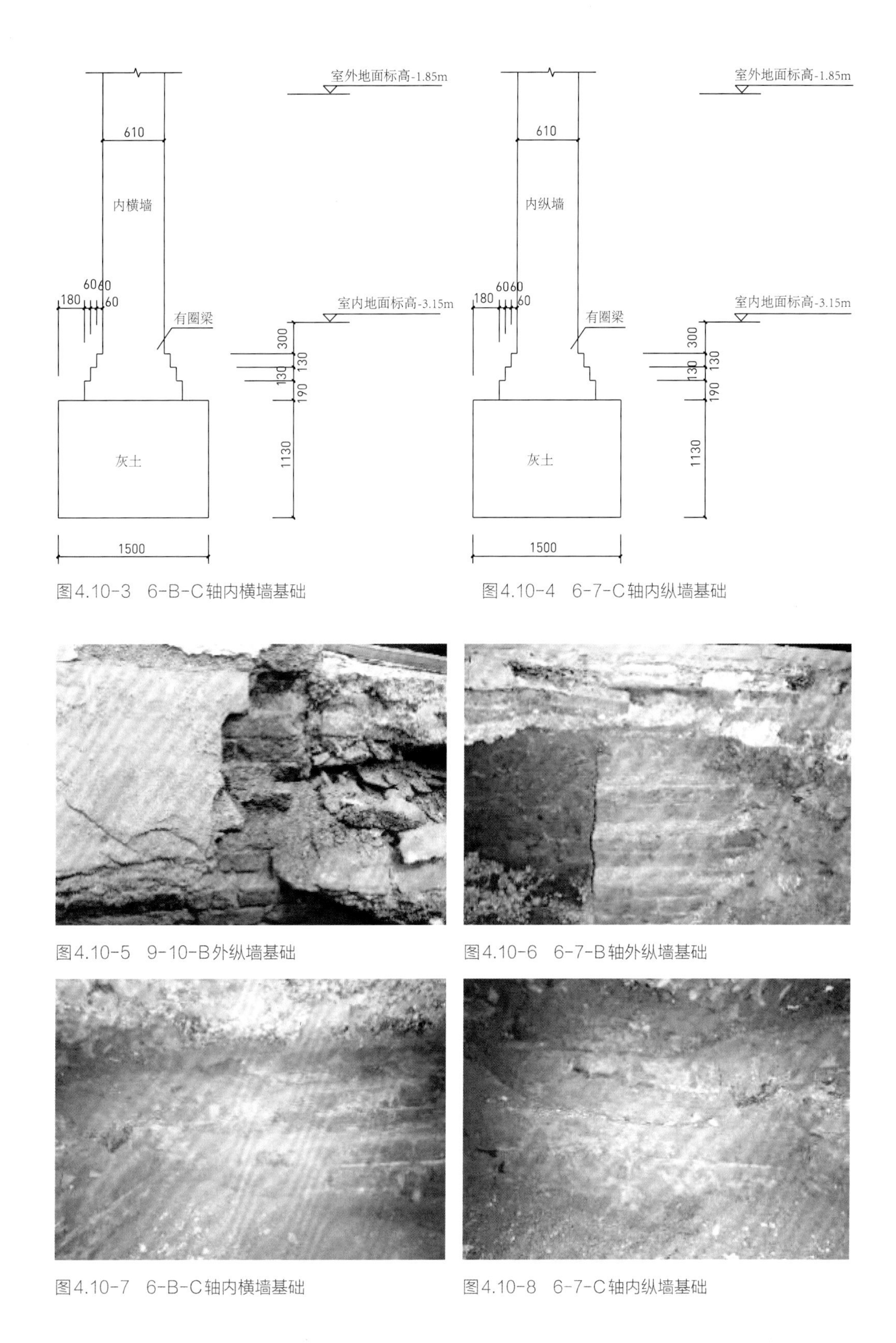

图4.10-3　6-B-C轴内横墙基础

图4.10-4　6-7-C轴内纵墙基础

图4.10-5　9-10-B外纵墙基础

图4.10-6　6-7-B轴外纵墙基础

图4.10-7　6-B-C轴内横墙基础

图4.10-8　6-7-C轴内纵墙基础

4.10.2　基础墙体砌筑用砖强度检测

采用砖回弹仪对基础墙体砌筑用砖强度检测，并采用前述4.3项修正量进行修正，具体检测结果见表4.10-1。

表4.10-1　基础墙体砌筑用砖强度检测结果　（MPa）

楼层及轴线号	测区换算值	楼层及轴线号	测区换算值
9-10-B 外纵墙基础	5.33	6-B-C 轴内横墙基础	5.30
6-7-B 轴外纵墙基础	5.39	6-7-C 轴内纵墙基础	5.45

经检测，基础墙体砌筑用砖强度测区换算值位于5.30MPa~5.45MPa之间。

4.10.3　基础墙体砌筑砂浆强度检测

采用贯入仪对基础墙体砌筑砂浆强度检测，具体检测结果见表4.10-2。

表4.10-2　基础墙体砌筑砂浆强度检测结果　（MPa）

<table>
<tr><th>楼层及轴线号</th><th>测区换算值</th><th>平均值</th><th>标准差</th><th>变异系数</th><th>最小值</th><th>推定强度</th></tr>
<tr><td>9-10-B 外纵墙基础</td><td>1.0</td><td rowspan="4">1.2</td><td rowspan="4">0.13</td><td rowspan="4">0.11</td><td rowspan="4">1.0</td><td rowspan="4">1.0</td></tr>
<tr><td>6-7-B 轴外纵墙基础</td><td>1.2</td></tr>
<tr><td>6-B-C 轴内横墙基础</td><td>1.3</td></tr>
<tr><td>6-7-C 轴内纵墙基础</td><td>1.1</td></tr>
</table>

经检测，基础墙体砌筑砂浆强度推定强度为1.0MPa。

4.10.4　基础外观质量检测

对基础墙体外观质量检测，墙体砖块和砂浆存在微风化和粉化现象。

4.10.5　轻型动力触探

开挖基坑后，沿基础边向下进行轻型动力触探。检测结果为，N10最小击数45击。根据委托方提供的由总装备部工程设计研究总院2004年所做的《北京大学红楼文物保护工程稳定性评价及防护对策》，2004年测试结果为最小击数33击，按该值计算条形基础满足要求。本次检测结果表明，开挖基坑处地基土承载力不低于2004年检测结果。

4.10.6　探地雷达检测

通过地质雷达方法检测北大红楼周边土体下方是否存在不密实、空洞等异常，查明异常所在位置、大小、埋深等基本参数，为建设、设计、施工等单位提供基础资料，以便采取有效措施消除安全隐患，确保该项目涉及区域内道路、建筑及周边环境安全。

在委托方指定的检测范围内具备探测条件的区域共布设29条测线，测线距离红楼外边墙均为0.5m~2.0m，检测照片见图4.10-9，测线布置图详见图4.10-10，结果见图4.10-11~13。根据地质雷达检测数据，在委托方指定检测范围内布设的测线上共发现3处异常，均为中等疏松异常处，其中北大红楼南侧1处，东侧道路2处。统计结果见表4.10-3。

参考《城市道路与管线地下病害探测及评价技术规范》（DB11/T 1399—2017）相关规定，对该3处中等疏松异常开展定期巡视。

图4.10-9　检测照片

表4.10-3　实测地质雷达异常结果统计表

异常编号	异常区域	异常位置	类型	异常等级
Y1	北大红楼南侧	测线 6 起点向北 4.1m~8.0m，异常深度范围 0.8m~1.7m	中等疏松	中等
Y2	北大红楼东侧道路	测线 28 起点向南 17.6m~26.8m，异常深度范围 0.7m~1.6m	中等疏松	中等
Y3	北大红楼东侧道路	测线 29 起点向东 2.9m~15.9m，异常深度范围 0.9m~1.8m	中等疏松	中等

4.11　加固措施现状检测

4.11.1　加固布置情况

该楼曾于1978年对大多数横墙、少数纵墙采用50mm厚豆石混凝土加钢筋网进行双面或单面板墙加固，加固采用钢丝网加豆石混凝土，加固从地下室一

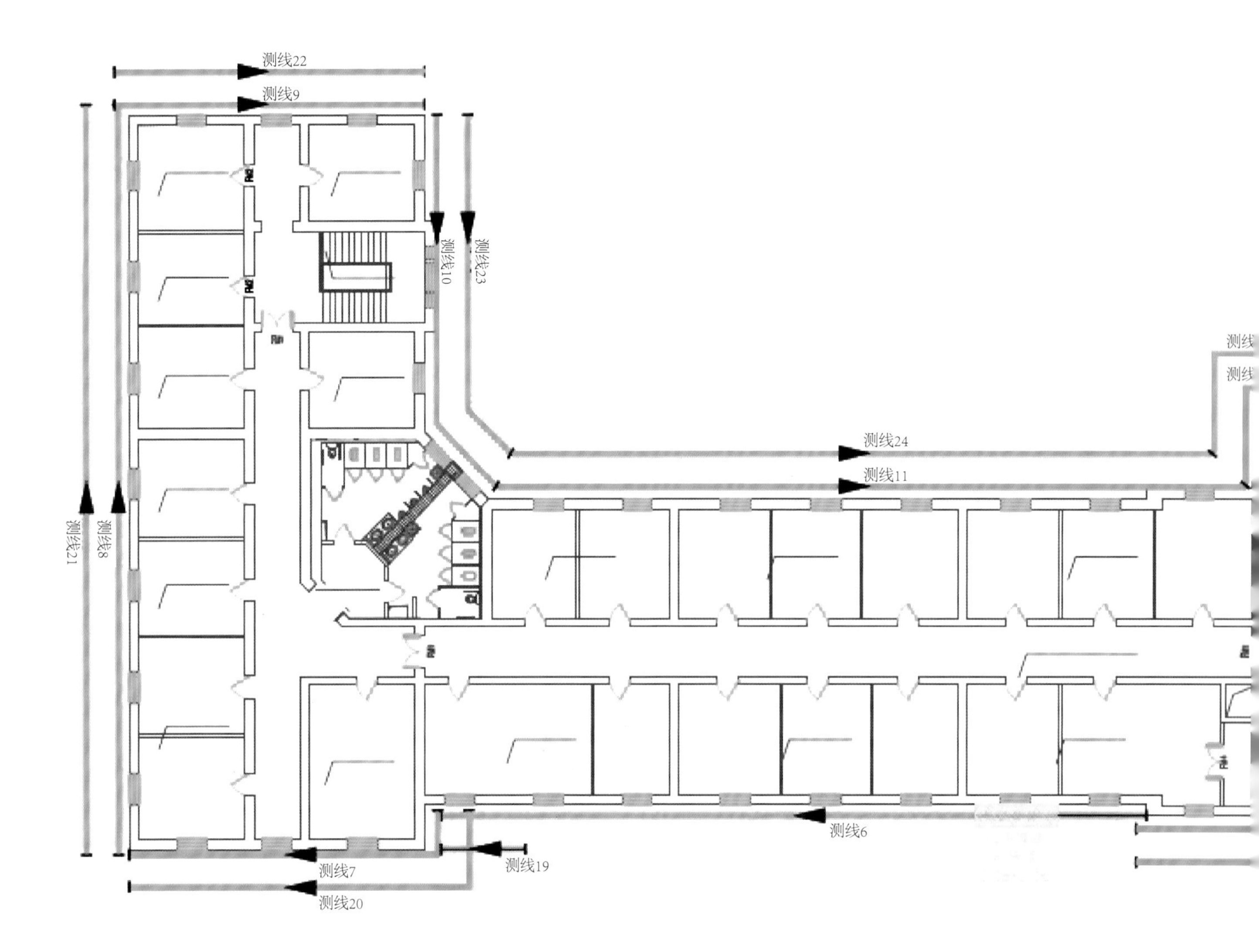

图4.10-10 测线布置图

直延伸到坡屋顶屋盖处，并在各楼层增设了钢筋混凝土连梁（圈梁），采用钢筋扫描仪对具备检测条件的板墙加固布置进行检查，实测结果与加固布置图相符。

在具备检测条件的阁楼内进行全面普查，3-4-H轴、3-4-G轴、3-4-C轴、

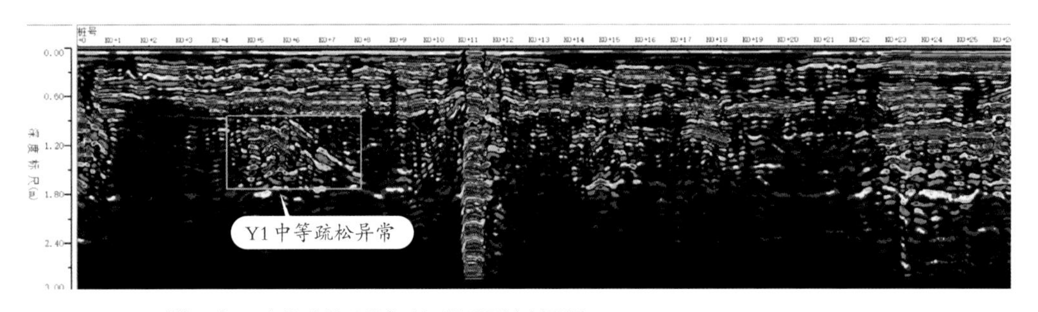

图4.10-11 测线6（Y1中等疏松异常）实测地质雷达剖面图

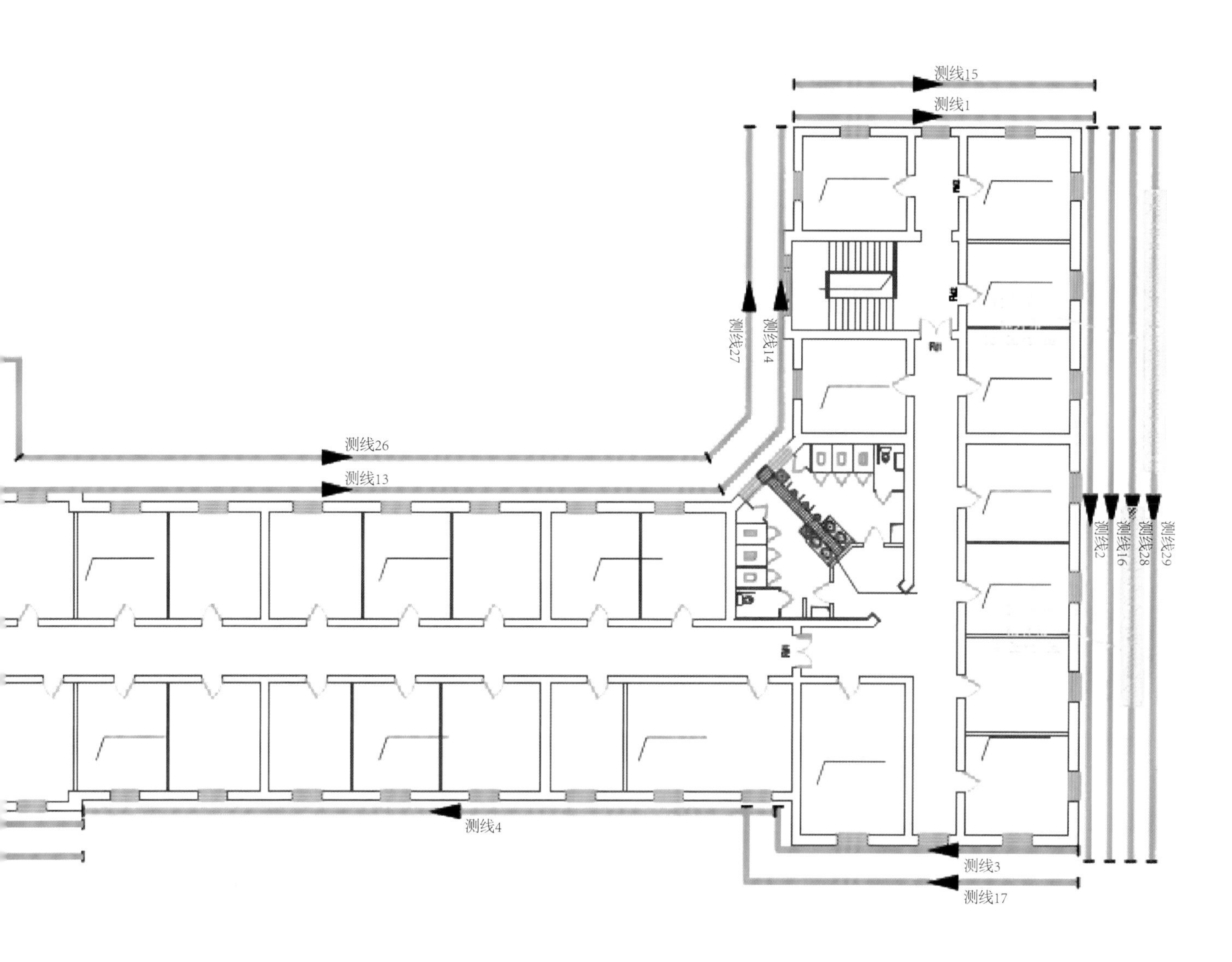

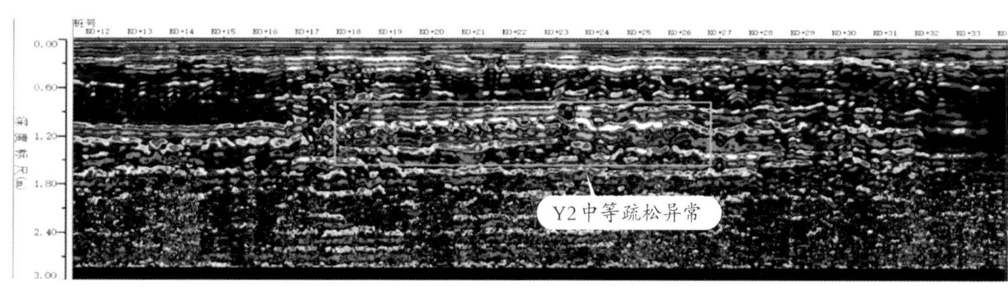

图4.10-12 测线28（Y2中等疏松异常）实测地质雷达剖面图

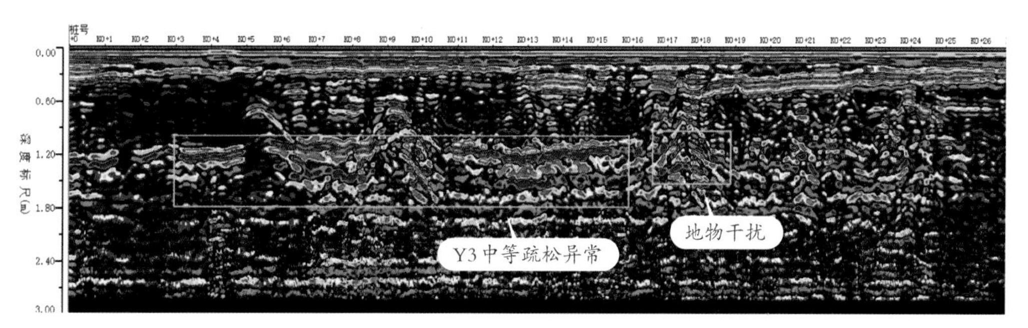

图4.10-13 测线29（Y3中等疏松异常）实测地质雷达剖面图

4-A-C轴、13-14-G轴、13-14-H轴墙体为聚合物砂浆加固，1/12-D-E轴采用聚合物砂浆和板墙加固两种，其余墙体为板墙加固，这部分墙体基本为双面加固。

混凝土圈梁、墙体所设槽钢和钢板壁柱、各层所设水平轻钢桁架、屋顶木结构三角屋架加固等加固措施未见异常。

4.11.2　板墙混凝土强度检测

根据《建筑结构检测技术标准》（GB/T 50344—2004）、《混凝土结构现场检测技术标准》（GB/T 50784—2013）的规定，采用回弹法对板墙混凝土抗压强度进行检测，检测操作按相关规定进行，检测仪器采用混凝土回弹仪。具体检测结果见表4.11-1。

表4.11-1　板墙现龄期混凝土强度检测结果　（MPa）

楼层及轴线号	混凝土抗压强度换算值			现龄期推定强度	设计强度等级
	平均值	标准差	最小值		
地下室 8-D-E	16.4	1.29	14.9	14.2	/
地下室 6-D-E	22.0	1.44	19.4	19.6	/
地下室 1/4-D-E	21.7	1.37	20.1	19.5	/
地下室 9-D-E	15.7	0.98	14.5	14.0	/
三层 6-D-E	19.8	0.50	19.0	18.9	/
三层 4-B-C	19.1	0.56	18.2	18.2	/
三层 16-F-J	14.8	0.68	13.8	13.6	/
三层 15-16-F	18.0	0.72	16.3	16.8	/
三层 12-D-E	19.8	0.71	19.0	18.6	/
四层 13-14-G	15.4	0.69	14.4	14.3	/
四层 1-D-E	14.8	0.85	13.8	13.4	/
四层 12-13-E	14.9	0.80	13.8	13.6	/
四层 12-D-E	14.3	0.71	13.2	13.1	/
四层 15-16-F	16.3		14.5	13.9	
四层 14-E-F	18.9	2.09	16.0	15.4	
该批次混凝土强度平均值m=17.5MPa，标准差s=2.73MPa，推定区间12.3MPa~13.6MPa。					

经检测，加固板墙现龄期混凝土强度推定区间为12.3MPa~13.6MPa。

4.11.3 板墙外观质量

现场检测中，发现存在以下问题：

①三层1-C-D轴和2-C-D板墙仅绑扎了钢筋，未浇筑混凝土，见图4.11-2。同时发现三层4-B-C轴、6-D-E轴板墙在端部未进行有效锚固，仅将钢筋向相邻墙体进行了延伸，但未浇筑混凝土，见图4.11-2。

图4.11-1 三层1-C-D轴和2-C-D板墙

图4.11-2 三层4-B-C轴、6-D-E轴板墙

②板墙普遍浇筑质量较差，存在明显的混凝土疏松、麻面、浇筑不密实等情况，部分受检板墙外观见图4.11-3~16。

③顶棚墙体的加固层与下层墙体的加固层不连续，多数在楼盖的龙骨架处有断开现象，同时也发现钢筋拉索普遍存在明显松弛现象，相关外观见图4.11-17~34。

4.11.4 板墙钢筋间距

根据《建筑结构检测技术标准》(GB/T 50344—2004)、《混凝土中钢筋检测技术标准》(JGJ/T 152—2019)的规定，采用钢筋扫描仪对板墙钢筋间距进行

图4.11-3　地下室9-D-E轴

图4.11-4　地下室1/4-D-E轴

图4.11-5　地下室6-D-E轴

图4.11-6　地下室8-D-E轴

图4.11-7　三层4-B-C轴

图4.11-8　三层6-D-E轴

图4.11-9　三层15-16-F轴

图4.11-10　三层16-F-J轴

图4.11-11　三层12-D-E轴

图4.11-12　四层15-16-F轴

图4.11-13　四层13-14-G轴

图4.11-14　四层12-D-E轴

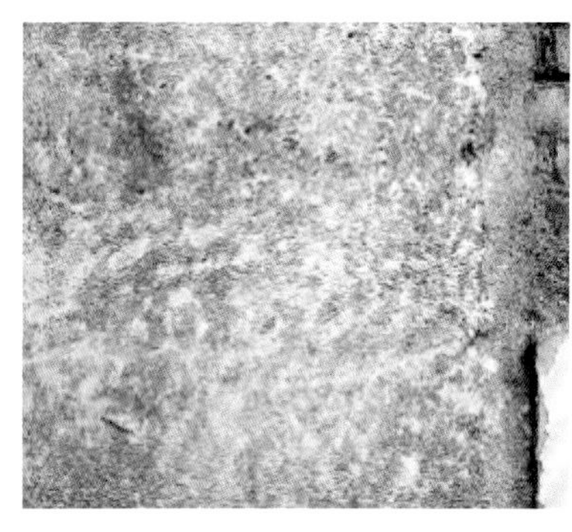

图4.11-15　四层12-13-E（板墙锚固端）

图4.11-16　四层14-D-E

图4.11-17　墙3-4-H加固不连续

图4.11-18　墙3-4-G加固不连续

图4.11-19　墙1-2-F有孔洞

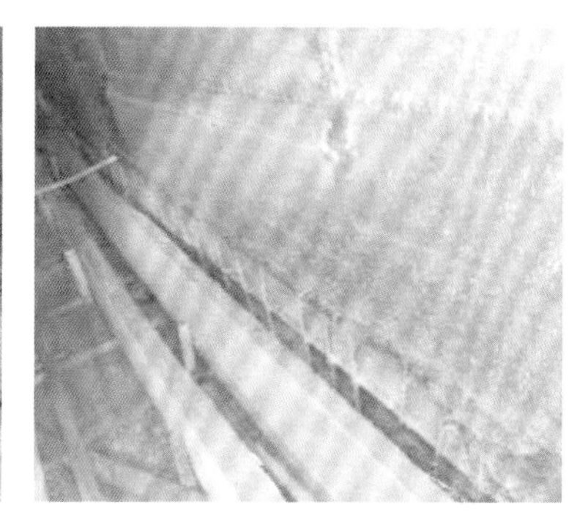

图4.11-20　墙1-2-F加固不连续

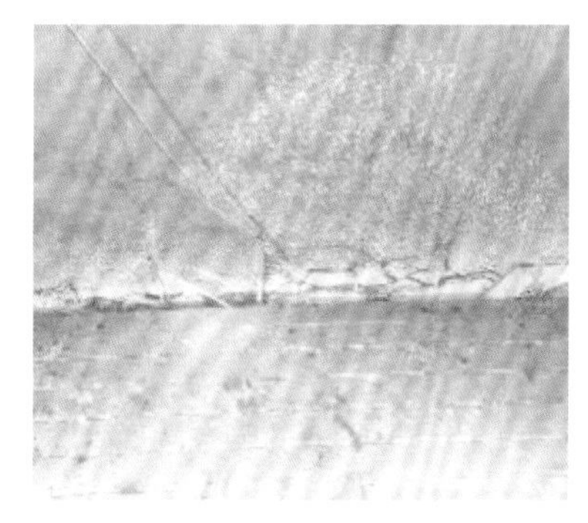

图4.11-21　墙3-D-F加固不连续

图4.11-22　墙2-C-D加固不连续

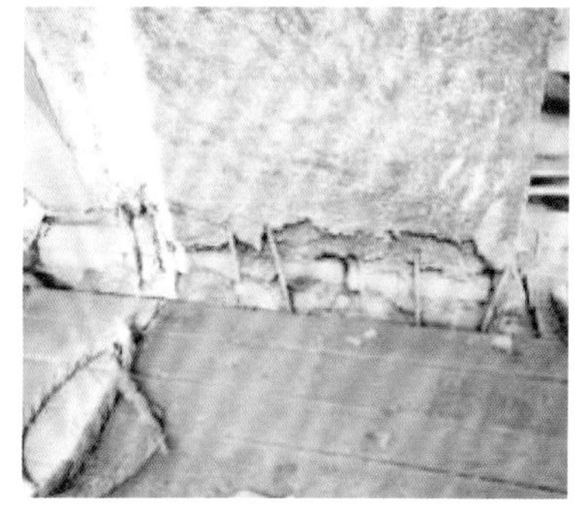

图4.11-23　墙3-4-C加固不连续

图4.11-24　墙3-1/4-D加固不连续

图4.11-25　1/4-D轴烟囱加固不连续

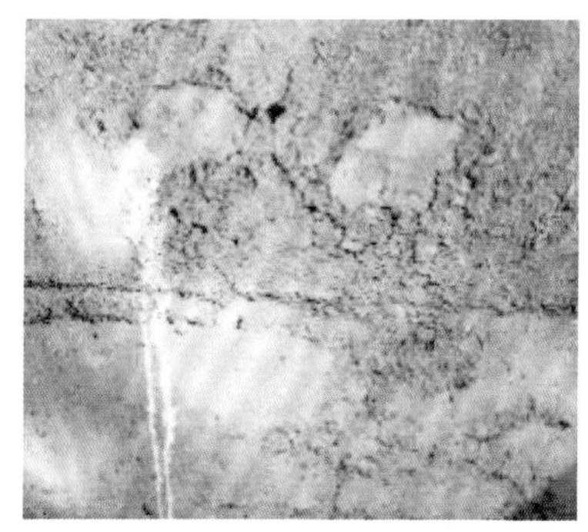

图4.11-26　墙5-B-C混凝土不密实

图4.11-27　墙9-D-E加固不连续

图4.11-28　墙8-A-C加固不连续

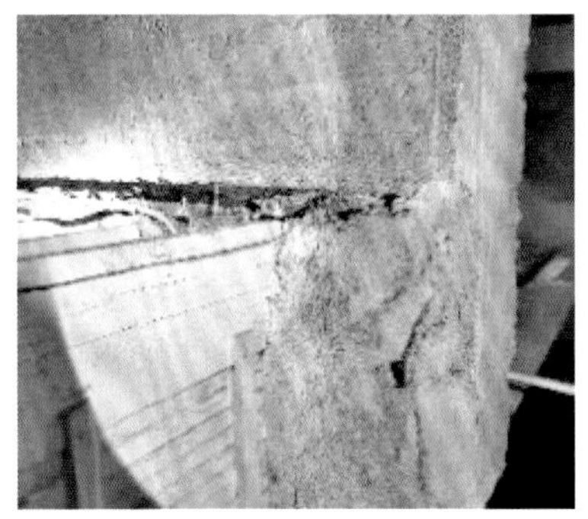
图4.11-29　墙9-A-C加固不连续

图4.11-30　墙12-C-D混凝土夹杂物

图4.11-31　墙1/12-D-E加固不连续

图4.11-32　墙1/12-D轴烟囱加固不连续

图4.11-33　钢筋拉索松弛（1）

图4.11-34　钢筋拉索松弛（2）

检测，检测操作按相关规定进行。依据现场实际情况，随机抽取一定数量的板墙构件，采用钢筋扫描仪对水平筋和竖向筋间距进行检测，并依据检测结果进行规格推定，经检测，板墙钢筋间距规格为200mm~250mm。具体检测结果见表4.11-2。

表4.11-2　板墙钢筋间距检测结果

构件类型及轴线号	检测内容	实测值	规格值
三层 6-D-E	水平钢筋间距	207	200
	竖向钢筋间距	204	200
三层 4-B-C	水平钢筋间距	200	200
	竖向钢筋间距	185	200
三层 16-F-J	水平钢筋间距	190	200
	竖向钢筋间距	201	200
三层 15-16-F	水平钢筋间距	199	200
	竖向钢筋间距	225	250
三层 12-D-E	水平钢筋间距	216	200
	竖向钢筋间距	222	250
四层 13-14-G	水平钢筋间距	238	250
	竖向钢筋间距	267	250
四层 1-D-E	水平钢筋间距	235	250
	竖向钢筋间距	220	250
四层 12-13-E	水平钢筋间距	208	200
	竖向钢筋间距	227	250
四层 12-D-E	水平钢筋间距	214	250
	竖向钢筋间距	275	250
四层 15-16-F	水平钢筋间距	226	250
	竖向钢筋间距	220	250
四层 14-E-F	水平钢筋间距	238	250
	竖向钢筋间距	237	250
注：经测量，水平筋及竖向筋直径规格均为光圆 6.5mm。			

4.12　木结构检测

4.12.1　阻抗仪勘测结果

木楼盖中格栅表面有0~20mm深度存在材质轻微劣化现象，材质劣化折减系数取值范围为0.90~0.98。不同区域楼梯的斜梁、踏板等部件的材质基本未出现劣化现象，材质劣化折减系数为1.00。木屋盖中除了重度漏雨糟朽区域外，檩条与椽子等部件未出现明显劣化，材质劣化折减系数取值范围为0.83~1.00。检测结果见表4.12-1，阻抗仪曲线见图4.12-1。

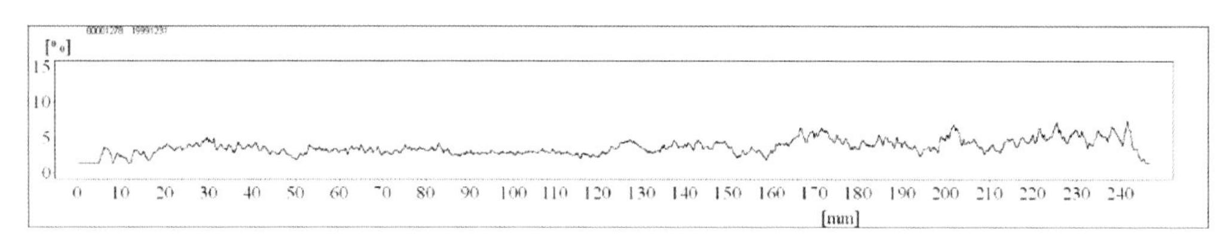

（1）地下室054房间（木格栅）P953–955

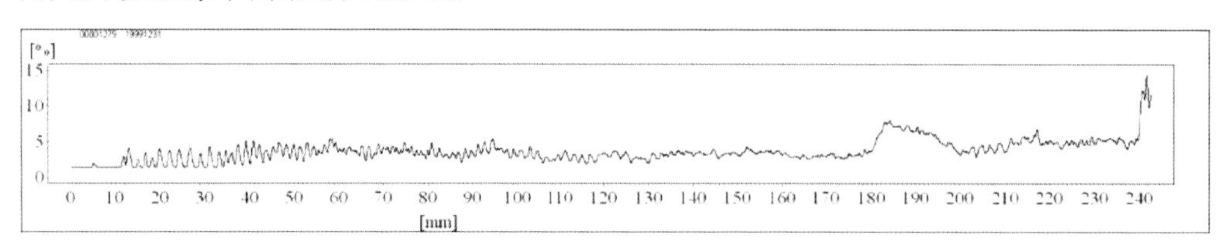

（2）地下室006房间（木格栅）P956–957

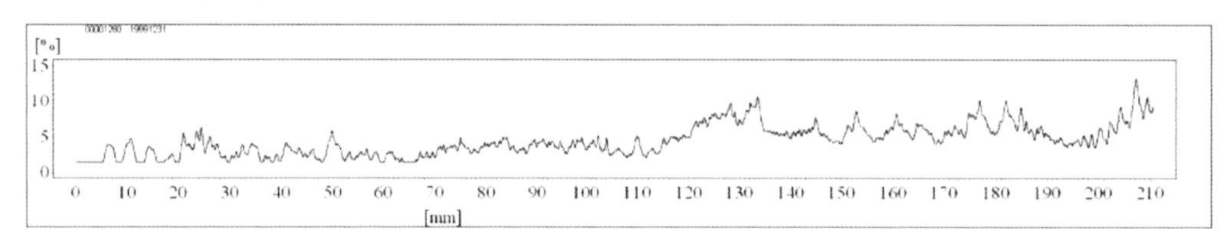

（3）地下室050房间（木格栅）P958–959

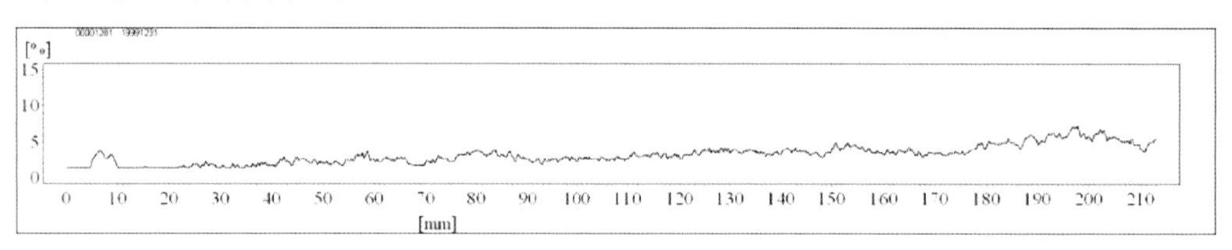

（4）地下室040房间（木格栅）P962–963

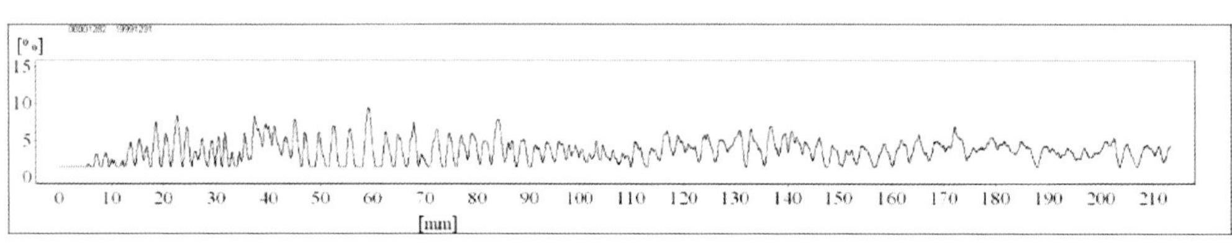

（5）地下室026房间（木格栅）P964–965

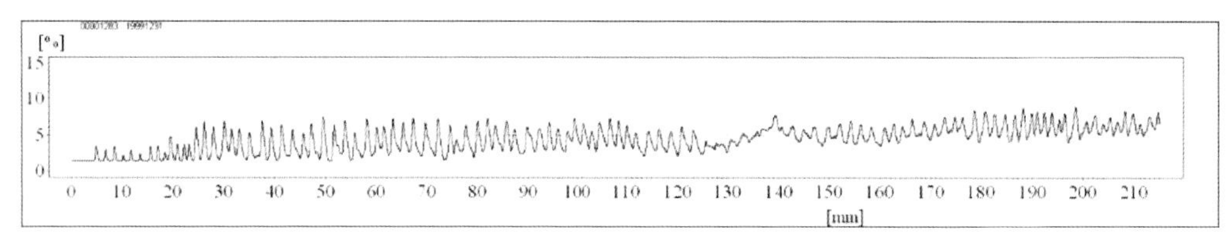

（6）一层146房间（木格栅）P966~967

图4.12-1　阻抗仪曲线

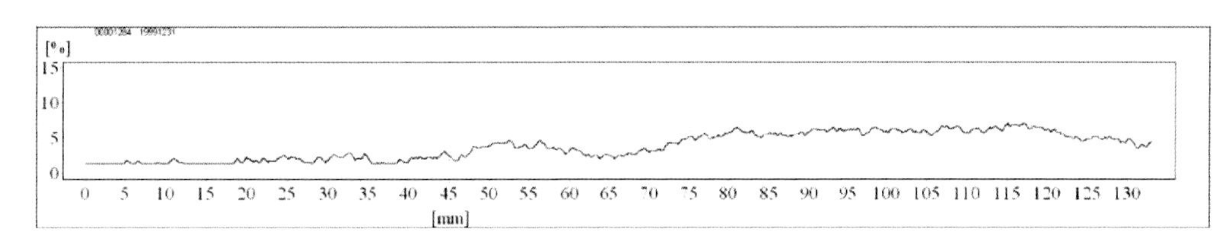

（7）一层104房间（木格栅）P968–970

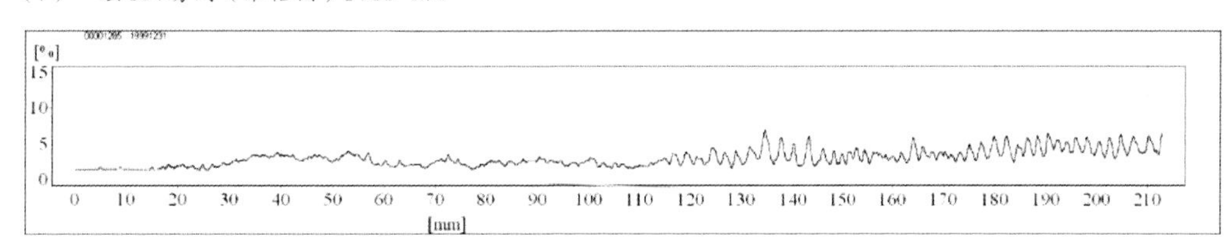

（8）一层103房间（木格栅）P971–973

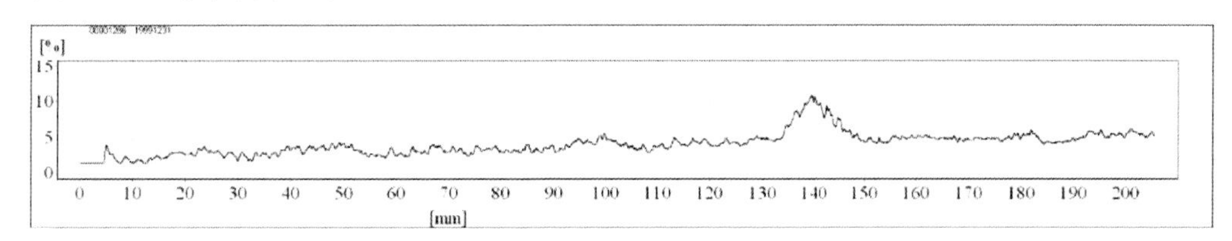

（9）三层314房间（木格栅）P1007–1008

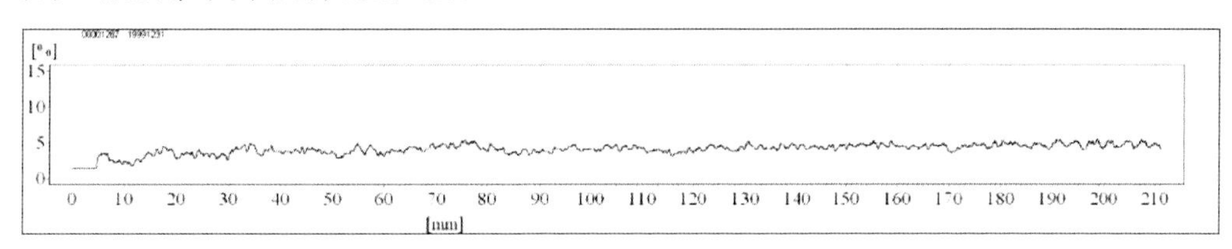

（10）三层322房间（木格栅）P1009–1010

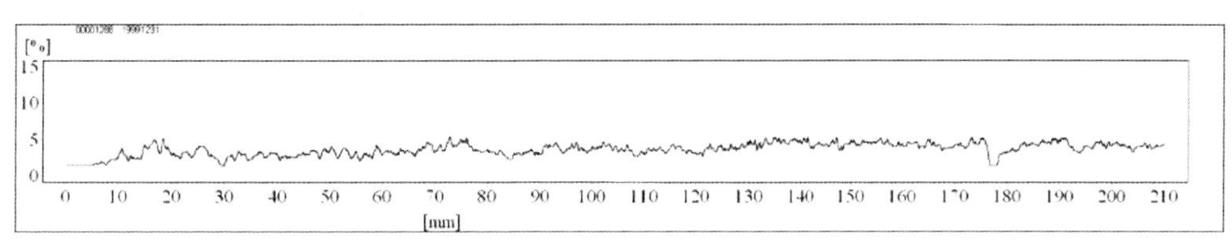

（11）三层348房间（木格栅）P1011–1012

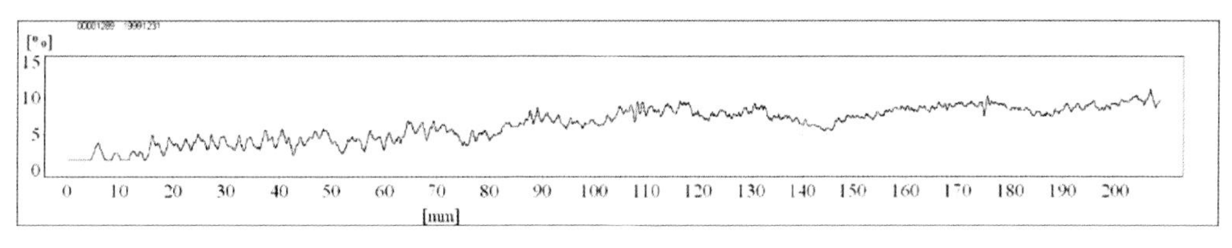

（12）三层345房间（木格栅）P1013~1014

续图4.12-1　阻抗仪曲线

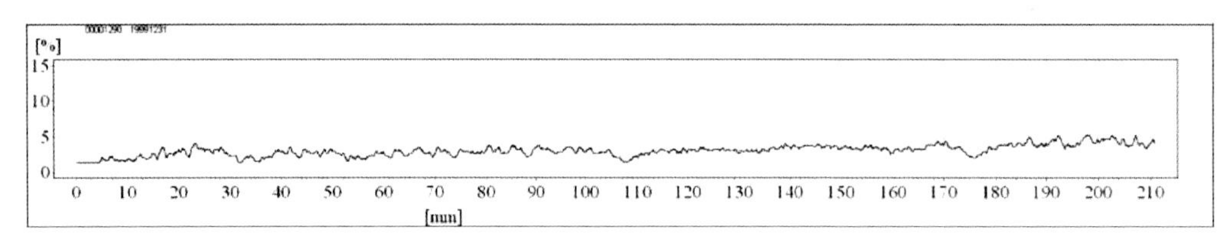

（13）三层327房间（木格栅）P1015–1016

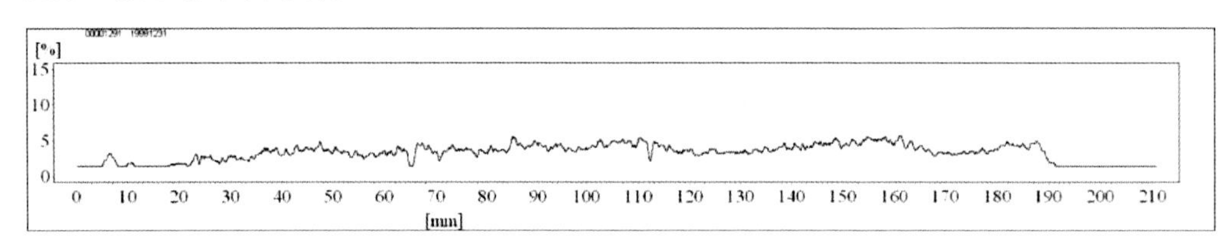

（14）三层323房间（木格栅）P1017

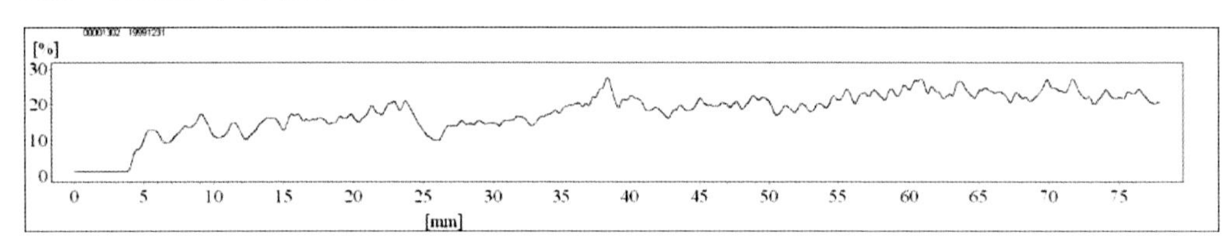

（15）东侧楼梯、地下至一层，下层斜梁P1034–1041

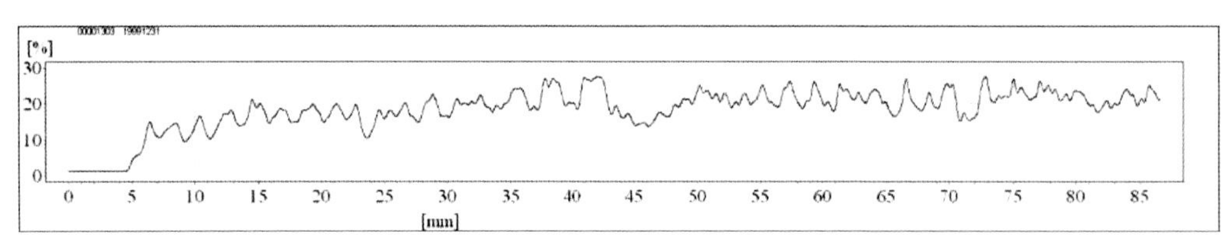

（16）东侧楼梯、地下至一层，上层斜梁P1034–1041

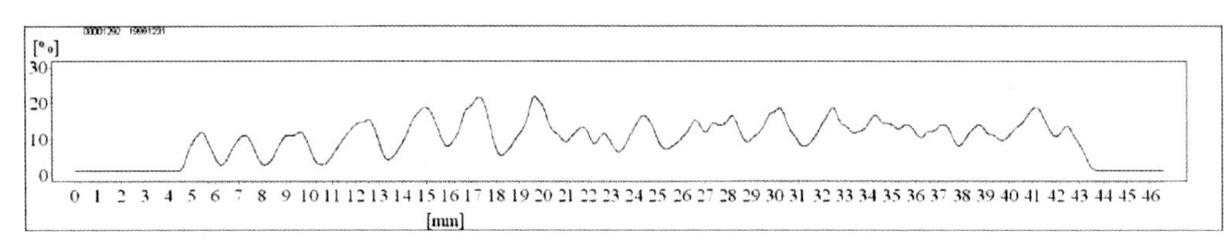

（17）东侧楼梯、三层至四层，踏板（旧、灰色）P1019–1021

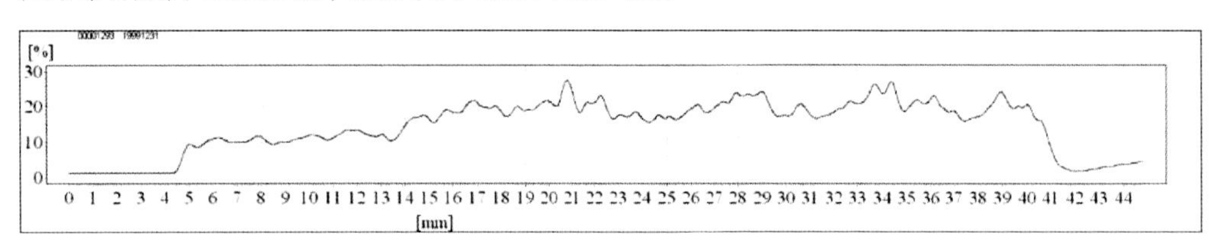

（18）东侧楼梯、三层至四层，踏板（新、黄色）P1019~1021

续图4.12-1　阻抗仪曲线

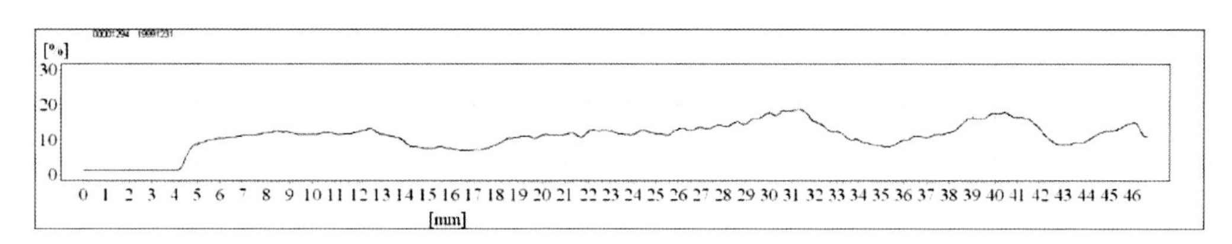

（19）西侧楼梯、地下至一层，踏板（1）1022–1025　厚度30mm

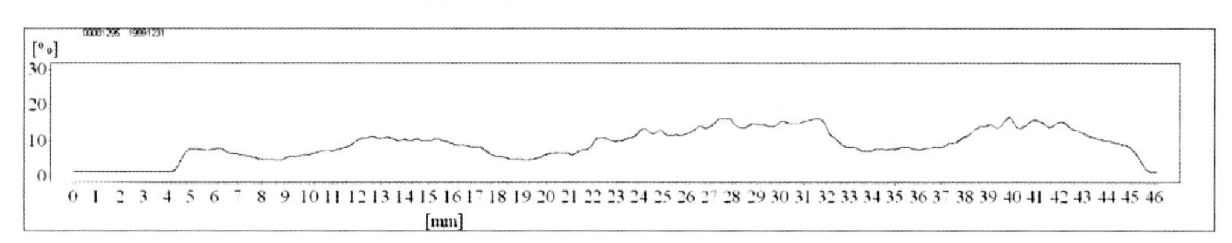

（20）西侧楼梯、地下至一层，踏板（2）1022–1025　厚度30mm

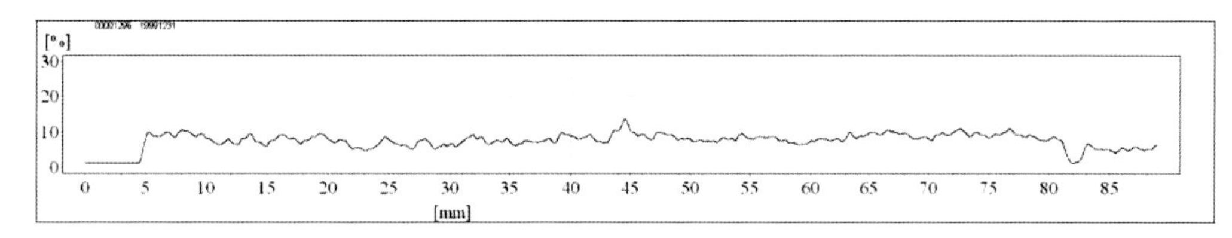

（21）西侧楼梯、地下至一层，下层斜梁P1022–1025（宽度60、高度120mm）

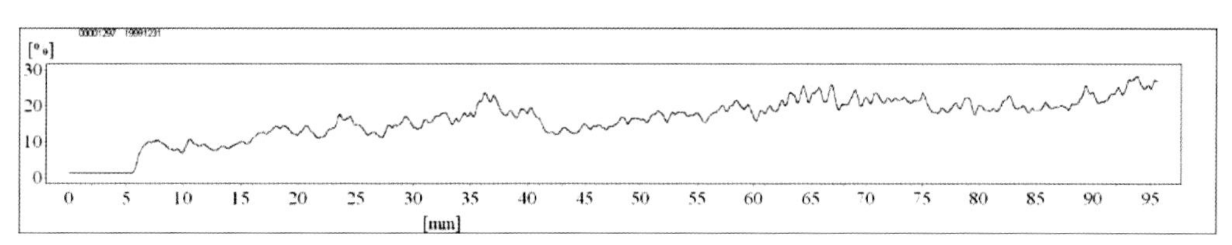

（22）西侧楼梯、地下至一层，上层斜梁P1022–1025（宽度60、高度180mm）

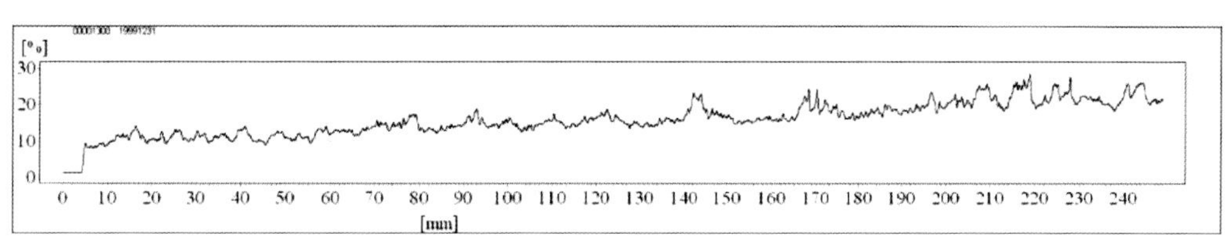

（23）中间楼梯、一层至二层下转角，靠墙斜梁P1028–1033

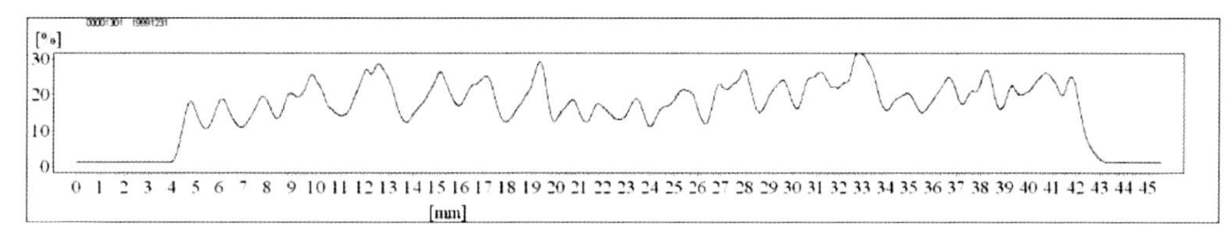

（24）中间楼梯、一层至二层下转角，踏板P1028~1033

续图4.12-1　阻抗仪曲线

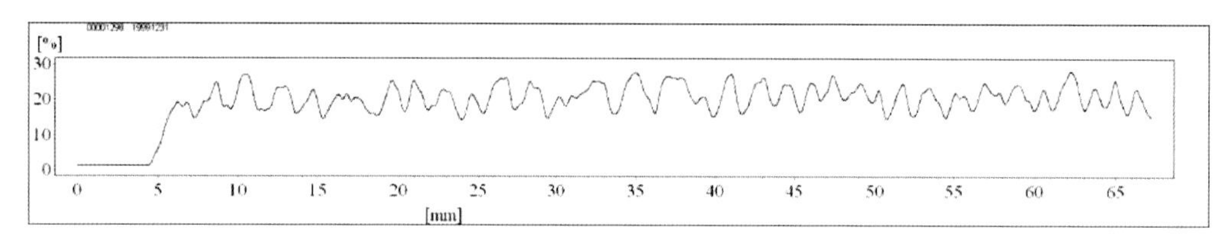

（25）中间楼梯、地面至一层，下层斜梁 P1026–1027

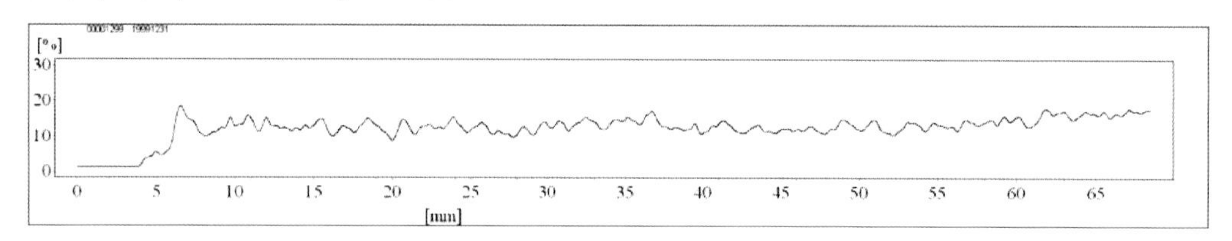

（26）中间楼梯、地面至一层，上层斜梁 P1026–1027

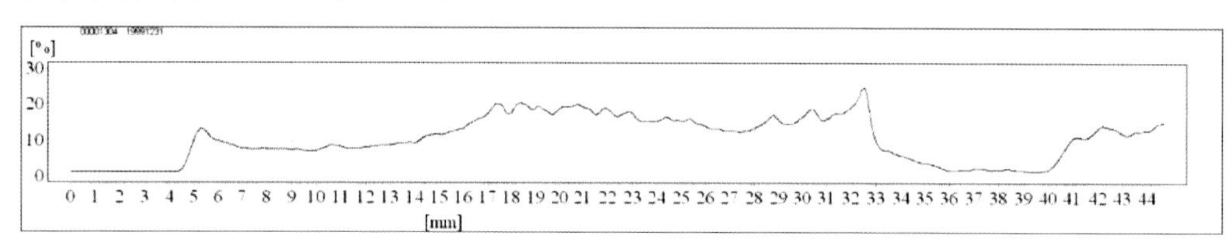

（27）中间楼梯、三层至四层下转角，踏板 P1042–1044

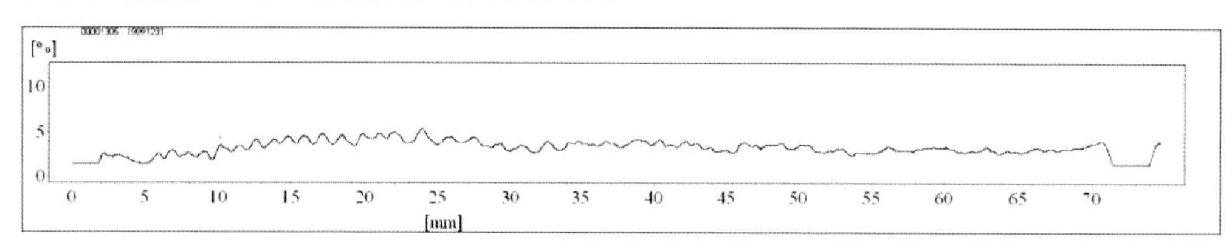

（28）桁架 1–墙体区域——椽子（檩 4–外墙）P1051–1056

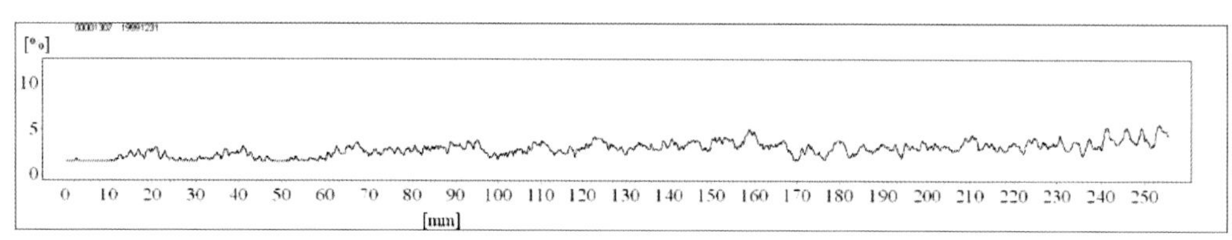

（29）桁架 1–墙体区域——檩 4P1051–1056

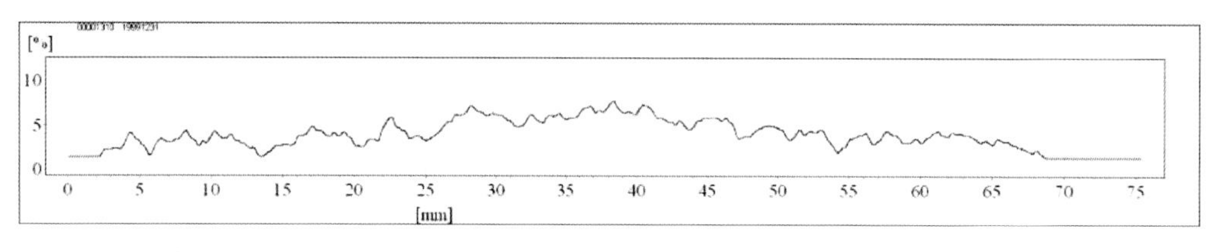

（30）桁架 1–墙体区域——椽子（檩 3–檩 4）P1051~1056

续图4.12–1　阻抗仪曲线

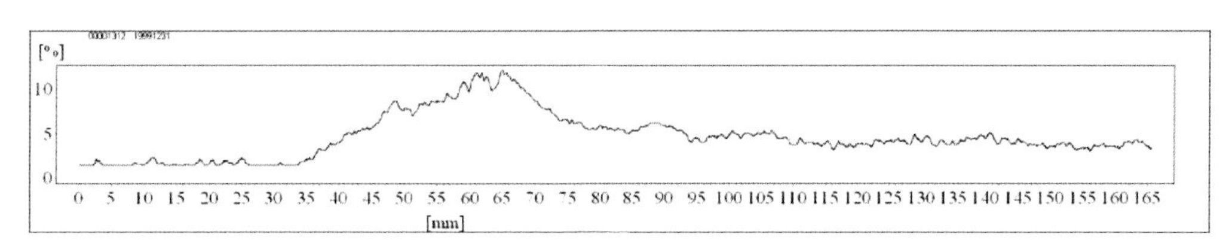

（31）桁架7-10区域——檩3（有老虎窗）P1058-1064

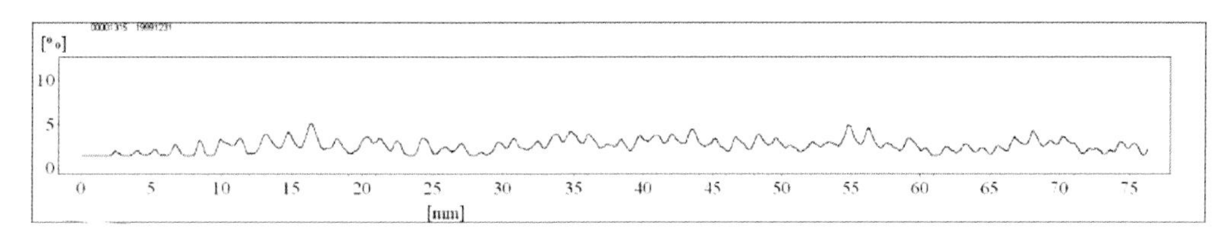

（32）桁架7-10典型区域——椽子（檩3-檩4）P1058-1064

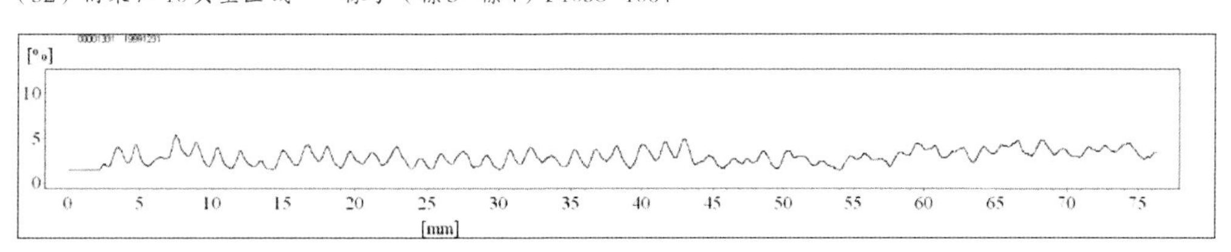

（33）桁架7-10区域——椽子（檩4-外墙）P1058-1064

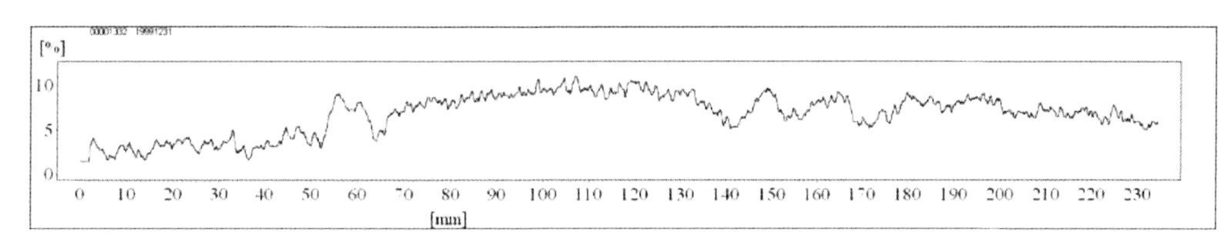

（34）桁架7-10区域——檩4P1058-1064

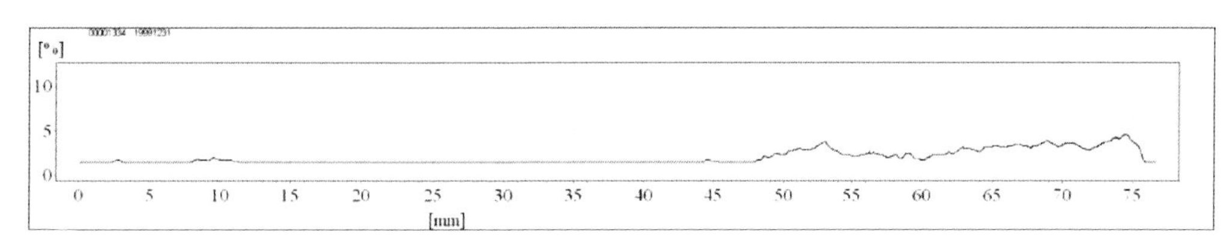

（35）桁架20-21区域——椽子（檩3-檩4）

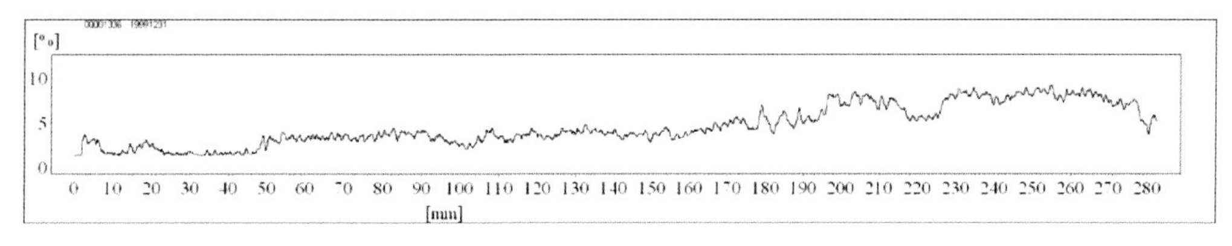

（36）桁架20-21区域——檩4

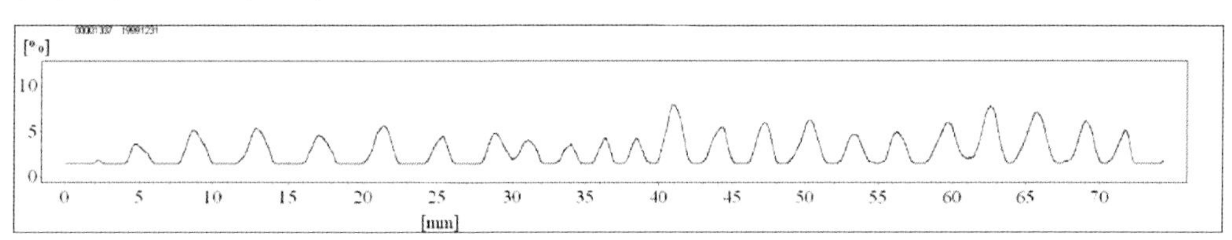

（37）桁架20-21区域——椽子（檩4-外墙）

续图4.12-1　阻抗仪曲线

表4.12-1 阻抗仪勘测结果

勘测区域	勘测位置	勘测构件	材质劣化折减系数	备注
地下室	054	木楼板格栅	0.98	-
	006	木楼板格栅	0.96	-
	050	木楼板格栅	0.98	-
	040	木楼板格栅	0.90	-
	026	木楼板格栅	0.95	-
一层	146	木楼板格栅	0.93	-
	104	木楼板格栅	0.92	-
	103	木楼板格栅	0.91	-
三层	314	木楼板格栅	0.98	-
	322	木楼板格栅	0.98	-
	348	木楼板格栅	0.97	-
	345	木楼板格栅	0.94	-
	327	木楼板格栅	0.94	-
	323	木楼板格栅	0.90	-
东侧木楼梯	地下至一层	下层斜梁	1.00	-
		上层斜梁	1.00	-
	三层至四层	踏板（旧、灰）	1.00	-
		踏板（新、黄）	1.00	-
西侧木楼梯	地下至一层	踏板（1）	1.00	-
		踏板（2）	1.00	-
		下层斜梁	1.00	-
		上层斜梁	1.00	-
中间楼梯	一层至二层下转角	靠墙斜梁	1.00	-
		踏板	1.00	-
	地下至一层	下层斜梁	1.00	-
		上层斜梁	1.00	-
	三层至四层下转角	踏板	1.00	-
木屋盖	桁架 1- 墙体	椽子（檩 4- 外墙）	1.00	-
		檩 4	0.96	-
		椽子（檩 3- 檩 4）	1.00	-
	桁架 7-10	檩 3	0.88	-
		椽子（檩 3- 檩 4）	0.86	-
		椽子（檩 4- 外墙）	1.00	-
		檩 4	1.00	-

续表

勘测区域	勘测位置	勘测构件	材质劣化折减系数	备注
	桁架20-21	椽子（檩3-檩4）	0.29	重度漏雨糟朽
		檩4	0.83	-
		椽子（檩4-外墙）	1.00	-

4.12.2　含水率、应力波检测结果

针对整个北京大学红楼建筑结构的木屋盖部件，分别选取22个不同漏雨、表面糟朽程度的典型子区域（东西侧、南北侧、坡谷、烟囱等）的木桁架杆件、檩条、椽子、望板等构件进行含水率和应力波无损勘测，勘测结果见表4.12-2。

据表4.12-2所示勘测结果统计单个部件木材的含水率，所有部件木材的平均含水率为7.8%，最大含水率为11.8%。其中，位于坡谷、老虎窗附件木构件的平均含水率为7.81%，最大含水率为11.8%；其他区域木构件的平均含水率为7.81%，最大含水率为11.4%。这表示不同区域木构件含水率并未存在显著差异，未能间接反映子区域的不同漏雨、表面糟朽程度，这主要是由于：①勘测期间，建筑物所在地长期并未有下雨情况，且外围环境湿度较低；②木屋盖本身通风基本良好。

据表4.12-2所示勘测结果统计木构件的一维应力波传播波速，所有木构件的平均应力波传播波速为4529m/s。其中，位于坡谷、老虎窗附件的檩条、望板、椽子等的平均应力波传播波速为4417m/s，其他区域檩条、望板、椽子等的平均应力波传播波速为4465m/s；位于坡谷、老虎窗附件木桁架杆件的平均应力波传播波速为4801m/s，其他区域木桁架杆件的平均应力波传播波速为4777m/s。说明对于不同区域的同一部件，其应力波传播波速材并未有显著差异；对于同一区域，木桁架杆件的应力波传播波速要显著高于望板、椽子和檩条的应力波传播波速。

为了探测木构件内部是否存在材质显著劣化现象，采用二维应力波测试方法，选取2个典型区域进行勘测，见图4.12-2和图4.12-3。勘测结果表明，檩条、木桁架杆件内部材质均未出现显著劣化现象。

综合上述分析结果，木屋盖中的木构件，除重度表层腐朽区域外，檩条、木桁架杆件内部材质均未出现显著劣化现象。

表4.12-2　木屋盖木材含水率和一维应力波检测结果

勘测区域		勘测构件	含水率/%		应力波					备注
			刺入式	表面感应式	长度/mm	时间1/μs	时间2/μs	时间3/μs	波速/m/s	
（1）桁架1-4	外墙-檩4	望板	7.8	9.9	1900	421	423	424	4495	
		椽子	8.1	8.0	1320	279	280	283	4703	
	檩3-檩4	望板	6.8	—	1900	403	400	404	4722	
		椽子	6.8	—	1200	267	268	271	4467	
	桁架1	杆件B	7.0	—	—	—	—	—	—	
		杆件J	6.1	—	—	—	—	—	—	
（2）桁架2-3	外墙-檩4	望板	10.1	9.5	1900	441	444	445	4286	
		椽子	7.9	7.6	1200	282	284	284	4232	
	檩4	—	7.9	7.3	1920	469	470	472	4082	
	檩3-檩4	望板	8.9	8.8	1900	406	408	408	4664	
		椽子	7.5	7.6	1350	308	310	310	4364	
（3）桁架5-墙体（东侧）	檩4	—	8.2	7.1	2000	440	442	446	4518	
	檩4-墙体	望板	7.6	8.0	1800	370	373	375	4830	
		椽子	8.5	7.8	1200	223	223	224	5373	
	檩3-檩4	望板	7.8	10.0	2200	588	590	592	3729	
		椽子	8.8	7.9	1300	278	279	280	4659	
	桁架5	杆件B	7.3	6.5	—	—	—	—	—	
		杆件K	6.1	6.5	—	—	—	—	—	
（4）桁架5-墙体（西侧）	檩4	—	6.1	6.5	2000	453	458	462	4370	
	檩4-墙体	望板	10.4	9.2	1950	379	380	385	5114	
		椽子	10.0	7.5	1500	288	290	291	5178	
	檩3-檩4	望板	7.1	8.7	2050	451	446	448	4572	
		椽子	6.7	6.7	1000	219	214	217	4615	
（5）桁架8-9	檩4	—	8.2	7.4	—	—	—	—	—	
	檩4-墙体	望板	8.5	9.8	—	—	—	—	—	
		椽子	8.8	8.0	—	—	—	—	—	
（6）桁架7-10（东侧）	檩3	—	9.8	6.7	2700	576	575	579	4682	老虎窗
	檩4-墙体	望板	7.8	7.9	2100	436	435	436	4820	
		椽子	7.8	7.7	1100	212	214	214	5156	
	檩3-檩4	望板	9.5	9.4	2050	440	440	440	4659	
		椽子	7.6	6.6	1400	292	294	296	4762	

续表

勘测区域		勘测构件	含水率/%		应力波					备注
			刺入式	表面感应式	长度/mm	时间1/μs	时间2/μs	时间3/μs	波速/m/s	
（7）桁架14-15	檩4	—	6.8	6.7	—	—	—	—	—	
	檩4-墙体	望板	7.5	7.0	—	—	—	—	—	
		椽子	7.7	7.1	—	—	—	—	—	
	檩3-檩4	望板	7.5	8.7	—	—	—	—	—	
		椽子	9.1	7.4	—	—	—	—	—	
（8）桁架15-墙体	檩4	—	7.8	5.6	—	—	—	—	—	
	檩3-檩4	望板	8.5	9.1	—	—	—	—	—	
		椽子	7.8	5.1	—	—	—	—	—	
（9）桁架20-21（南侧）	檩3	—	8.1	6.7	3500	733	738	739	4751	老虎窗
	檩3-檩4	望板	7.9	6.6	2100	499	502	506	4180	
		椽子	8.3	7.3	1150	213	213	218	5357	
	檩4-墙体	望板	8.8	7.5	2400	644	645	650	3713	
		椽子	7.8	7.5	1240	258	260	262	4769	
（10）桁架20-21（北侧）	檩4	—	6.8	8.0	2600	618	619	624	4191	
	檩3-檩4	望板	7.6	9.9	2500	813	815	816	3069	
		椽子	9.7	7.9	1320	304	307	308	4309	
	檩4-墙体	望板	9.9	11.0	1530	376	378	379	4051	
		椽子	7.7	7.7	1100	300	302	300	3659	
	桁架20	杆件B	7.4	6.8	2000	450	451	456	4422	
		杆件E	7.4	7.1	3700	691	694	694	5339	
		杆件G	7.4	6.5	2600	538	540	540	4821	
		杆件I	7.9	8.1	1850	396	396	396	4672	
		杆件F	6.3	7.7	1650	346	346	348	4760	
		杆件D	7.1	7.6	1770	399	402	402	4414	
		杆件P	7.1	8.4	1550	319	320	320	4849	
		杆件S	7.4	7.4	1770	343	344	346	5140	
		杆件Q	7.4	7.5	2590	512	514	514	5045	
		杆件K	7.3	8.9	2120	452	453	454	4680	
		杆件O	7.3	8.4	1820	374	374	375	4862	

续表

勘测区域		勘测构件	含水率/%		应力波					备注
			刺入式	表面感应式	长度/mm	时间1/μs	时间2/μs	时间3/μs	波速/m/s	
（11）桁架22–23（南侧）	檩4	—	8.2	7.2	2640	544	543	545	4853	
	檩3–檩4	望板	7.3	8.4	2400	466	468	471	5125	
		椽子	7.3	7.4	1350	268	271	274	4982	
	檩4–墙体	望板	8.2	9.0	1700	427	430	432	3957	
		椽子	7.4	6.1	1350	261	266	265	5114	
（12）桁架22–23（北侧）	檩4	—	7.6	7.0	—	—	—	—	—	
	檩4–墙体	望板	9.6	11.4	—	—	—	—	—	
		椽子	7.1	7.6	—	—	—	—	—	
（13）墙体–墙体（正门、南侧）	檩5	—	7.6	6.9	—	—	—	—	—	
	檩4–檩5	望板	7.8	8.1	—	—	—	—	—	
		椽子	7.8	7.0	—	—	—	—	—	
	檩4	—	8.5	7.5	—	—	—	—	—	
	檩3–檩4	望板	7.5	8.7	—	—	—	—	—	
		椽子	6.8	7.8	—	—	—	—	—	
（14）墙体–桁架24（南侧）	檩4	—	8.0	9.7	2800	762	762	765	3670	烟囱
	檩3–檩4	望板	11.8	8.4	1980	478	481	483	4119	
		椽子	8.0	8.0	1250	290	290	294	4291	
	檩4–墙体	望板	7.3	7.7	—	—	—	—	—	
		椽子	7.4	9.0	—	—	—	—	—	
（15）墙体–桁架32	檩4	—	7.8	6.6	—	—	—	—	—	坡谷
	檩4–墙体	望板	9.4	10.9	—	—	—	—	—	
		椽子	9.7	6.4	—	—	—	—	—	
	桁架32	杆件B	8.5	7.5	2150	462	464	465	4637	坡谷
		杆件J	7.3	7.7	1930	450	450	454	4276	
		杆件H	7.4	6.8	2450	483	486	489	5041	
		杆件D	—	—	1810	337	338	338	5360	
		杆件G	6.9	7.7	2300	458	459	460	5011	
		杆件F	—	—	1630	331	332	333	4910	

续表

勘测区域		勘测构件	含水率/%		应力波					备注
			刺入式	表面感应式	长度/mm	时间1/μs	时间2/μs	时间3/μs	波速/m/s	
(16)桁架32–33	檩4	—	7.6	8.3	1600	384	386	388	4145	
	檩3–檩4	望板	6.9	6.8	1370	433	435	439	3145	
		椽子	7.6	8.6	1120	258	260	262	4308	
	檩4–墙体	望板	7.7	7.5	1420	374	376	378	3777	
		椽子	8.9	8.4	1170	223	223	223	5247	
(17)桁架33–34	桁架34	杆件G	7.7	6.9	—	—	—	—	—	
		杆件B	6.3	6.9	—	—	—	—	—	
		杆件J	7.9	7.1	—	—	—	—	—	
	檩4	—	8.3	7.7	—	—	—	—	—	
	檩3–檩4	望板	8.3	8.6	—	—	—	—	—	
		椽子	8.6	7.4	—	—	—	—	—	
	檩4–墙体	望板	7.8	7.4	—	—	—	—	—	
		椽子	8.3	8.4	—	—	—	—	—	
(18)桁架37–40	檩3	—	8.3	8.0	—	—	—	—	—	老虎窗
	檩4	—	7.0	7.1	—	—	—	—	—	
	檩3–檩4	望板	8.5	7.9	—	—	—	—	—	
		椽子	6.7	8.4	—	—	—	—	—	
	檩4–墙体	望板	7.9	7.7	—	—	—	—	—	
		椽子	8.8	8.2	—	—	—	—	—	
(19)桁架38–39	檩4	—	7.9	6.7	1740	534	542	537	3236	
	檩3–檩4	望板	8.3	7.5	1150	340	346	349	3333	
		椽子	8.7	7.5	1600	349	351	354	4554	
	檩4–墙体	望板	9.6	9.4	1300	307	308	309	4221	
		椽子	8.4	7.6	1440	361	363	367	3960	
	桁架39	杆件B	7.8	7.2	1850	382	384	386	4818	
		杆件H	8.2	6.3	1770	331	333	337	5305	
		杆件J	7.7	7.6	1640	351	352	353	4659	
		杆件G	8.3	7.7	2050	450	456	459	4505	
		杆件D	6.9	8.2	1460	284	286	289	5099	

续表

勘测区域		勘测构件	含水率 /%		应力波					备注
			刺入式	表面感应式	长度 /mm	时间 1/μs	时间 2/μs	时间 3/μs	波速 /m/s	
（20）墙体－桁架42（东侧）	檩4	—	8.8	8.1	2170	457	454	457	4759	
	檩3－檩4	望板	7.4	7.6	2000	496	494	499	4030	
		椽子	8.7	7.6	1080	253	255	255	4246	
	檩4－墙体	望板	7.3	7.2	1670	422	427	429	3920	
		椽子	6.3	8.2	1430	321	324	322	4436	
（21）墙体－桁架42（西侧）	檩4	—	8.0	7.3	2260	537	540	542	4188	
	檩3－檩4	望板	7.5	10.5	1450	355	355	358	4073	
		椽子	6.8	6.7	1240	247	247	249	5007	
	檩4－墙体	望板	6.8	6.2	1450	318	318	321	4545	
		椽子	7.7	7.1	1200	258	258	258	4651	
（22）桁架45－46	桁架45	杆件B	7.8	6.8	2140	465	468	470	4576	
		杆件H	6.8	8.5	2660	532	534	535	4984	
		杆件J	8.7	8.5	1750	386	387	390	4514	
		杆件G	8.9	8.0	1780	391	391	386	4572	
		杆件D	7.4	7.8	1460	316	313	314	4645	
		杆件F	7.2	7.3	1620	344	346	348	4682	

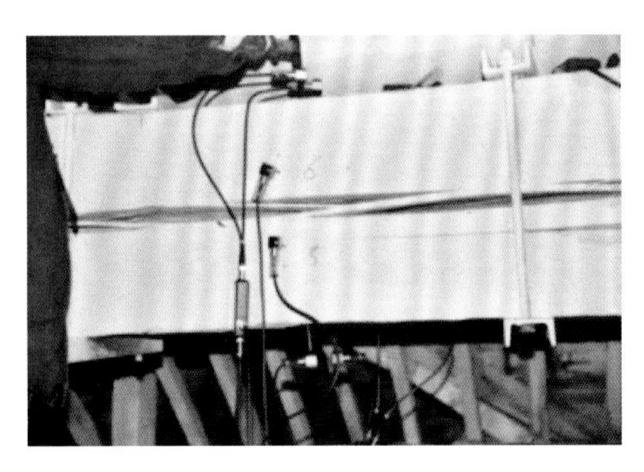

实际测试图

二维应力波传播速度

图4.12-2　梁1二维应力波勘测（墙体—墙体、南侧、正门）

4.13　木楼板、木楼梯极限承载能力分析

4.13.1　基于消防疏散要求的人数控制指标

参考《建筑设计防火规范》（GB 50016—2014〔2018年版〕），并结合红楼

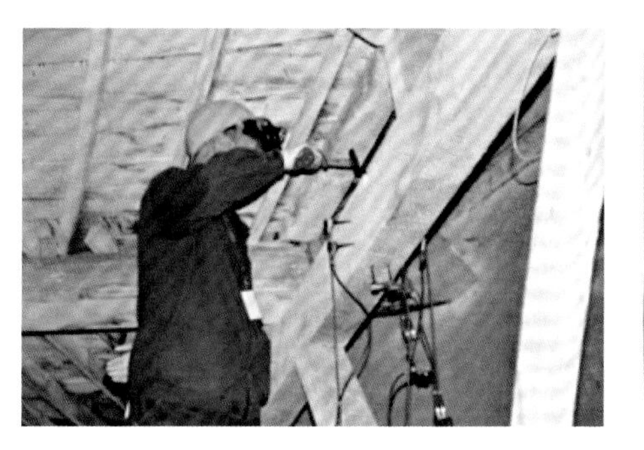

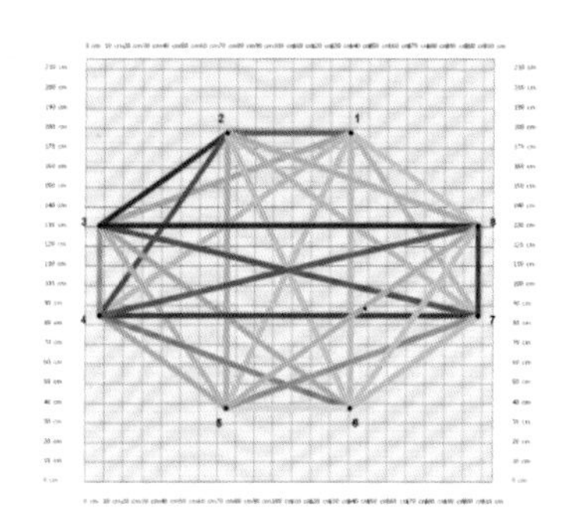

实际测试图

二维应力波传播速度

图4.12-3　杆件B二维应力波勘测（桁架15）

文物建筑和博物馆的定位，建议将每100人所需最小疏散净宽度指标定为0.5m/百人。红楼每层有楼梯3个，单跑楼梯宽度均为1.5m。根据本指标反算可得，红楼每层最大允许人数为

（3个楼梯×1.5m）/（0.5m/百人）=900人

参考《建筑设计防火规范》（GB 50016—2014〔2018年版〕）相关规定，对于单个展室，按照展柜占地25%考虑，建议余下空间内瞬时参观人数不宜多于1人/平方米。

4.13.2　木楼板荷载试验

目前北大红楼三层、四层为办公室，后续将改造成展室。为确定房间楼板承载能力，为后续陈列开放提供装修荷载、人流荷载限值依据，选择典型房间345室顶板，进行荷载试验。北大红楼各房间楼板木龙骨跨度相同，而走廊木龙骨跨度小，承载能力更强，因此本次测试结果可代表北大红楼楼面承载能力的下限值。

根据图纸资料和现场勘察情况，北大红楼除卫生间为混凝土楼板外，其他楼板系统均为300mm间距木龙骨上铺木地板的做法，木龙骨是楼板系统中最重要的承重构件。因此本次荷载试验在345房间顶板中选择相邻的2根承重木龙骨进行加载。参考《建筑结构荷载规范》（GB 50009—2012）选择2.5kN/m^{2}作为检验目标活荷载，该荷载对应“活动的人较多且有设备”的情况，压载重物采用标准铅块，每块重50kg。

试验方法为在测试木龙骨的承载范围内，模拟2.5kN/m^{2}的活荷载，将等效

的标准荷载铅块放置于木龙骨正上方地板上，采用分级加载方式，通过支顶在木龙骨底部的百分表逐级测量木龙骨跨中挠度。试验照片见图4.13-1、4.13-2，挠度测试结果见表4.13。

图4.13-1　板顶加载
（左排为木龙骨1，右排为木龙骨2）

图4.13-2　百分表读数

表4.13　挠度测试结果　（mm）

	测试木龙骨1	测试木龙骨2
初始	0（测试初值）	0（测试初值）
第一级，木龙骨1加载至1kN	0.94	0.56
第二级，木龙骨1加载至2kN	1.73	1.10
第三级，木龙骨1加载至3kN	2.47	1.52
第四级，木龙骨1加载至4kN	2.86	2.72
第五级，木龙骨1持荷4kN，木龙骨2加载至2kN	4.76	4.44
第六级，木龙骨1持荷4kN，木龙骨2加载至4kN	5.41	5.04
木龙骨1持荷4kN，木龙骨2卸载	3.48	3.38
木龙骨1、木龙骨2均卸载	0.15	0.14

试验结果表明，当两根测试木龙骨顶部均布荷载总和均达到4kN时（此时荷载水平为$2.47kN/m^2$），木龙骨未出现开裂、顶部压皱、变形过大等现象，跨中最大挠度为5mm左右，表明木龙骨承载状态正常。加载过程中变形增大趋势

较为一致，卸载后两根木龙骨基本回到初始状态，表明整个加载过程中木龙骨处于弹性状态。

根据试验所得数据对木龙骨极限变形进行反算，依据《建筑结构可靠性设计统一标准》（GB 50068—2018）和《建筑结构荷载规范》（GB 50009—2012）相关规定，对楼板承载能力极限状态下的变形进行计算。同时参考试验现象，将变形计算值乘以2.0的增大系数，木龙骨1和木龙骨2的极限挠度变形分别为27.8mm和25.9mm，均小于《近现代历史建筑结构安全性评估导则》（WW/T 0048—2014）规定的l0/160=33.75mm的限值。

综上，通过实荷检验和变形计算两方面分析，北大红楼房间木楼板系统可以承担2.5kN/m^{2}的活荷载。需要说明的是，虽然试验和分析结果表明，该值尚有一定的余量，但考虑到为极端不利情况留足余地，同时楼板系统柔度较大，人致振动现象较明显，建议后续改造和使用中严格控制房间内摆放物品和人群荷载总和不要超过2.0kN/m^2。

4.13.3　木楼梯极限承载能力分析

楼梯的承重关键构件为斜梁，选择跨度较大的中间楼梯中最不利区段斜梁进行验算分析。参考《建筑结构荷载规范》（GB 50009—2012）和《木结构设计标准》（GB 50005—2017）等相关规范，对简支斜梁进行承载力验算，计算简图如图4.13-3。

验算参数：

恒荷载：0.5kN/m^2；

活荷载：1.0kN/m^2；

验算荷载组合：基本组合；

楼梯投影面积：3.0m × 1.5m；

斜梁截面尺寸：60mm × 250mm；

斜梁长度：3.674m；

木材弹性模量：10000MPa（TC17）；

木材极限抗弯承载力：17MPa（TC17）；

弹性模量和承载力的时间折减系数：0.9。

验算结果表明，斜梁最大弯曲应力为14.47MPa，小于考虑时间折减的极限抗弯强度0.9×17MPa=15.3MPa，斜梁应力满足要求；斜梁最大挠曲变形4.5mm，小于《近现代历史建筑结构安全性评估导则》（WW/T 0048—2014）规定的l0/160=33.75mm的限值，变形满足要求。楼梯斜梁能够承担1.0kN/m^{2}的均布活荷载。

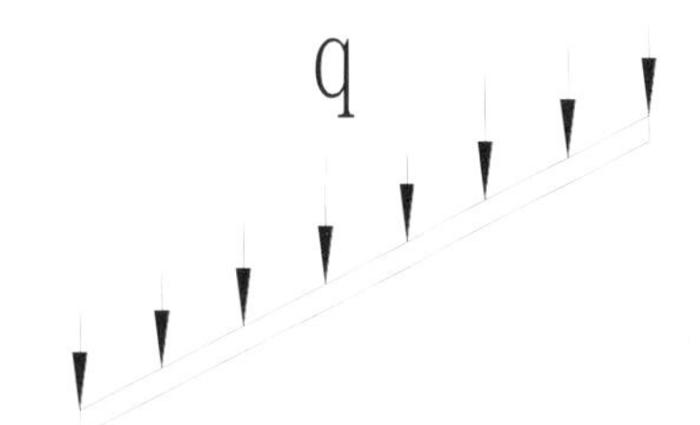

图4.13-3　斜梁计算简图

楼梯验算为静力极限状态验算结果，计算结果偏于安全、保守。由于楼梯刚度较小，对人群荷载较为敏感，建议进行动力测试分析，综合确定限流人数。

综合考虑消防疏散要求和承载力分析，红楼的人员限值建议为：每层瞬时容纳最多不超过900人；对于单个展室，按照展柜占地25%考虑，余下空间内瞬时参观人数不多于1人/平方米；单个展室内设备与人群总重量控制在200kN/m^{2}以内；楼梯瞬时荷载控制在100kN/m^{2}以内。

5. 主体结构安全性评估

红楼建于1916~1918年，符合中华人民共和国文物保护行业标准《近现代历史建筑结构安全性评估导则》（WW/T 0048—2014）中规定的“近现代历史建筑：近现代（1840~1978年）建造，经县级以上人民政府确定公布的具有一定保护价值，能够反映历史风貌和地方特色的建筑物”。结构安全性是指建筑物在正常使用期间，不考虑偶然作用条件下，结构满足承载力和稳定性的能力。砌体结构是指由块体和砂浆砌筑而成的墙、柱作为建筑物主要受力构件的结构，是砖砌体、砌块砌体和石砌体结构的统称。红楼属于砌体结构，按《近现代历史建筑结构安全性评估导则》（WW/T 0048—2014）中砌体结构的相关要求进行安全性评估。

5.1 结构安全性等级评估方法

5.1.1 层次划分

近现代历史建筑的结构安全性评估应按构件、组成部分、整体三个层次进行，从第一个层次开始，分层进行以下步骤：

①根据构件各检查项目评定结果，确定单个构件安全性等级。

②根据构件的评定结果，确定组成部分安全性等级。

③根据组成部分的评定结果，确定整体安全性等级。

近现代历史建筑的结构安全性评估的组成部分包括两个，分别为地基基础和上部结构（包括围护结构），每个组成部分应按规定分一级评估、二级评估两级进行。

5.1.2 评估原则

近现代历史建筑结构安全性评估分为一级评估和二级评估。一级评估包括结构损伤状况、材料强度、构件变形、节点及连接构造等；二级评估为结构安全性验算。

一级评估符合要求，可不再进行二级评估，评定构件安全性满足要求。一级评估不符合要求，评定构件安全性不满足要求，则应进行二级评估。

二级评估应依据一级评估结果，建立整体力学模型，进行整体结构力学分析，并在此基础上进行结构承载力验算。

5.1.3 安全性等级划分原则

（1）构件安全性等级划分：构件安全性等级分为安全和不安全两个等级，安全表示构件可安全使用，不需处理；不安全表示构件需要维护加固。

（2）组成部分安全性等级划分：

①地基基础：地基基础安全性等级分为a、b、c、d四级，分别代表地基基础安全性满足要求、安全性基本满足要求、安全性显著不满足要求、安全性严重不满足要求。a、b、c、d四级处理要求分别为：不必处理、极少数地基基础需要采取措施、少数地基基础需要采取措施、大部分地基基础需采取措施。

②上部结构：上部结构安全性等级分为a、b、c、d四级，分别代表上部结

构安全性满足要求、安全性基本满足要求、安全性显著不满足要求、安全性严重不满足要求。a、b、c、d四级处理要求分别为：不必处理、极少数构件需要采取措施、少数构件需要采取措施、大部分构件需采取措施。

③整体安全性等级划分：建筑整体安全性等级分为A、B、C、D四级，分别代表建筑整体安全性满足要求、整体安全性基本满足要求、整体安全性显著不满足要求、整体安全性严重不满足要求。A、B、C、D四级处理要求分别为：不必处理、极少数构件需要采取措施、少数构件需要采取措施、大部分构件或整体需采取措施。

5.2 地基基础安全性评估

地基基础安全性评估包括地基和基础两部分的评估。当对地基安全性进行评估时，应根据岩土工程勘察报告、地基沉降观测资料或其不均匀沉降在上部结构中的反应的勘察结果进行评估。当对基础安全性进行评估时，应根据上部结构尤其是砖墙上是否出现与地基不均匀沉降相关的墙体裂缝，以及裂缝的走向、裂缝的宽度、延伸状况、是否贯穿等情况进行评估。必要时应开挖基础进行勘察。

现场检测结果表明，红楼上部结构砌体部分未发现宽度大于5mm的沉降裂缝，开挖基础未见明显的老化、腐蚀、酥碎、折断等损坏现象，建筑物倾斜未超过7‰，地基基础组成部分未见不满足一级评估的现象。考虑到建筑物历史上曾发生地基基础局部滑动但经治理后已停止滑动，目前上部结构存在轻微裂缝但无明显发展迹象，综合判断，地基基础组成部分安全性等级为b级，即安全性基本满足要求。

5.3 上部结构安全性评估

5.3.1 砌体结构构件安全性评估

砌体结构的检测勘察应包括砌体的外观质量、材料强度、变形、裂缝、构造等5个项目，任一项目不满足一级评估，则应进行二级评估。

一级评估：《近现代历史建筑结构安全性评估导则》（WW/T 0048—2014）规定，砌体结构构件中块材强度低于MU10、砌筑砂浆低于M1.5时，不满足一级评估。经检测，红楼各层砌体块材与砂浆强度不满足该要求，需进行二级评估。

二级评估：砌体构件二级评估根据承载力验算结果进行。

（1）建立整体计算模型（见图5.3-1），对红楼整体结构进行承载力验算。验算参数如下：

①荷载及作用：依据该楼使用功能，根据《建筑结构荷载规范》（GB 50009—2012）的规定，验算时所采用的荷载取值如下：

恒载标准值：楼面恒荷载，房间及走廊等为木楼盖及楼面做法等的总重，厕所为现浇板与楼面做法的总重，屋面恒荷载为木屋架坡屋顶、屋面瓦和防水做法等的总重；

活荷载标准值：楼面活荷载，房间、走廊、卫生间统一取为2.0kN/㎡，屋面为不上人屋面，屋面活荷载取为0.5kN/m^2；

风荷载：基本风压0.45kN/m^2，地面粗糙度C类；

雪荷载：基本雪压0.40kN/m^2。

②材料强度：承重墙中砖强度按实测强度等级取值，即地下室至一层均取为MU7.5，二至四层取为MU5，灰土砂浆强度按实测强度取值，即地下室至四层分别取为0.9MPa、0.8MPa、0.9MPa、0.8MPa和0.8MPa。

图5.3-1　红楼墙体承载力整体计算模型

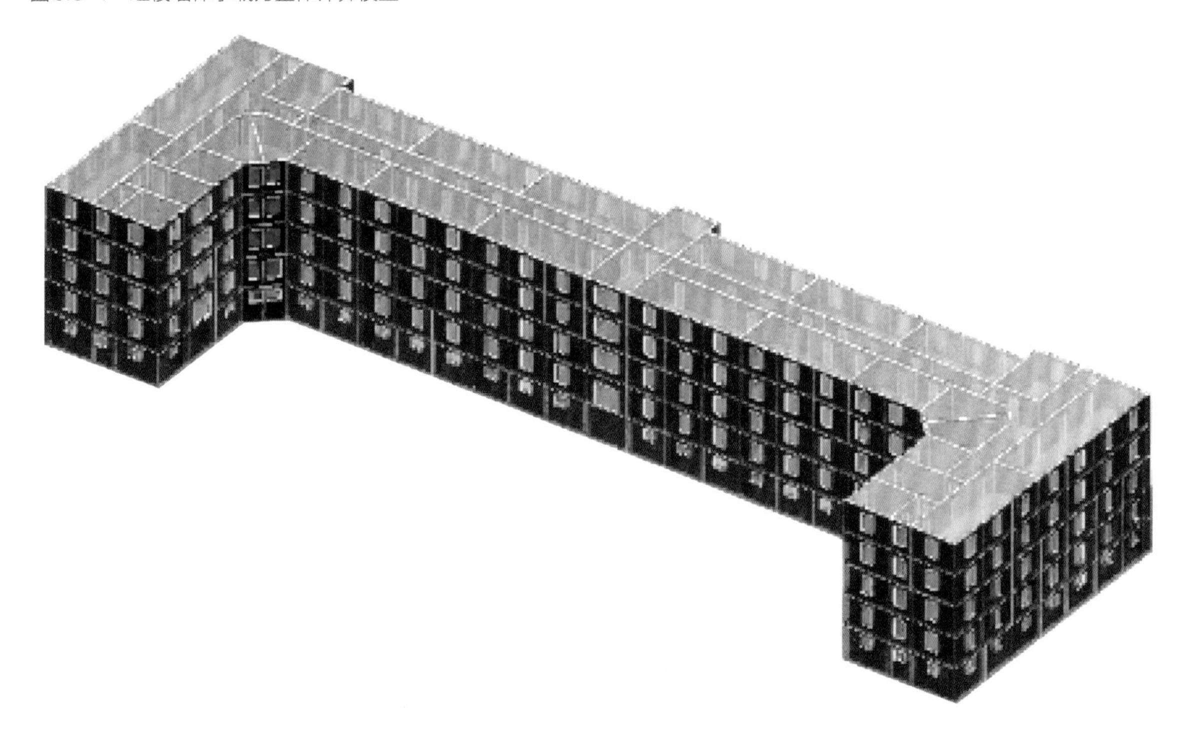

③各层层高取值：地下室4.0m，一至四层3.52m。

④各层承重墙厚度取值：地下室外墙610mm、内墙550mm，一层外墙550mm、内墙420mm，二层外墙520mm、内墙420mm，三层外墙420mm、内墙270mm，四层外墙420mm、内墙270mm。

（2）加固前墙体验算：红楼地下室至四层砖混承重墙高厚比验算结果见图5.3-2~6，红楼地下室至四层砖混承重墙受压承载力验算结果见图5.3-7~11。

经验算，地下室至三层各有2个墙段抗力与效应之比小于0.9，属于受压承载力不足。

（3）现状墙体验算：考虑有效板墙的加固作用按现状进行验算，板墙厚度按50mm，混凝土强度按规范规定的最低C15取值，配筋按双向圆6@250考虑。板墙加固后红楼地下室至四层砖混承重墙受压承载力验算结果见图5.6-12~16。

经验算，地下室至四层各墙段抗力与效应之比均大于1.0，受压承载力均满足国家规范要求。

综上，根据一级、二级评估结果，砌体构件的安全性评级均为bu级。

5.3.2 木结构构件安全性评估

参考《民用建筑可靠性鉴定标准》（GB 50292—2015）、《古建筑结构安全性鉴定技术规范 第1部分：木结构》（DB11/T 1190.1—2015）对木构件安全性进行评估分级。对木屋盖中单个构件的划分准则为：

①主要构件为檩条和木桁架。檩条，一根为一构件；木桁架，一榀为一构件。

②一般构件为木楼板、木屋面板、椽子、望板等。对于木楼板、木屋面板，一开间为一构件。对于椽子、望板，依据木桁架、墙体位置将整个木屋盖分成79个子区域，一个子区域为一构件。

根据现场检测结果，木构件均只存在表层腐朽且程度较低，不存在危险性腐朽，也不存在危险性虫蛀；构件长细比、截面高跨比、高宽比等符合相关规范要求，工作正常；木桁架、檩条及相互之间的节点连接方式基本正确，通风良好，工作基本正常。木构件的安全性评级主要由裂缝控制。考虑木构件的受力状态结合裂缝形态进行评级，当构件存在斜裂纹或裂缝位于侧面且深度大于20%的截面宽度时，根据严重程度评定为cu级或du级。

具体评定结果为：46榀木桁架未见明显整体性缺陷，均处在正常状态，评级均为不低于bu级；300根檩条中有24根评定为cu级，分布见图4.2-4，其余皆为不低于bu级；木楼板、木屋面板、椽子和望板等一般构件未见异常，评级均为不低于bu级。

5.3.3 混凝土结构构件安全性评估

对红楼梁、柱等混凝土构件（不包括加固构件）的外观质量、材料强度等级、变形、裂缝、钢筋锈胀、构造等6个项目进行检查，未发现不满足的情况，混凝土构件的安全性满足要求，评级均为bu。

5.3.4 上部结构组成部分安全性评估

结构安全性综合评估，应考虑不安全构件在整幢建筑中的地位、不安全构件的保护价值、不安全构件在整幢建筑所占数量和比例等因素。

安全性不满足要求的构件的权重比应按下列步骤确定：

①确定各构件的影响权重，参考安全导则中附录B的方法，获得的各类构件的影响权重结果见表5.3-2。

②确定各构件的安全性等级，分别为满足和不满足，各层不满足的构件数见表5.3-3。

表5.3-2 各类构件的影响权重 （×10-3）

	板	梁	柱/独立基础	墙/条形基础	檩条	木桁架
基础	-	-	1.79	1.79	-	-
地下室	0.19	0.57	1.04	1.04	-	-
一层	0.22	0.66	1.19	1.19	-	-
二层	0.21	0.62	1.12	1.12	-	-
三层	0.16	0.46	0.84	0.84	-	-
四层	0.12	0.37	0.67	0.67	-	-
屋面层	0.09	-	-	-	0.09	0.16

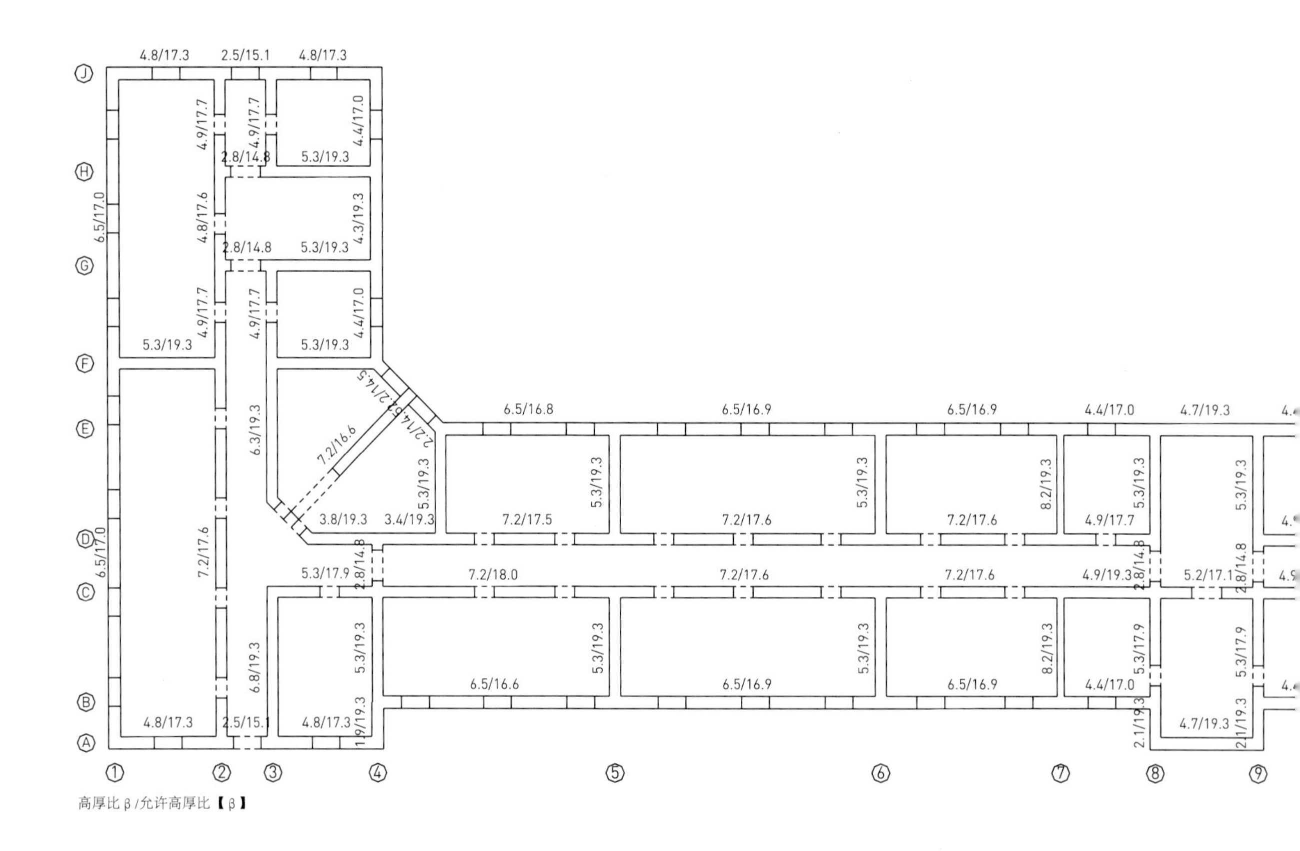

高厚比β/允许高厚比【β】

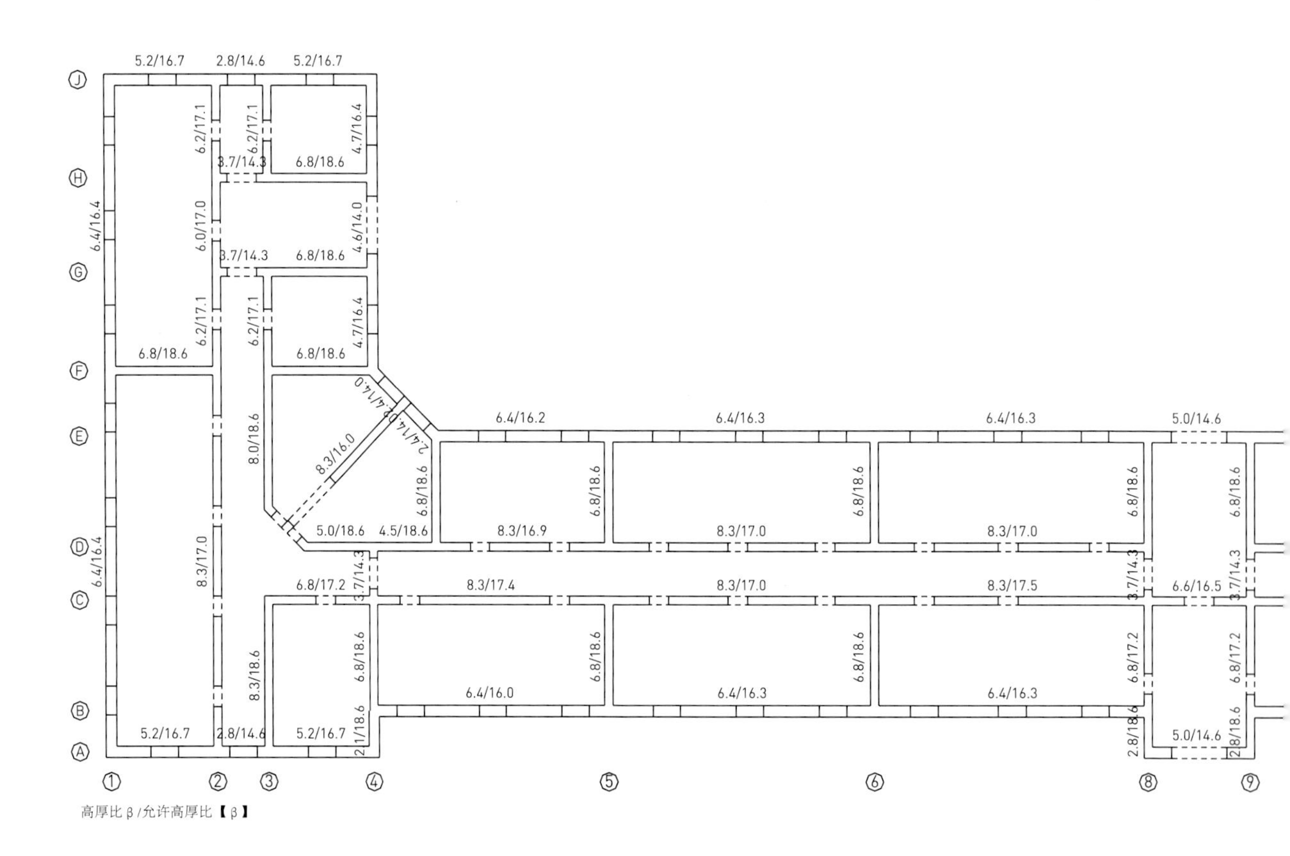

高厚比β/允许高厚比【β】

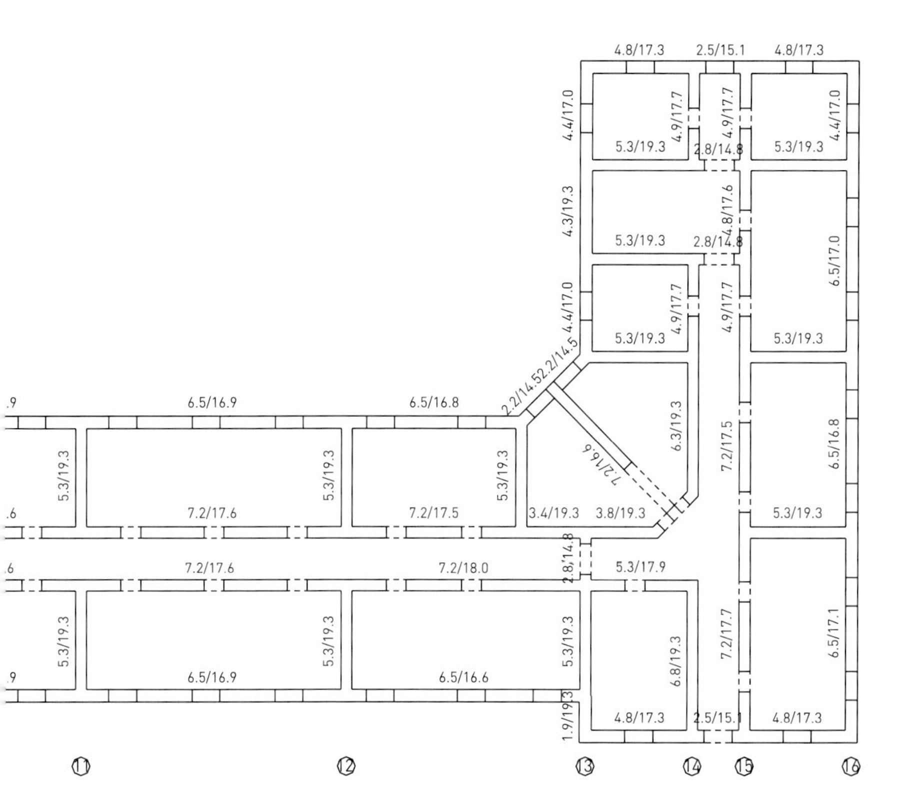

图5.3-2　地下室墙体高厚比验算结果

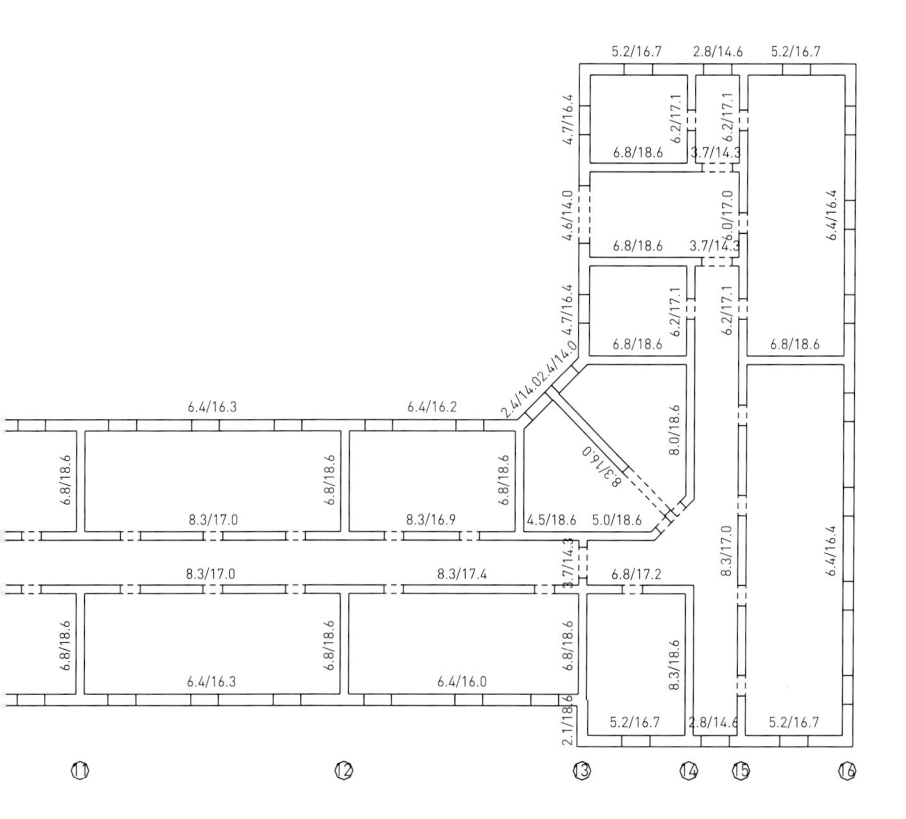

图5.3-3　一层墙体高厚比验算结果

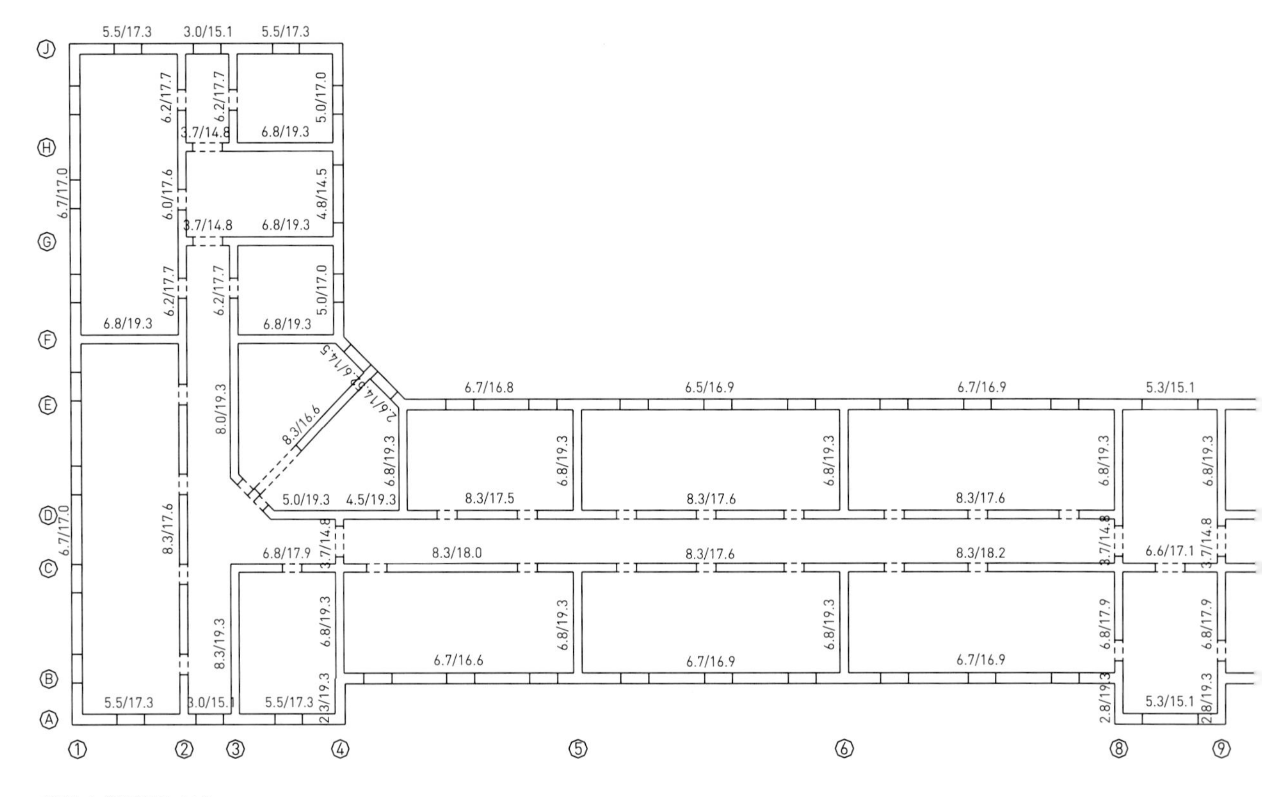

高厚比β/允许高厚比【β】

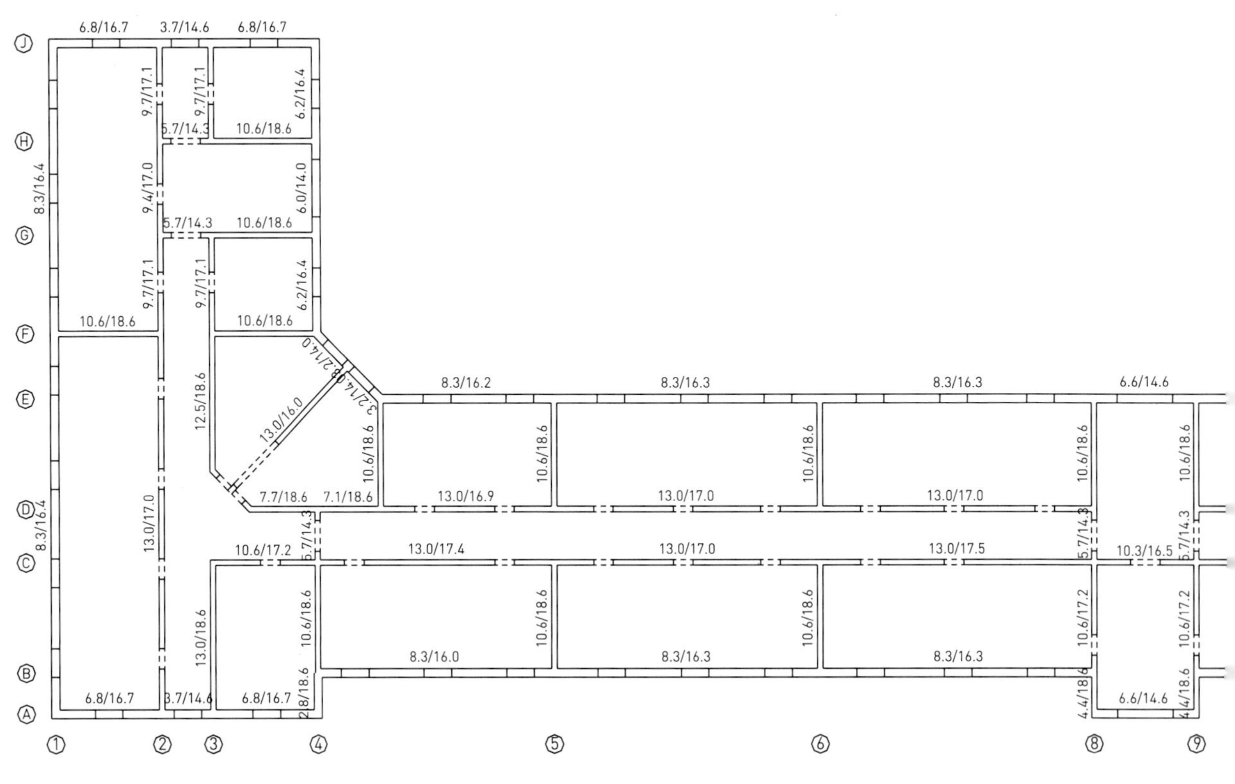

高厚比β/允许高厚比【β】

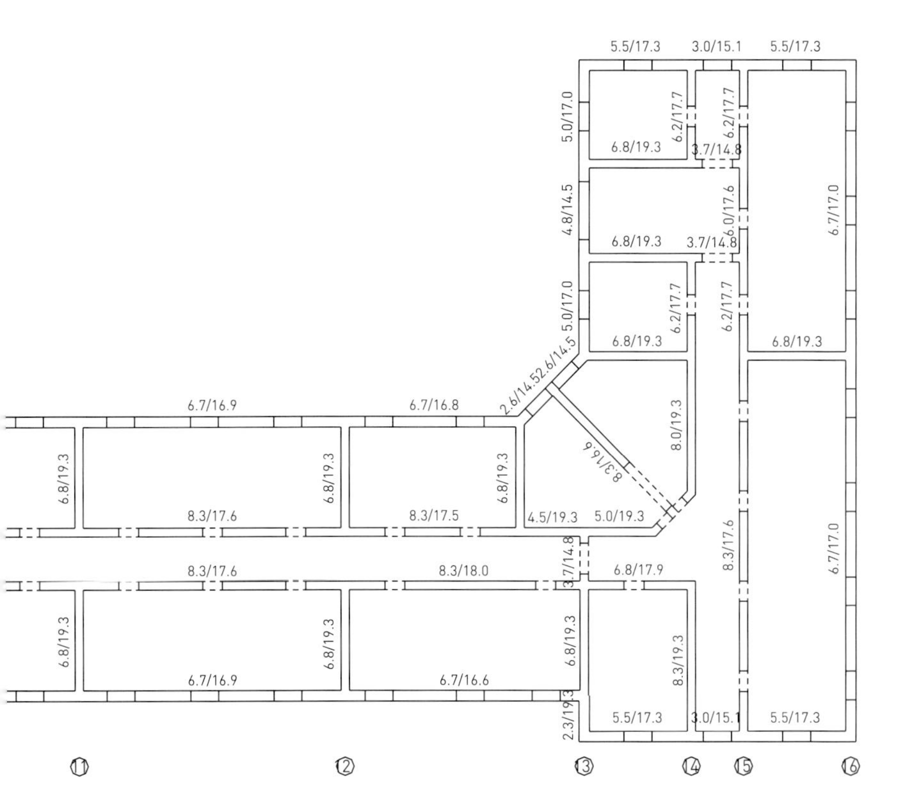

图5.3-4　二层墙体高厚比验算结果

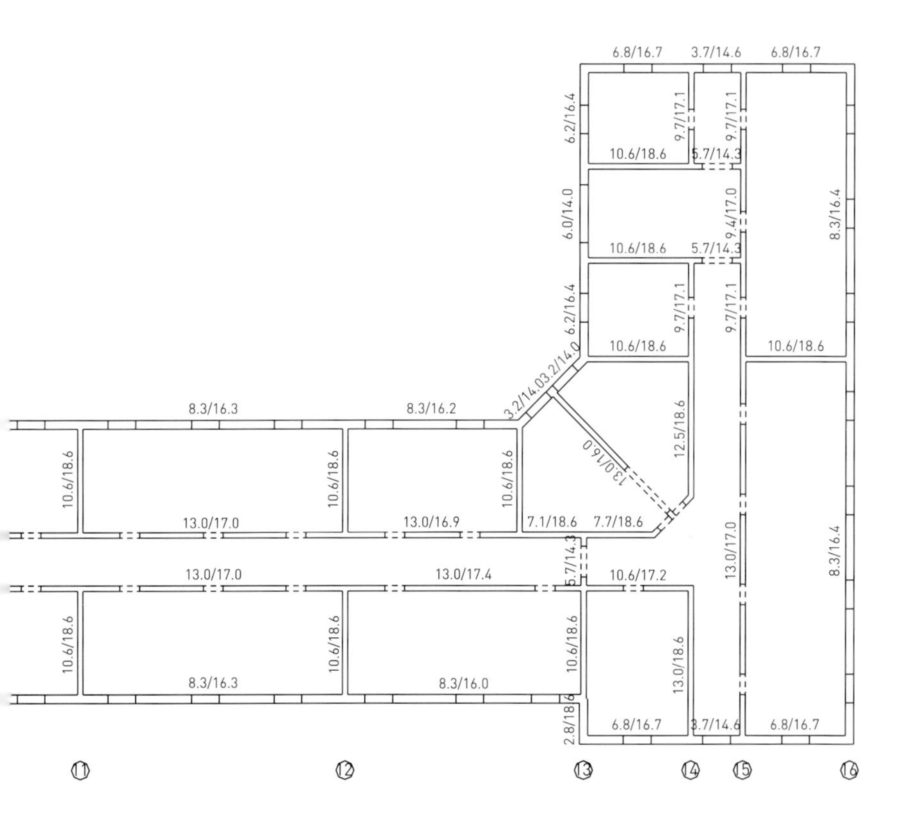

图5.3-5　三层墙体高厚比验算结果

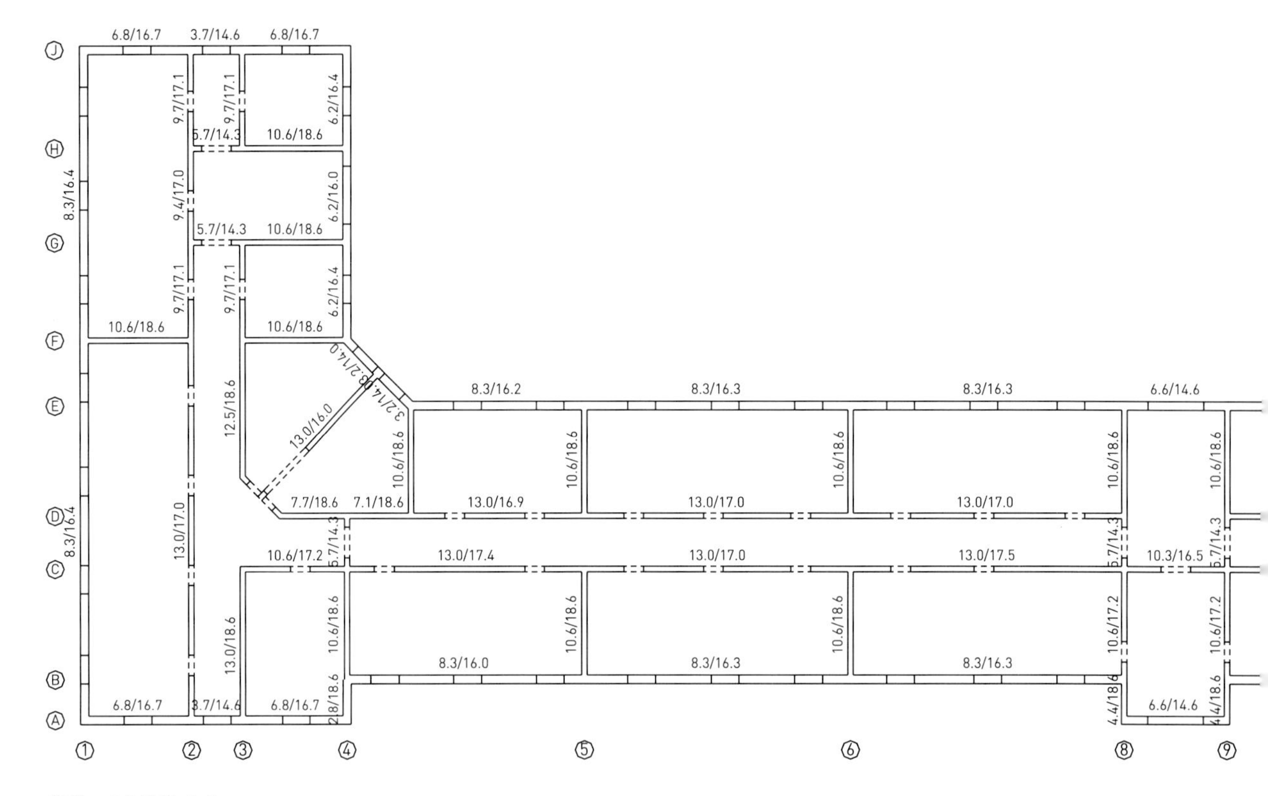

高厚比β/允许高厚比【β】

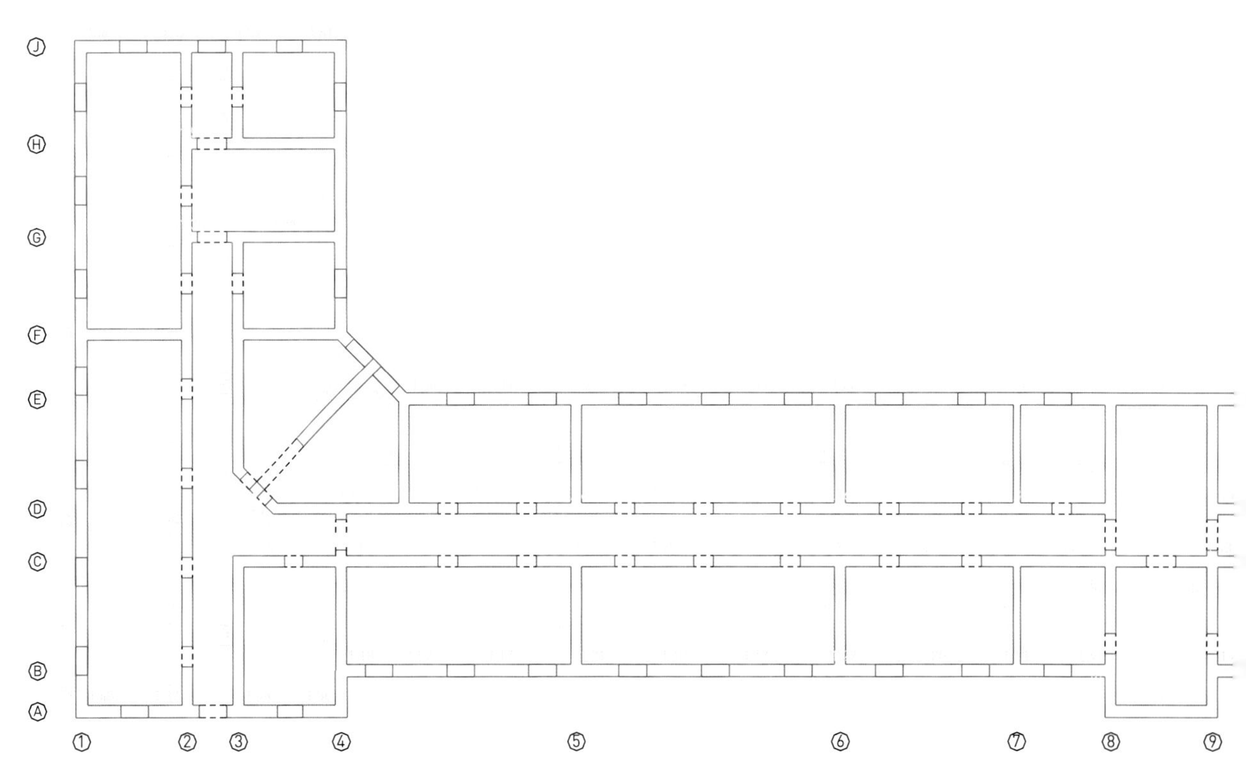

抗力与荷载效应之比：φfA/N

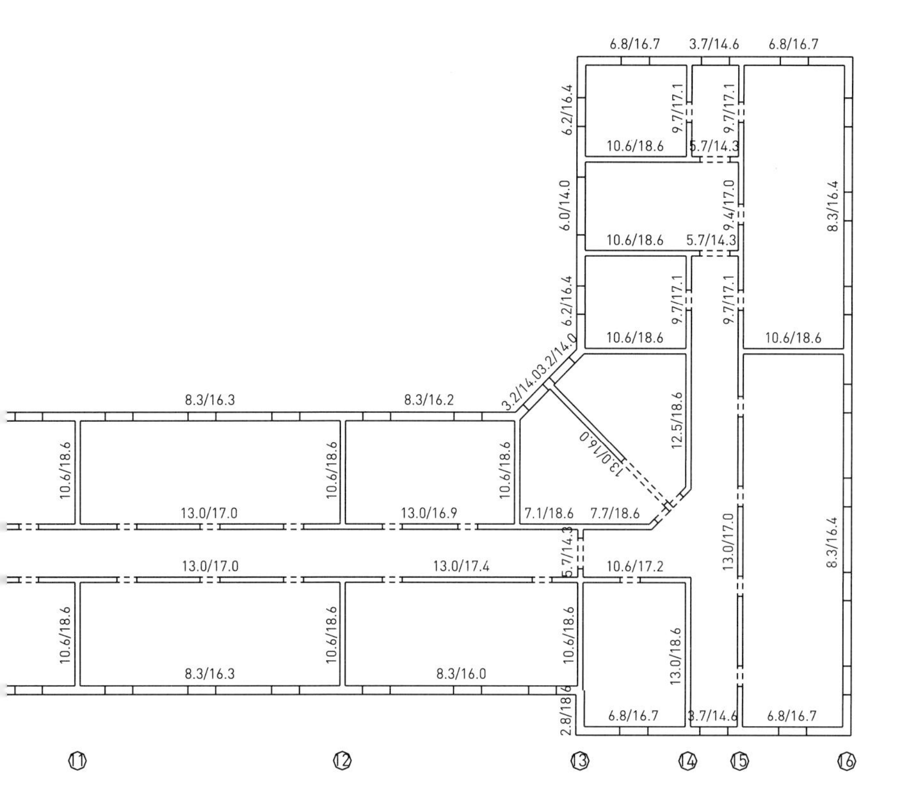

图5.3-6　四层墙体高厚比验算结果

⑪ ⑫ ⑬ ⑭ ⑮ ⑯

图5.3-7　地下室墙体受压承载力验算结果（不考虑板墙加固）

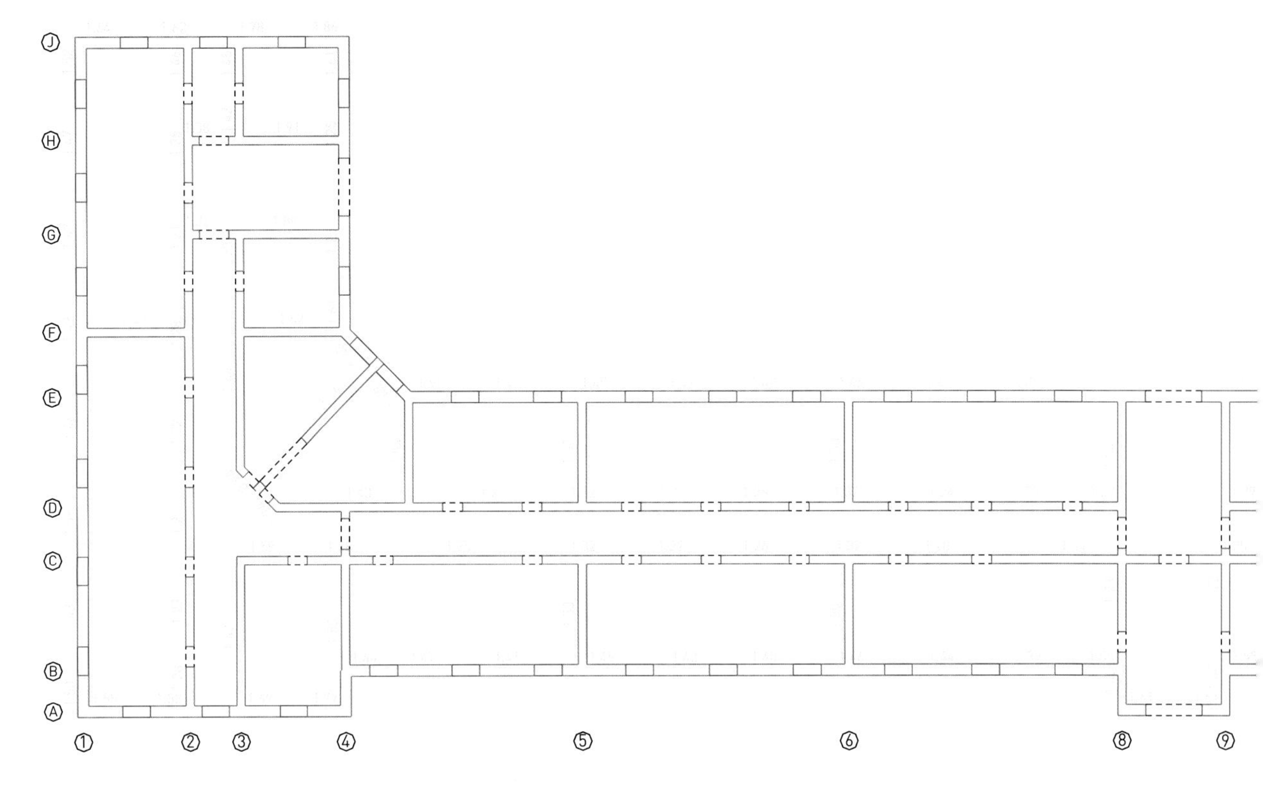

抗力与荷载效应之比：$\phi fA/N$

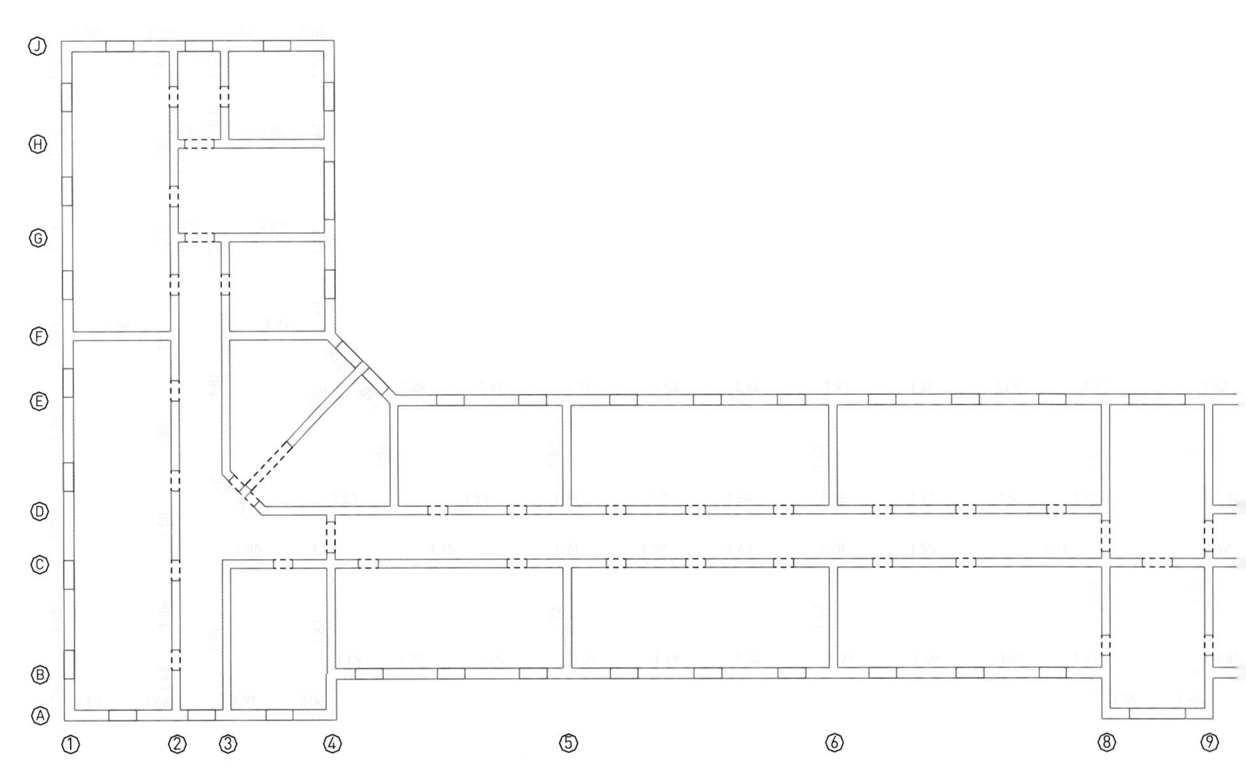

抗力与荷载效应之比：$\phi fA/N$

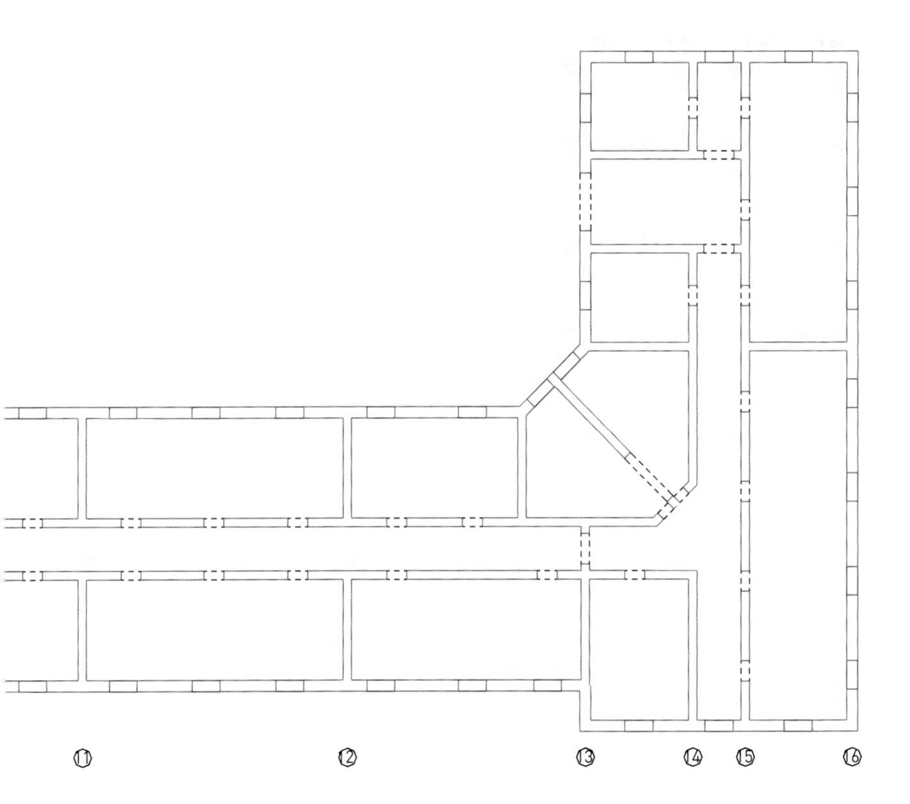

图5.3-8　一层墙体受压承载力验算结果（不考虑板墙加固）

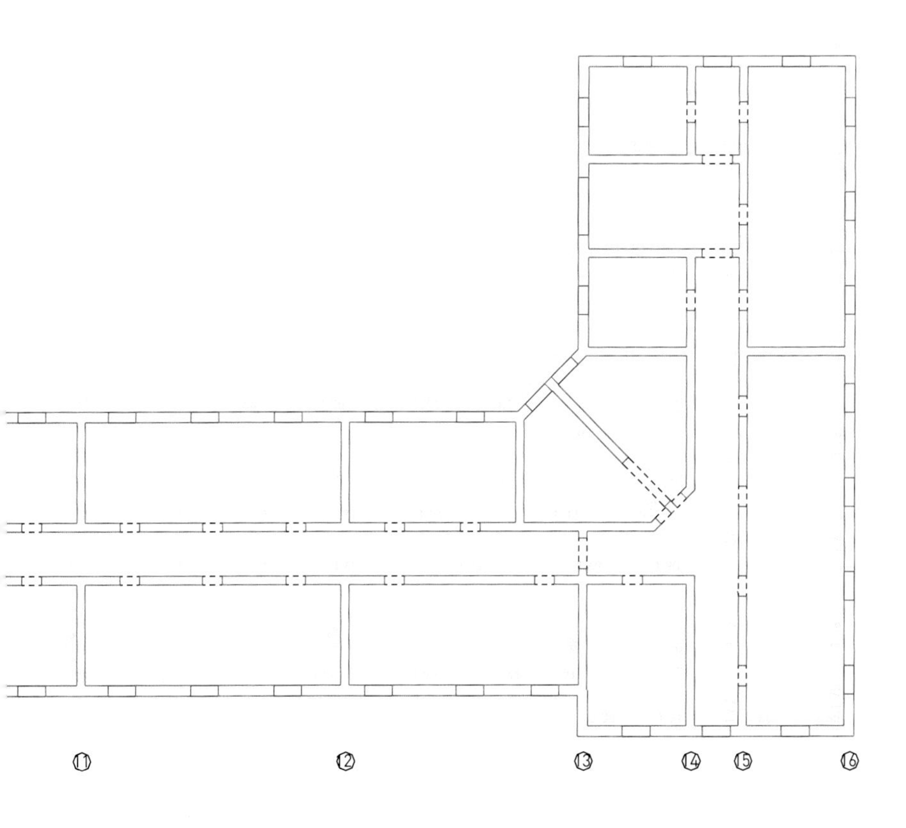

图5.3-9　二层墙体受压承载力验算结果（不考虑板墙加固）

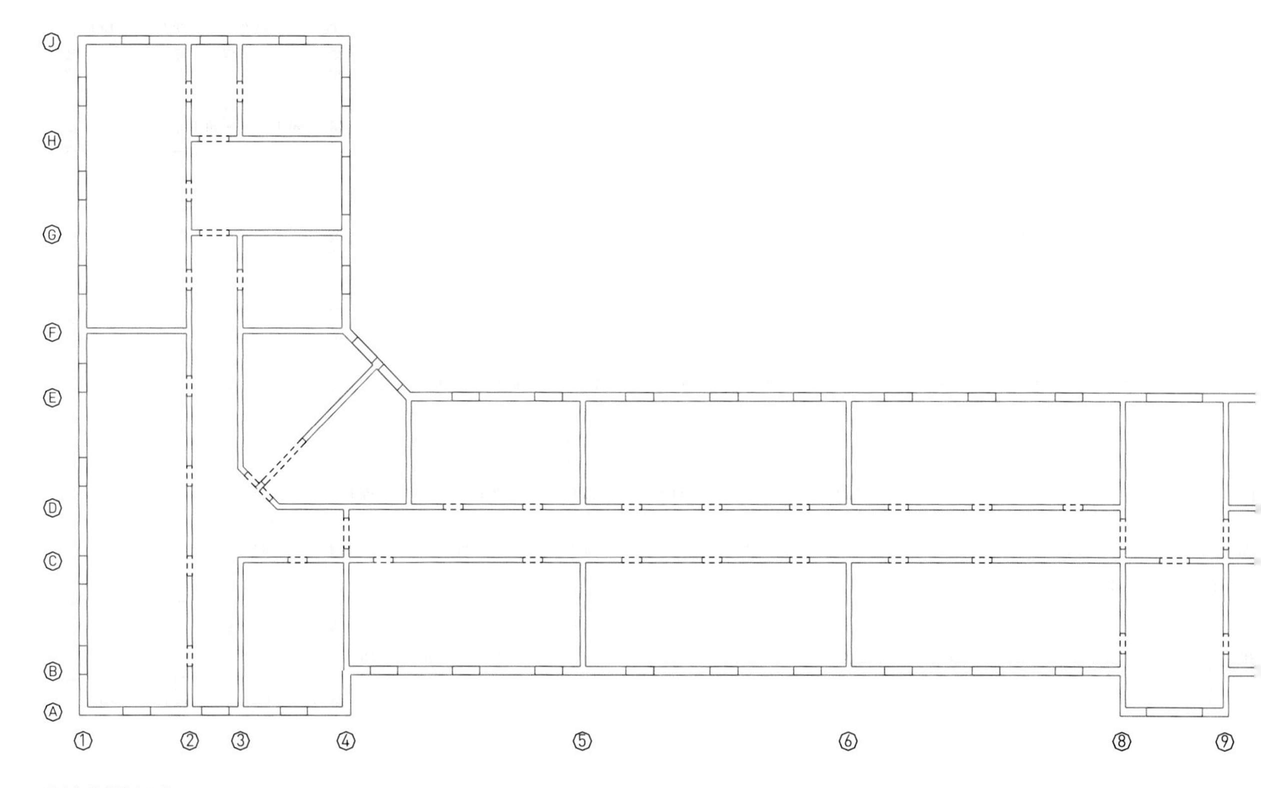

抗力与荷载效应之比：$\phi fA/N$

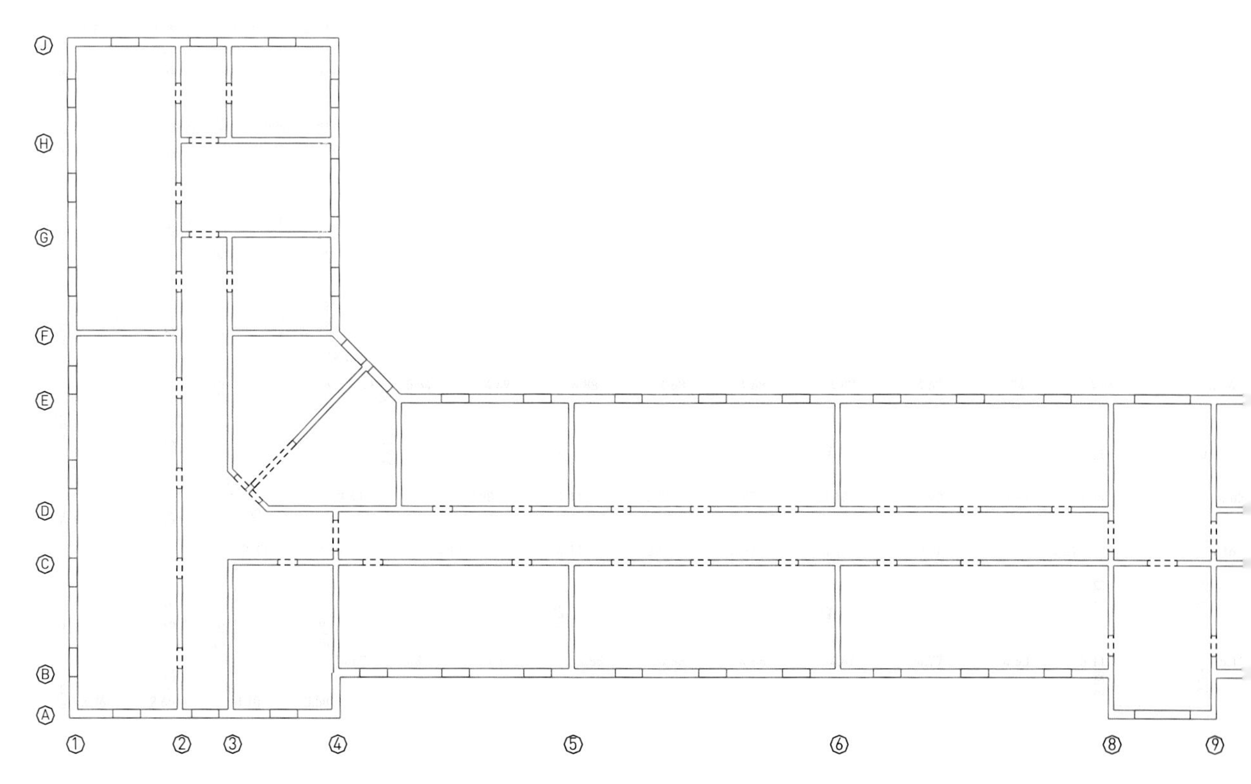

抗力与荷载效应之比：$\phi fA/N$

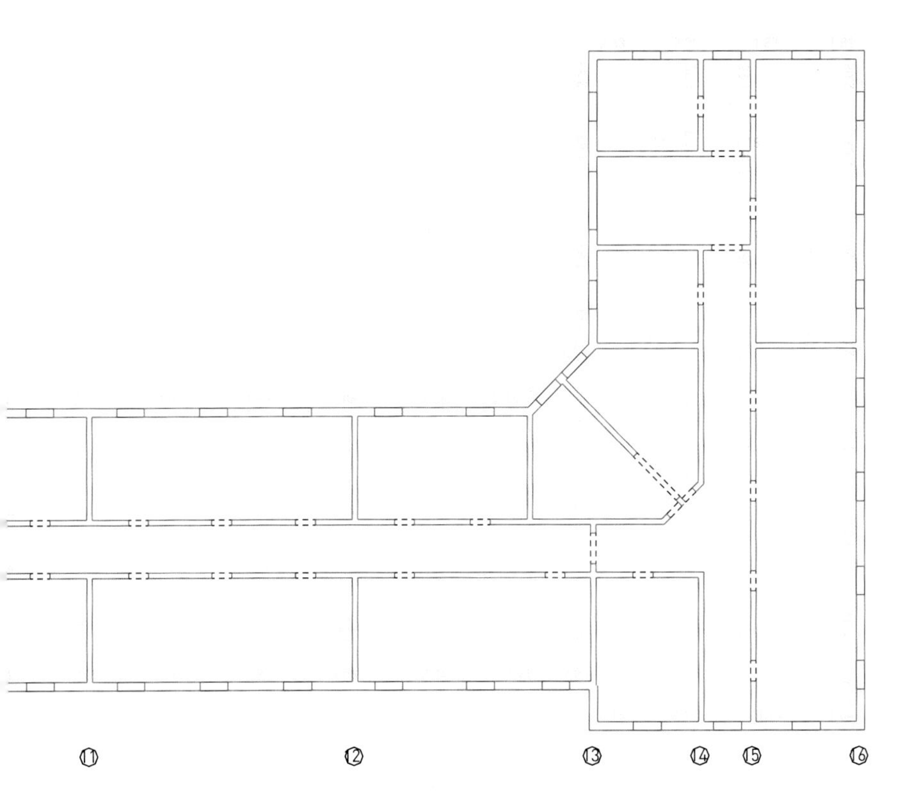

图5.3-10　三层墙体受压承载力验算结果（不考虑板墙加固）

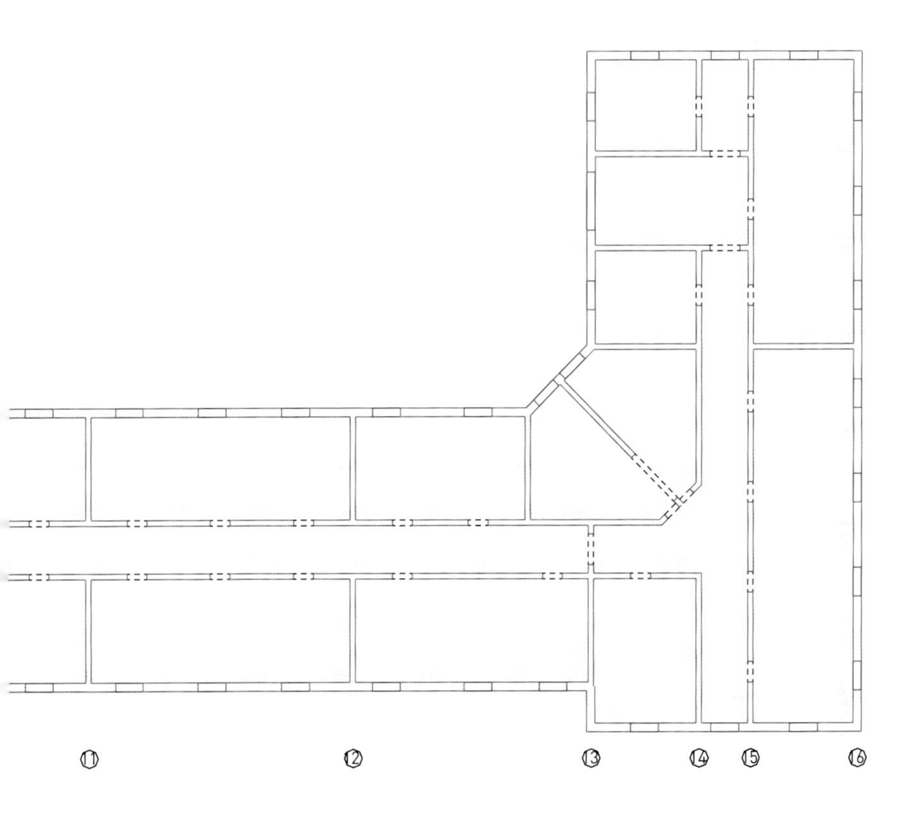

图5.3-11　四层墙体受压承载力验算结果（不考虑板墙加固）

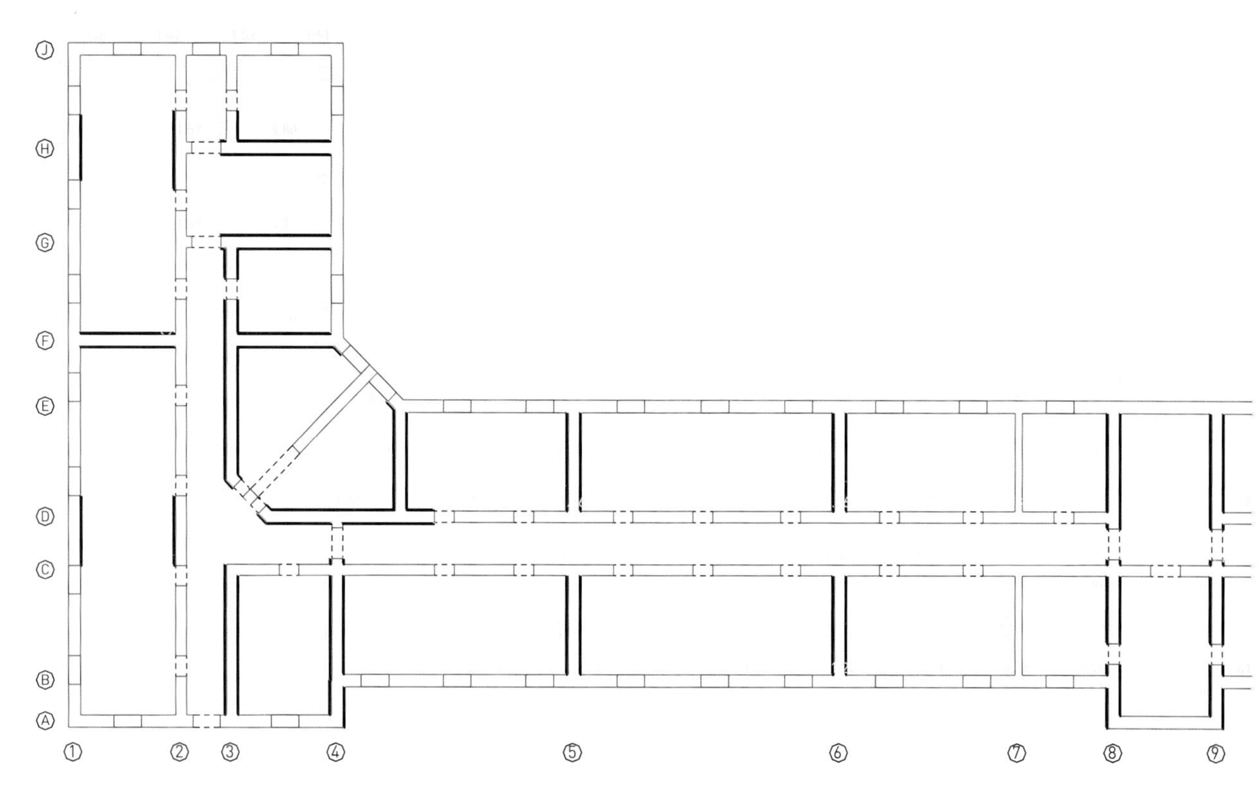

抗力与荷载效应之比：$\phi fA/N$

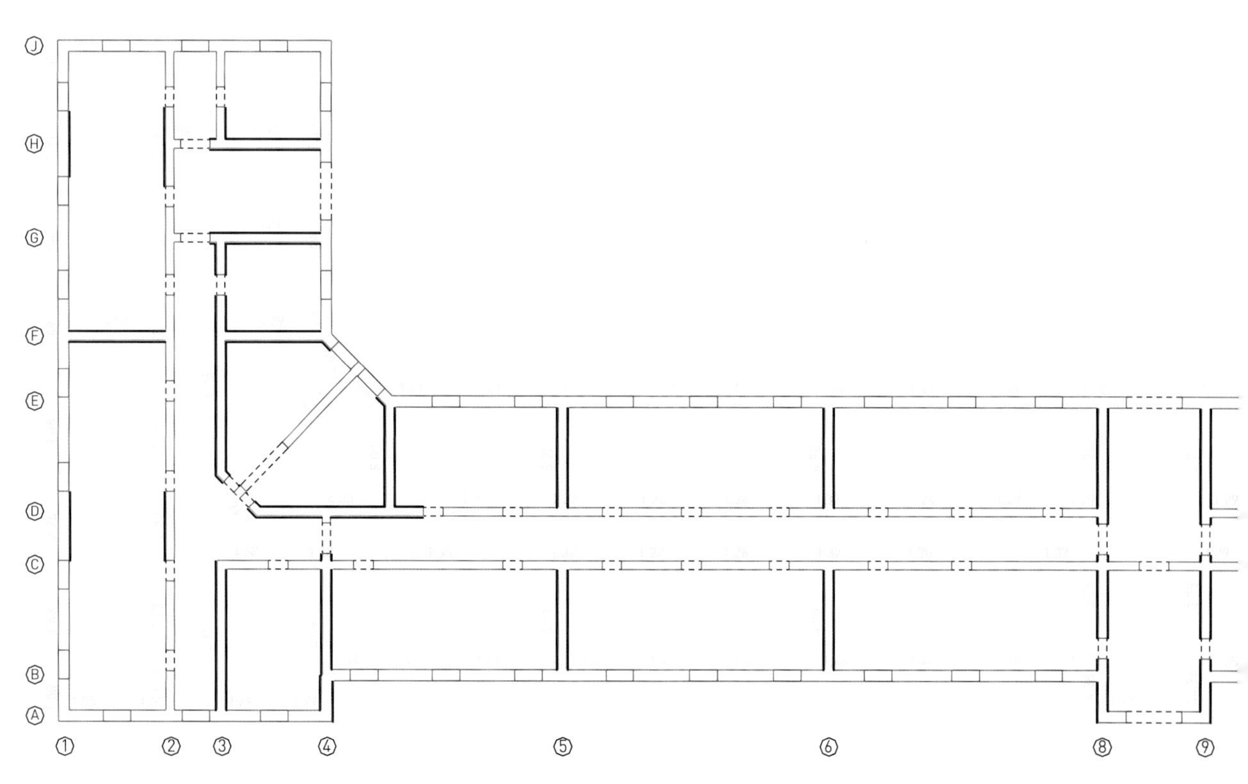

抗力与荷载效应之比：$\phi fA/N$

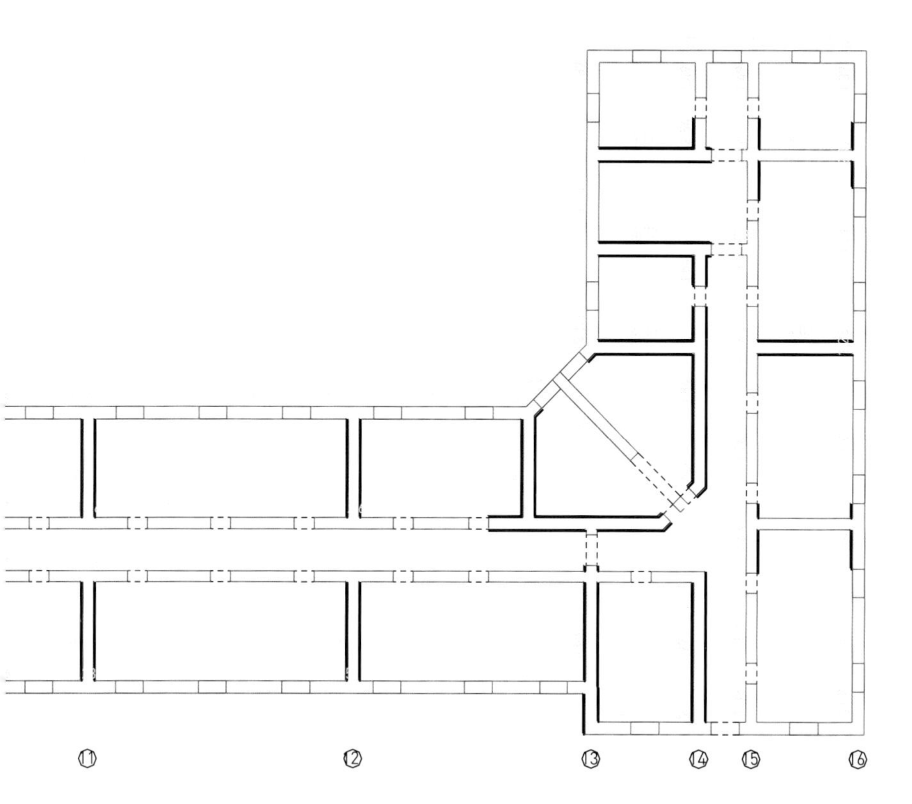

图5.3-12　板墙加固后地下室墙体受压承载力验算结果

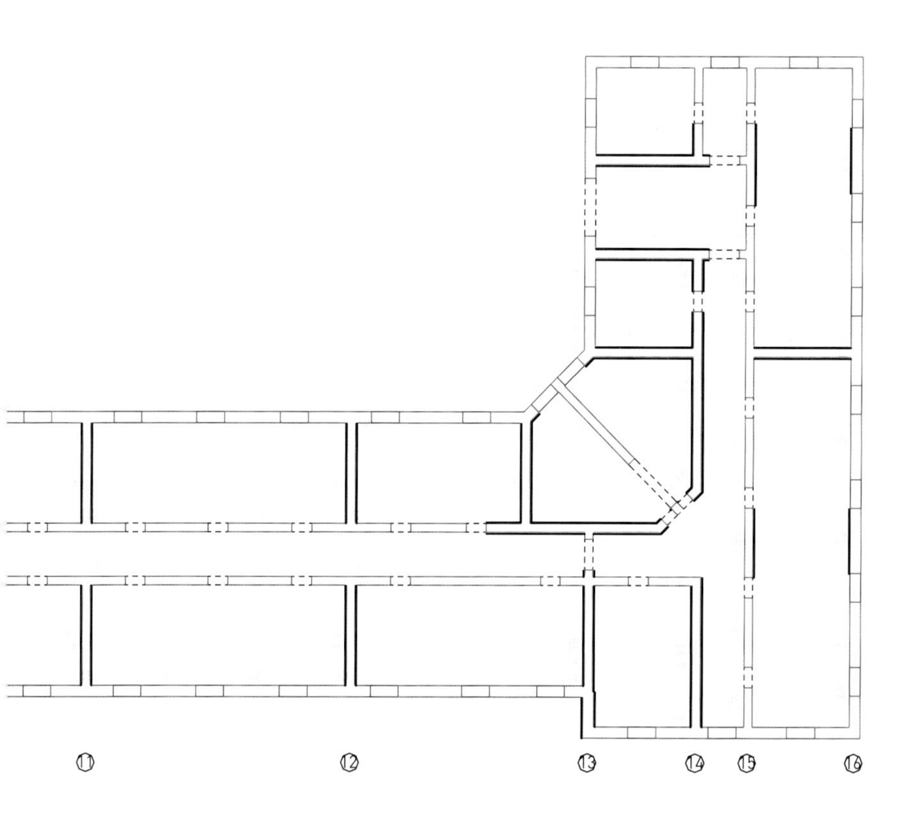

图5.3-13　板墙加固后一层墙体受压承载力验算结果

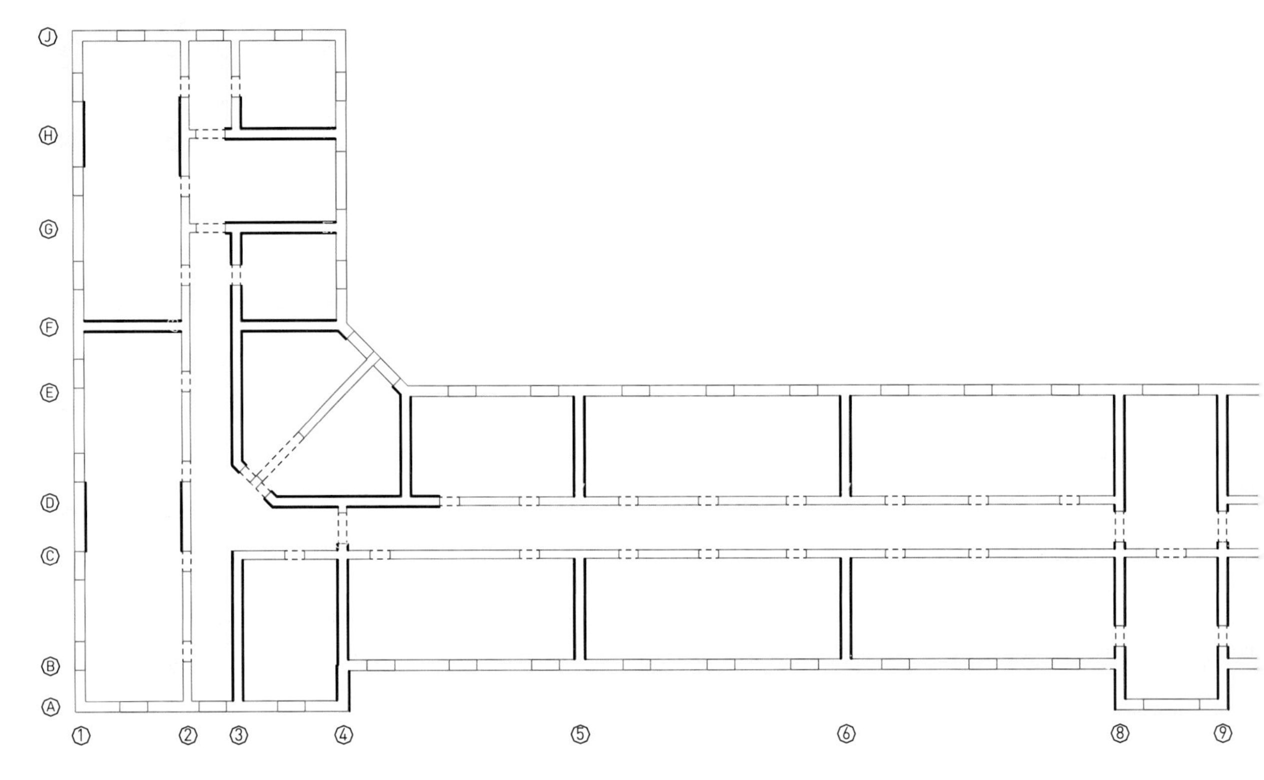

抗力与荷载效应之比：$\phi fA/N$

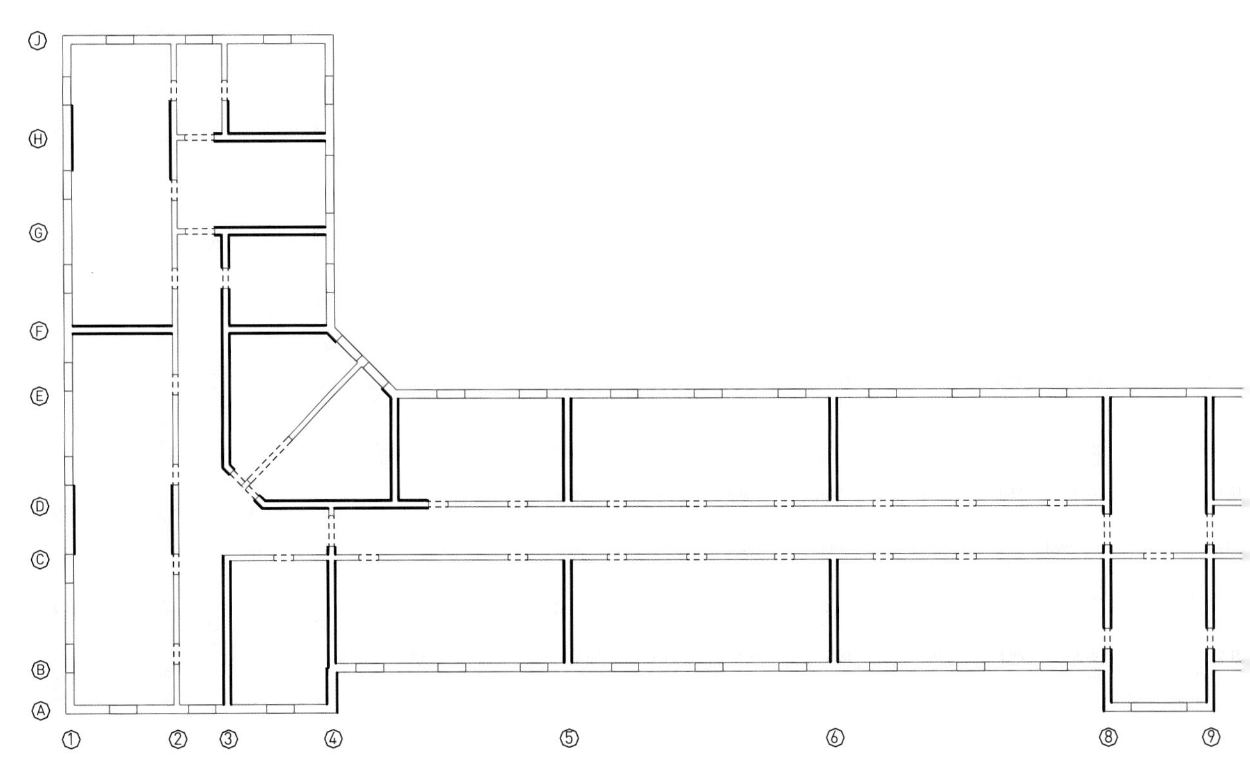

抗力与荷载效应之比：$\phi fA/N$

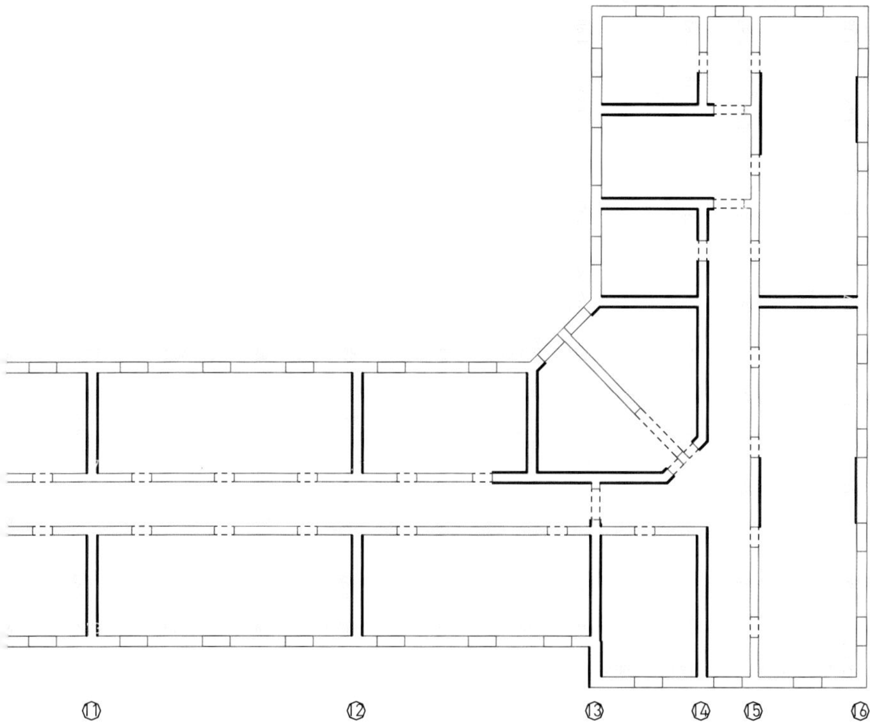

图5.3-14　板墙加固后二层墙体受压承载力验算结果

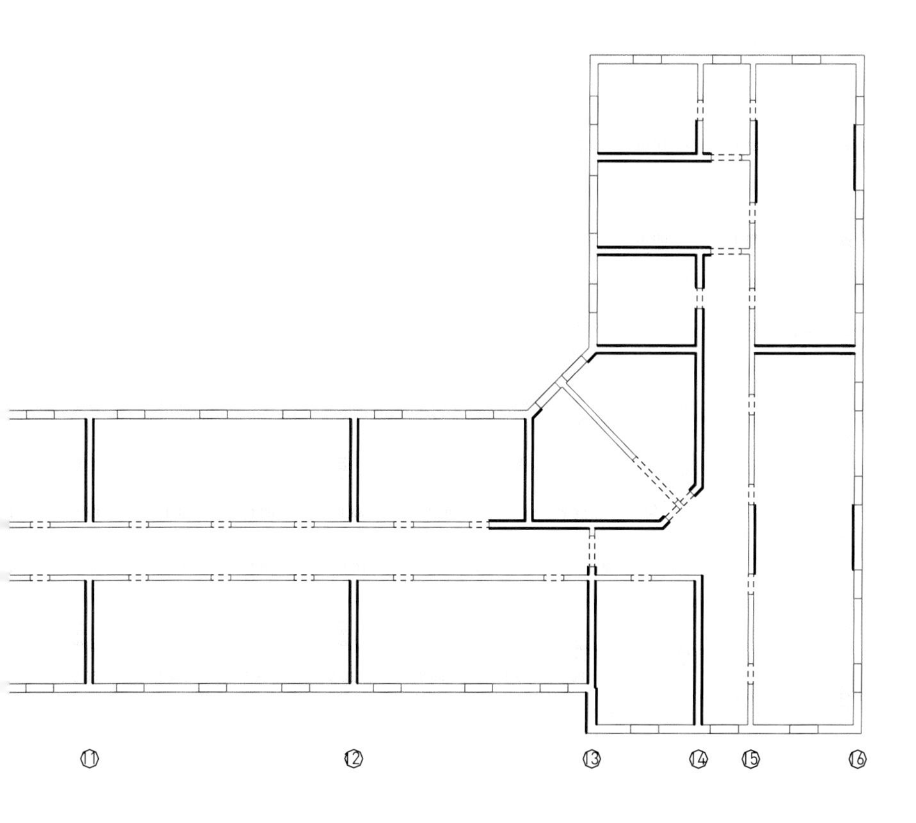

图5.3-15　板墙加固后三层墙体受压承载力验算结果

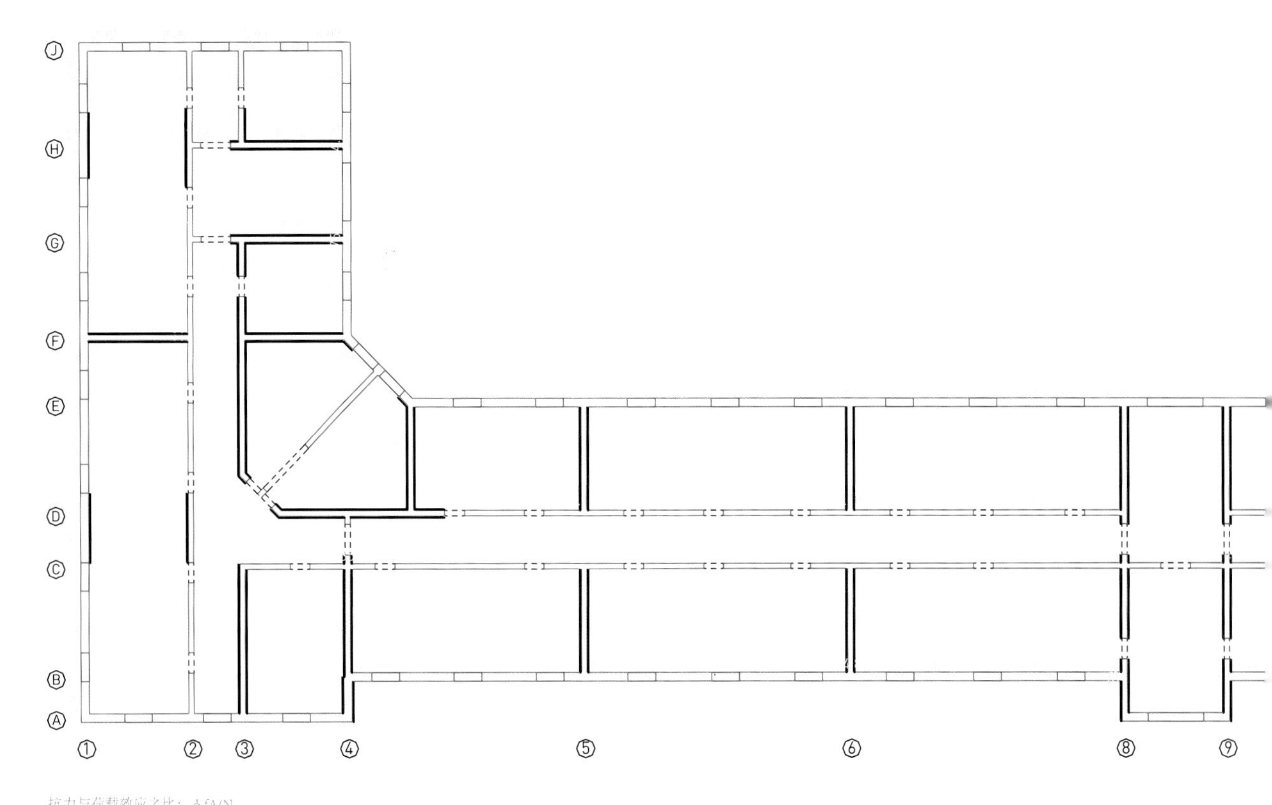

表5.3-3　各层不满足的构件数

	板	梁	柱 / 独立基础	墙 / 条形基础	檩条	木桁架
基础	–	–	0	0	0	0
地下室	0	0	0	0	0	0
一层	0	0	0	0	0	0
二层	0	0	0	0	0	0
三层	0	0	0	0	0	0
四层	0	–	–	–	24	0
屋面层	0.09	–	–	–	0.09	0.16

③根据以下公式确定安全性不满足要求的构件的权重比Γ：

$$\Gamma=\sum_{i=1}^{n}\omega_i / \sum_{j=1}^{m}\omega_j \times 100\%$$

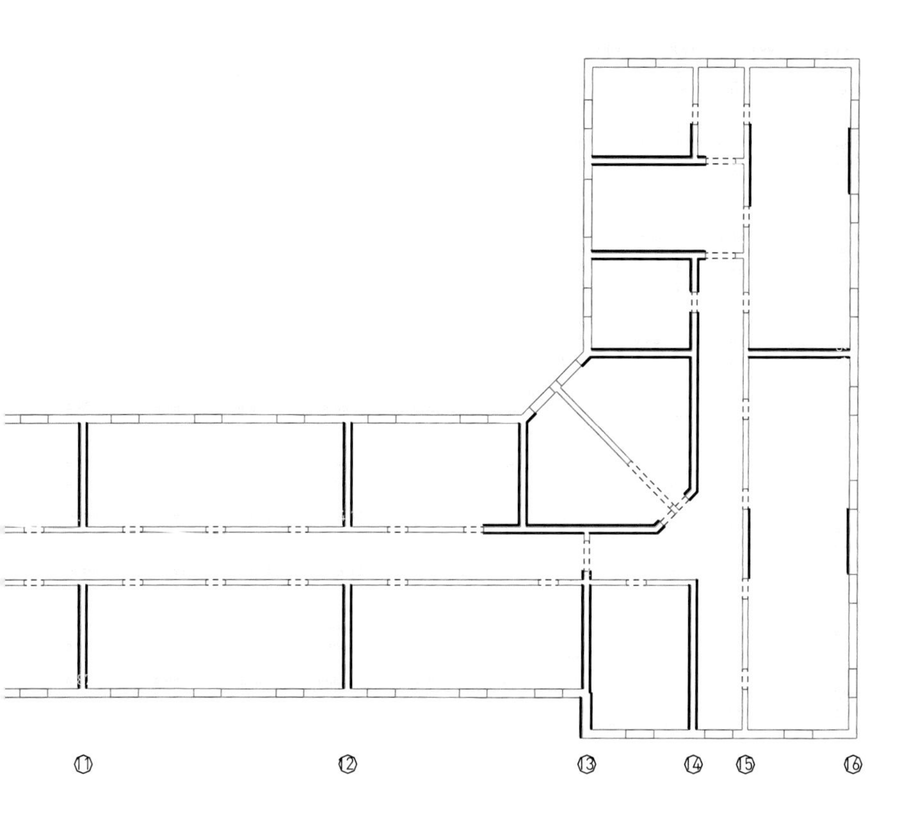

图5.3-16　板墙加固后四层墙体受压承载力验算结果

式中：

n——安全性不满足要求的构件总数；

i——安全性不满足要求的构件编号；

ω_i——第i号构件的权重；

m——所有构件总数；

j——所有构件编号；

ω_j——第j号构件的权重。

经计算，上部结构组成部分的$\Gamma=0.3\% < 5\%$，上部结构组成部分的安全性评估结果为b级，即安全性基本满足要求。

5.4　建筑整体安全性评估

建筑整体安全性等级评估按组成部分安全性等级较低一个等级确定，并用对应的大写字母表示。若结构布置不合理，存在薄弱环节，或结构选型、传力路线设计不当及其他明显的结构缺陷，建筑整体安全性等级（不含D级）在原有基础上降低一级。

北大红楼地基基础和上部结构组成部分安全性等级均为b级，同时不存在薄弱环节，或结构选型、传力路线设计不当及其他明显的结构缺陷，也不存在可直接判定整体为D级的明显损伤。因此北大红楼的建筑整体安全性评估结果为B级，整体安全性基本满足要求。

6. 主体结构抗震评估

红楼主体结构抗震鉴定评估按北京市地方标准《文物建筑抗震鉴定技术规范》(DB11/T 1689—2019)（以下简称《鉴定技术规范》）的相关规定进行。

6.1 抗震设防目标

根据《鉴定技术规范》的规定，文物建筑应具有的抗震设防目标是：遭遇相当于北京市抗震设防烈度8度的地震影响时，不致倒塌或发生危及生命的严重破坏。

北京地区抗震设防烈度、设计基本地震加速度和设计地震分组应符合《建筑抗震设计规范》GB 50011相关规定。即抗震设防烈度应按8度，设计基本地震加速度0.2g，设计地震分组进行抗震鉴定。

6.2 抗震评估内容和方法

文物建筑的抗震鉴定对场地、地基与基础（台基）、主体结构分别进行鉴定。场地、地基与基础（台基）、主体结构的抗震鉴定分为两级进行鉴定。

第一级鉴定应以宏观控制及现状变形与损伤和构造鉴定为主进行综合评价，第二级鉴定应以抗震验算为主结合构造影响进行综合评价，抗震验算应按照《鉴定技术规范》附录A执行。

当符合第一级鉴定的各项要求时，应评为满足抗震鉴定要求，不再进行第二级鉴定；当不符合第一级鉴定要求时，除本标准各章有明确规定的情况外，应进行第二级鉴定，并由第二级鉴定做出判断。

6.3 场地、地基与基础（台基）鉴定

根据2004年北京大学红楼岩土工程勘察报告，未发现不良地质作用，场地

稳定；场区内地形基本平坦，属于永定河冲积扇地貌；勘察深度范围内的地层属于第四纪冲积物，以填土、粉土、砂土、卵石及圆砾为主；填土厚度较大，中部偏东侧填土厚度相对较小，土体透镜体较多，在场地东部第②层砂质粉土厚度较大，而第③层粉砂厚度较小；场地土类型为中软土，建筑场地类别为Ⅲ类，在8度地震烈度下，场区内的地层不存在液化问题。

红楼的基础埋深较浅，一般均在第一层杂填土与素填土之间，虽坐落于软弱土层上，紧邻河道不均匀土层，但考虑到该楼外侧已采取打桩护坡等抗震加固措施，其他部位基础下的软弱土层较薄，该工程已建成使用百余年，地基土的沉降已基本完成。经对2004年基础开挖处进行二次开挖检查，基础未见存在明显劣化现象，基础无明显腐蚀、酥碱、松散和剥落，台基夯土无明显空洞，包砌部分无松散，开裂或剥落，除东翼南侧和北侧墙体在窗间墙位置存在疑似沉降裂缝外，上部主体结构无其他明显的沉降裂缝，经测量，建筑整体未见倾斜超标现象，可认为场地、地基与基础满足第一级鉴定要求，即场地、地基与基础抗震性能满足要求。

同时建议加强后期观测，重点对东翼南侧和北侧墙体在窗间墙裂缝是否进一步发展进行持续观察，对东翼墙体进行定期沉降观测，当发现裂缝持续发展或沉降量超过国家规范要求时，应及时采取措施。

6.4 承重墙体鉴定

6.4.1 第一级鉴定

根据《鉴定技术规范》的规定，砖木结构建筑的抗震鉴定，应以宏观控制和构造鉴定为主，墙体的抗震承载力应依据纵、横墙间距进行简化验算；应按结构体系与结构布置、墙体材料的实际强度等级、整体性连接构造措施、局部易倒塌部位构件自身及其与主体结构连接构造的可靠性以及现状变形与损伤状况进行评定，当符合第一级鉴定的各项规定时，应评为满足抗震鉴定要求。

（1）砖木结构建筑的结构体系与结构布置，应按下列要求进行检查判定：

①砖实心抗震横墙的最大间距，单层建筑和多层建筑的顶层不宜大于9m，多层建筑的底层不宜大于7m。

红楼东翼和西翼抗震横墙最大间距为18.6m，中部最大横墙间距为13.4m，分别超出规范限值9m要求9.6m和4.4m。

②建筑的平、立面和墙体布置宜符合纵横墙布置宜均匀对称，在平面内宜对齐，多层建筑沿竖向应上下连续；在同一轴线，窗间墙的宽度宜均匀；外纵墙开洞率不宜大于55%；不同标高屋面板高差不大于500mm。

红楼中部纵横墙布置基本均匀对称，东翼和西翼相对于中部左右对称，沿竖向上下连续，窗间墙的宽度均匀，外纵墙开动率未超55%，无屋面板高差，基本满足规范相关要求。

③建筑层高不宜大于3.6m。

红楼地下室层高3.15m，一至四层层高均为3.52m，未超过规范规定的3.6m限值要求。

（2）砖木结构建筑承重墙体材料实际达到的强度等级，砖不应低于MU7.5，砌筑灰浆不宜低于M1。

红楼地下室至一层承重墙体砌筑用砖抗压强度评定等级为MU7.5，二至四层为低于MU7.5，二至四层不满足规范要求；红楼地下室至四层承重墙体砌筑砂浆强度推定值分别为0.9MPa、0.8MPa、0.9MPa、0.8MPa和0.8MPa，均不满足规范要求。

（3）砖墙和砖柱构件的倾斜（或位移），应满足顶点位移小于等于H/400，层间位移小于等于H/300。

经检测，所测13个测点中，有3个点超标，顶点位移最大值为H/345，经分析，不具备整体倾斜趋势，应属于孤立事件；墙体层间最大倾斜率为H/333，未超过规范限值H/300的要求。

（4）当砖木结构建筑有下列情况之一时，不再进行第二级鉴定，应评为抗震能力不满足抗震鉴定要求：

①建筑横墙间距超过刚性体系最大值5m，或结构体系与结构布置中除横墙间距外的其他要求多于二项不满足本节的第9.3.2条的要求。

②抗震构造措施不满足本节第9.3.4条至第9.3.7条的要求项数多于二项。

③易损部分非结构构件的构造不符合要求。

④主要木构件存在较严重的腐朽、虫蛀等损伤。

红楼东翼和西翼抗震横墙最大间距为18.6m，中部最大横墙间距为13.4m，分别超出规范限值9.6m和4.4m，根据规范规定，判定为抗震能力不满足抗震鉴定标准要求。

6.4.2　第二级鉴定

虽红楼已评为抗震能力不满足抗震鉴定要求，但考虑到为后续采取加固措施提供依据，按第二级鉴定的方法采用楼层平均抗震能力指数方法，对红楼抗震承载力进行试算，分别按不考虑板墙加固、考虑板墙加固两种情况。

（1）验算参数：抗震设防烈度应按8度，设计基本地震加速度0.2g，设计地震分组第二组，其他同前述5.3.1一级评估项。

（2）因是试算，为简化起见，体系影响系数和局部影响系数统一按1.0考虑，具体验算结果见图6.4-1~10。

（3）经验算，未考虑板墙加固情况下，地下室至三层横向和纵向抗震能力不满足规范要求；考虑板墙加固情况下，地下室和一层纵向抗震能力不满足规范要求。未考虑板墙加固和考虑板墙加固各楼层综合抗震能力指数验算结果见表6.4。

表6.4　未考虑板墙加固和考虑板墙加固各楼层综合抗震能力指数

楼层	未考虑板墙加固		考虑板墙加固	
	横向	纵向	横向	纵向
地下室	0.60	0.75	1.11	0.94
一层	0.56	0.72	1.07	0.90
二层	0.68	0.86	1.31	1.09
三层	0.64	0.84	1.19	1.04
四层	1.41	1.84	2.64	2.27
注：当抗震能力指数大于等于1.0时，为抗震满足要求。				

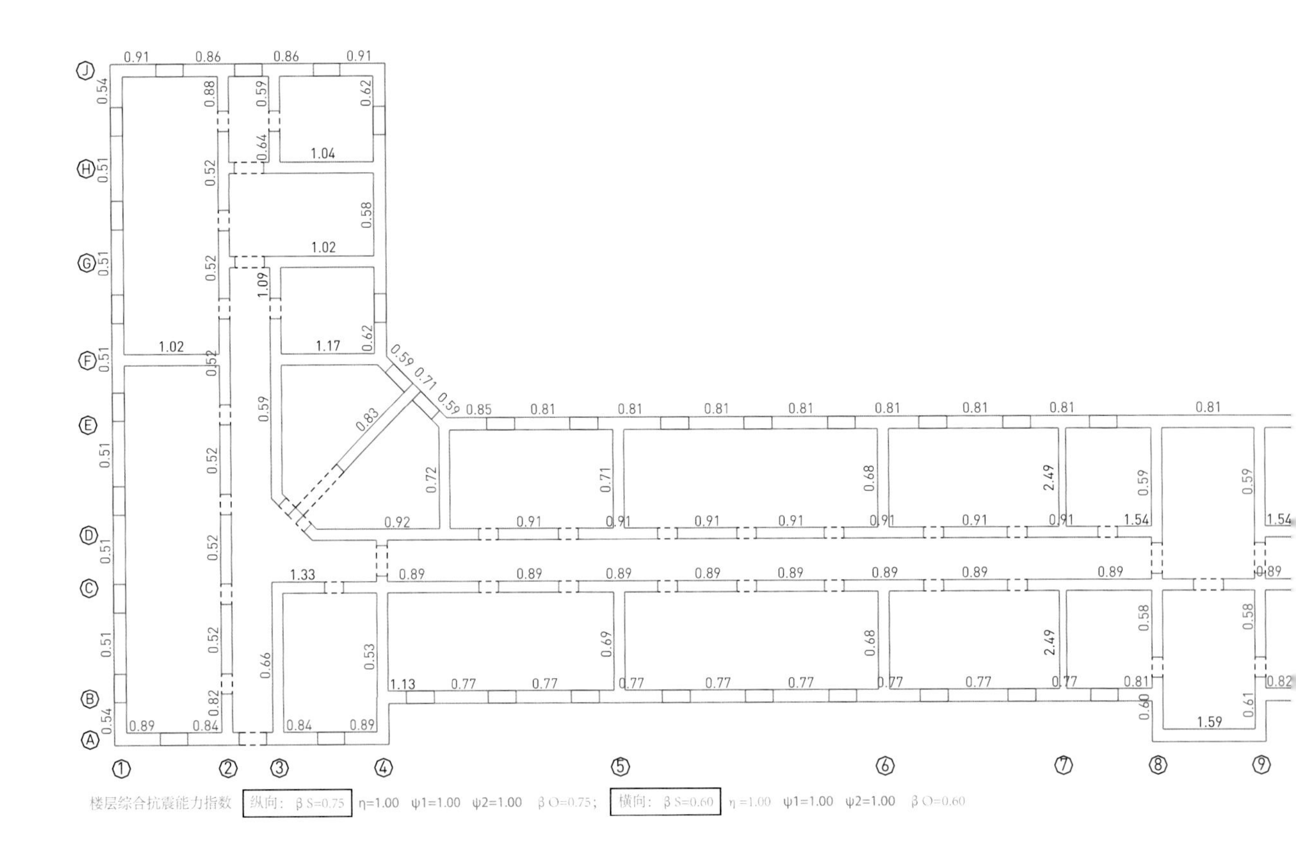

楼层综合抗震能力指数 纵向：$\beta S=0.75$ $\eta=1.00$ $\psi 1=1.00$ $\psi 2=1.00$ $\beta O=0.75$；横向：$\beta S=0.60$ $\eta=1.00$ $\psi 1=1.00$ $\psi 2=1.00$ $\beta O=0.60$

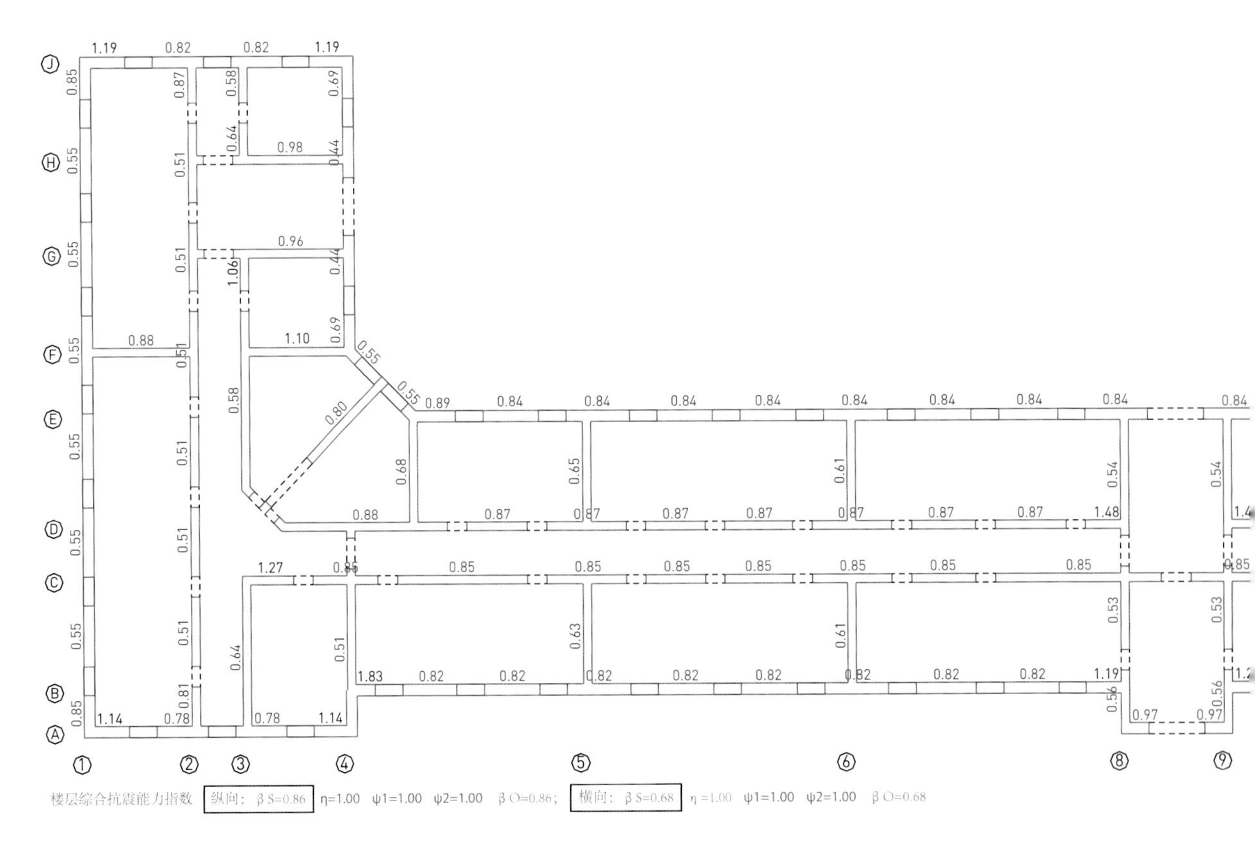

楼层综合抗震能力指数 纵向：$\beta S=0.86$ $\eta=1.00$ $\psi 1=1.00$ $\psi 2=1.00$ $\beta O=0.86$；横向：$\beta S=0.68$ $\eta=1.00$ $\psi 1=1.00$ $\psi 2=1.00$ $\beta O=0.68$

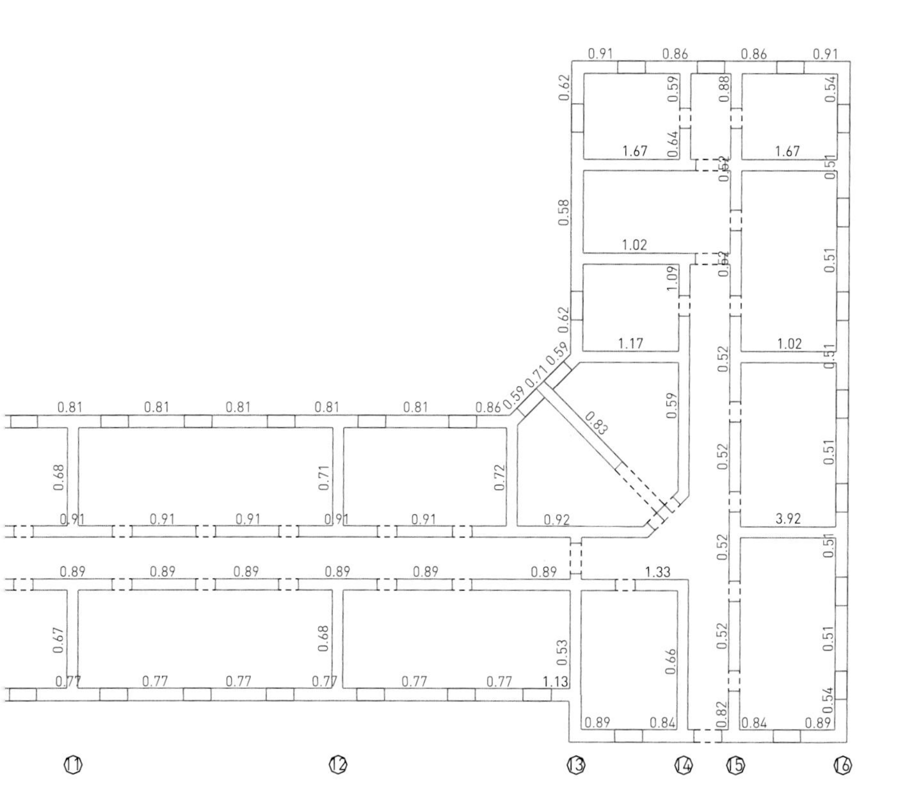

图6.4-1 地下室楼层综合抗震能力验算结果（不考虑板墙加固）

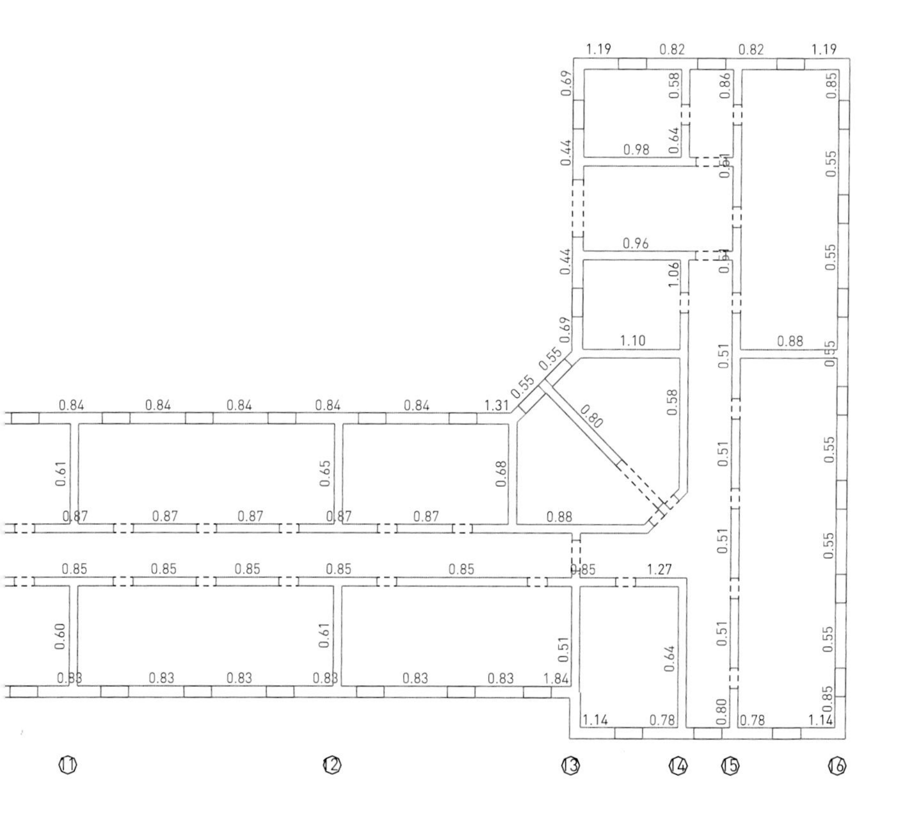

图6.4-2 一层楼层综合抗震能力验算结果（不考虑板墙加固）

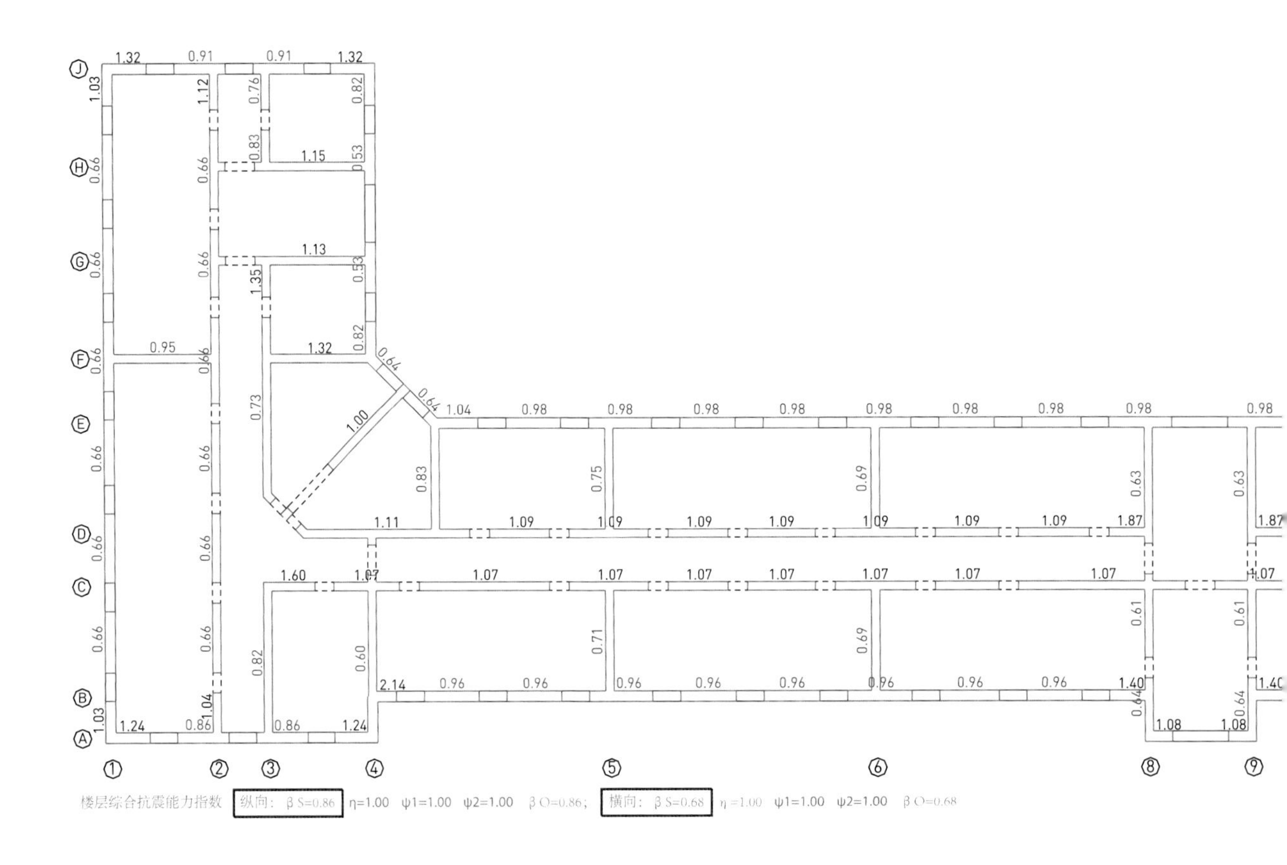
楼层综合抗震能力指数 纵向：βS=0.86 η=1.00 ψ1=1.00 ψ2=1.00 βO=0.86；横向：βS=0.68 η=1.00 ψ1=1.00 ψ2=1.00 βO=0.68

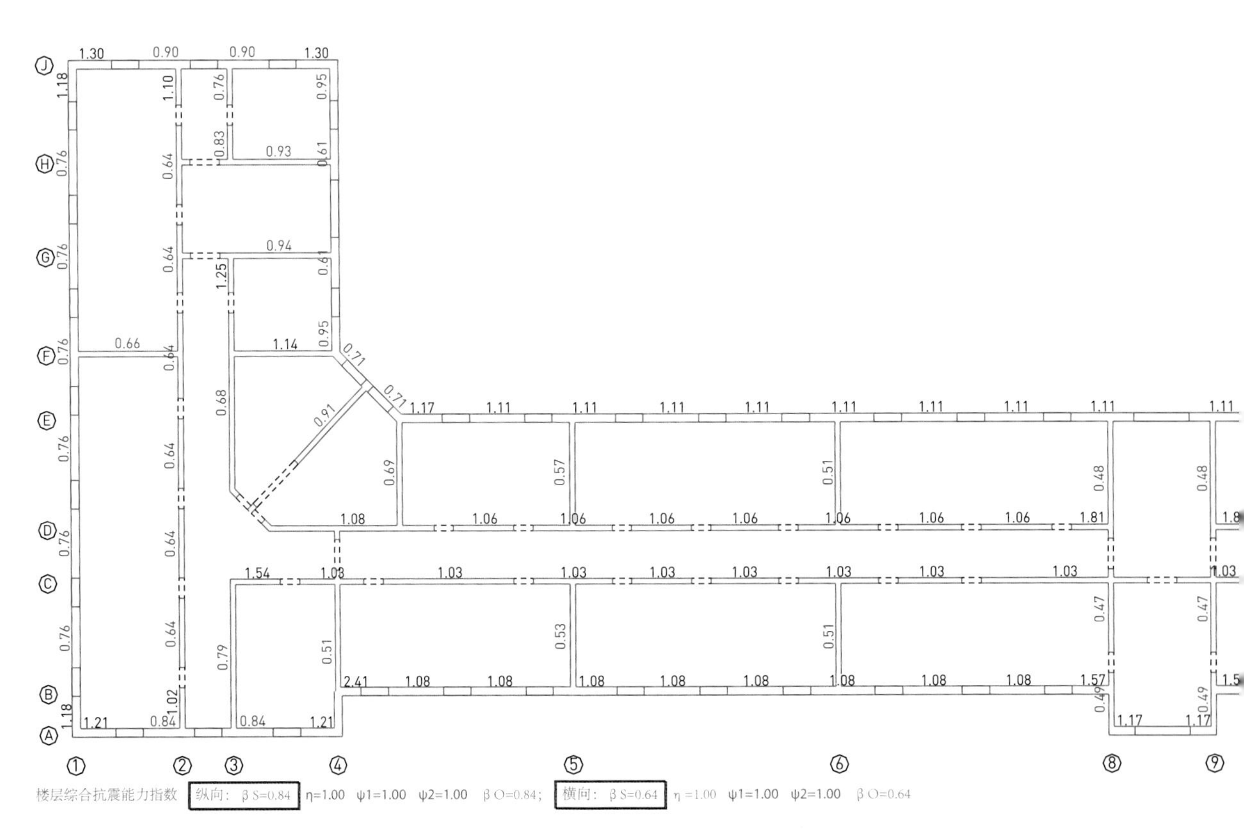
楼层综合抗震能力指数 纵向：βS=0.84 η=1.00 ψ1=1.00 ψ2=1.00 βO=0.84；横向：βS=0.64 η=1.00 ψ1=1.00 ψ2=1.00 βO=0.64

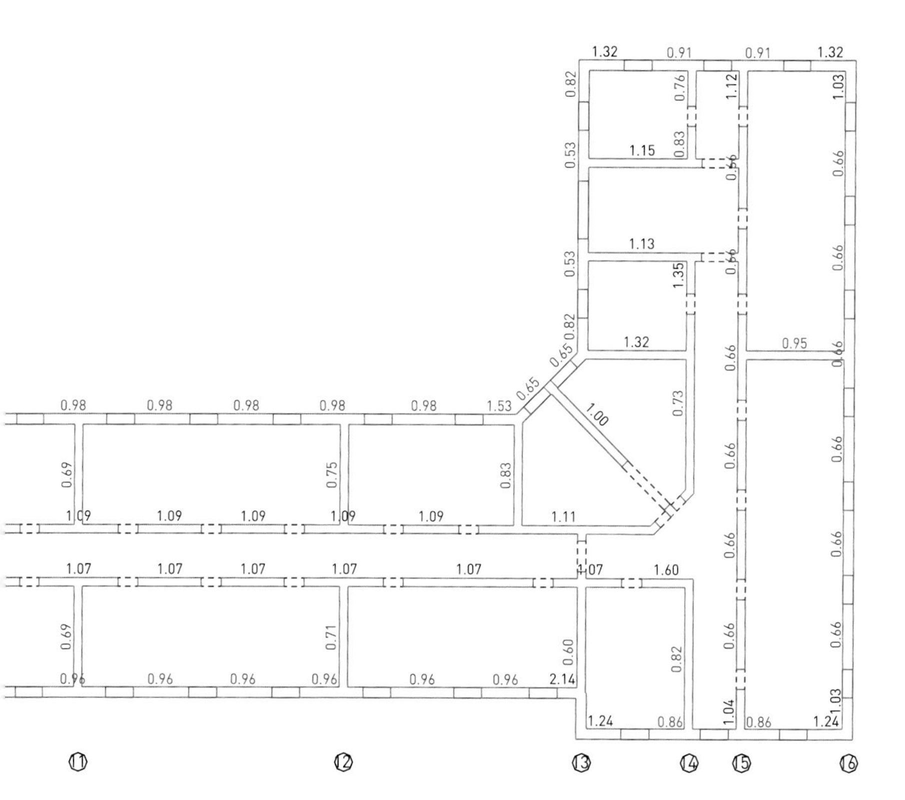

图6.4-3　二层楼层综合抗震能力验算结果（不考虑板墙加固）

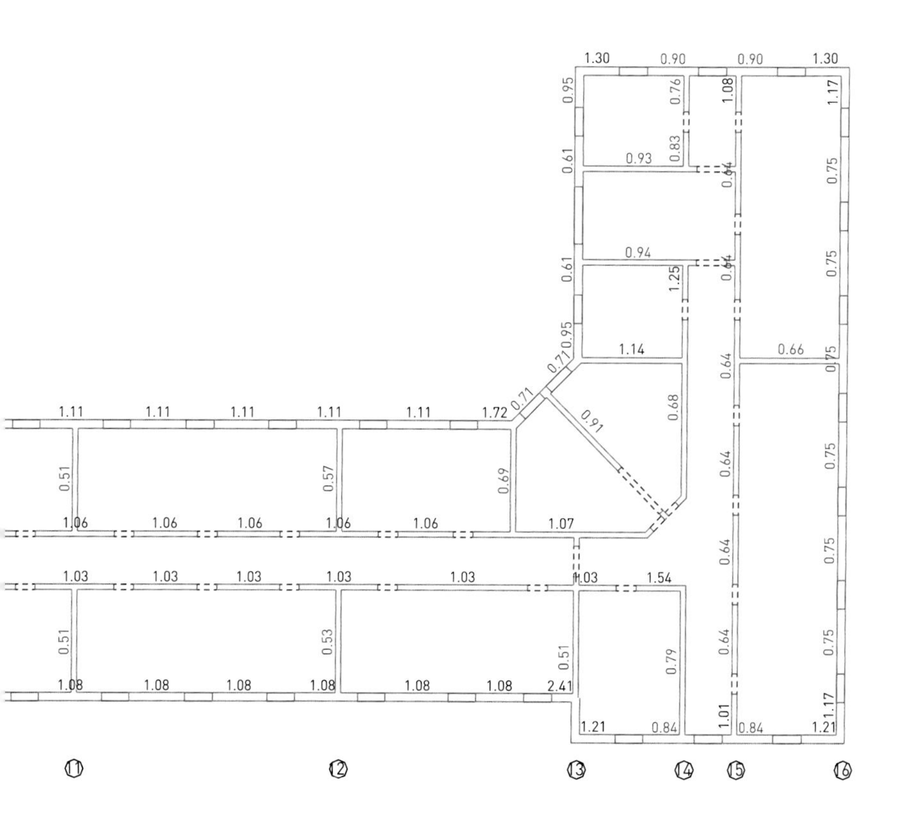

图6.4-4　三层楼层综合抗震能力验算结果（不考虑板墙加固）

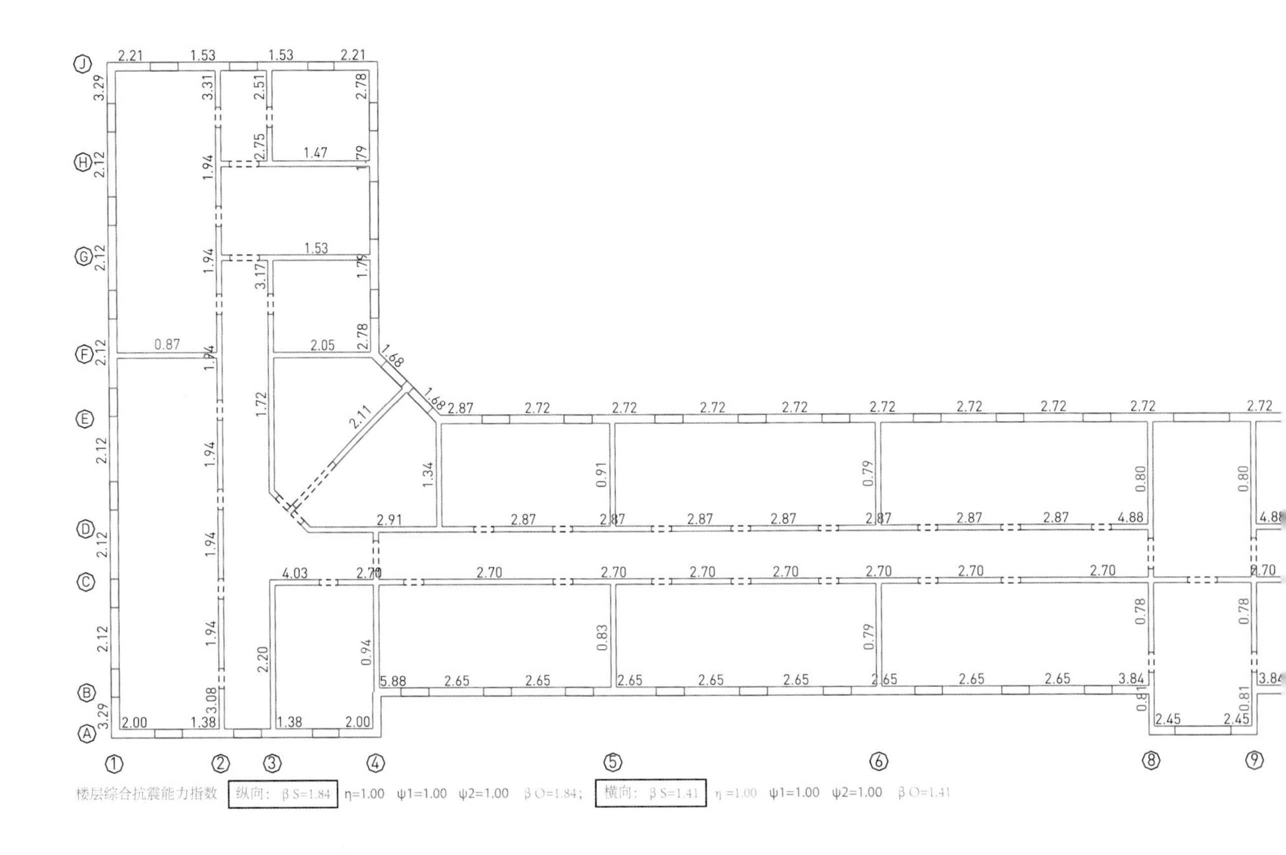
J
H
G
F
E
D
C
B
A
①
②
③
④
⑤
⑥
⑧
⑨
楼层综合抗震能力指数 纵向：β S=1.84 η=1.00 ψ1=1.00 ψ2=1.00 β O=1.84； 横向：β S=1.41 η=1.00 ψ1=1.00 ψ2=1.00 β O=1.41

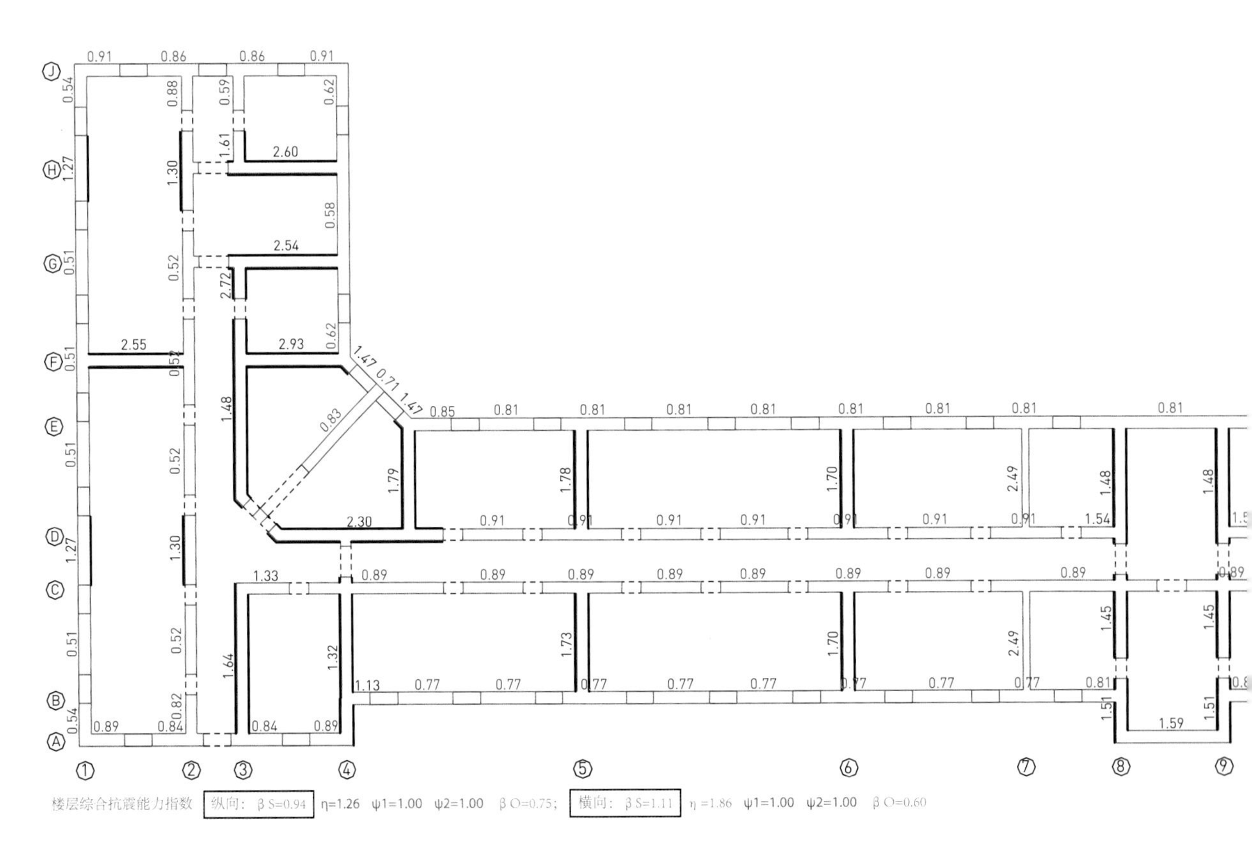
J
H
G
F
E
D
C
B
A
①
②
③
④
⑤
⑥
⑦
⑧
⑨
楼层综合抗震能力指数 纵向：β S=0.94 η=1.26 ψ1=1.00 ψ2=1.00 β O=0.75； 横向：β S=1.11 η=1.86 ψ1=1.00 ψ2=1.00 β O=0.60

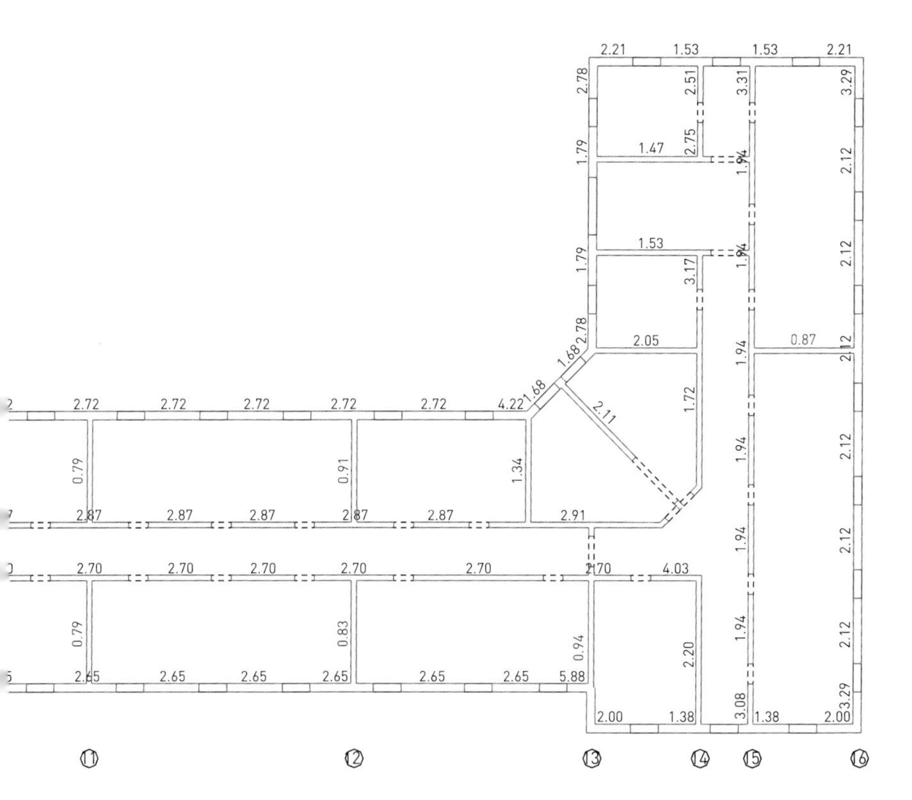

图6.4-5　四层楼层综合抗震能力验算结果（不考虑板墙加固）

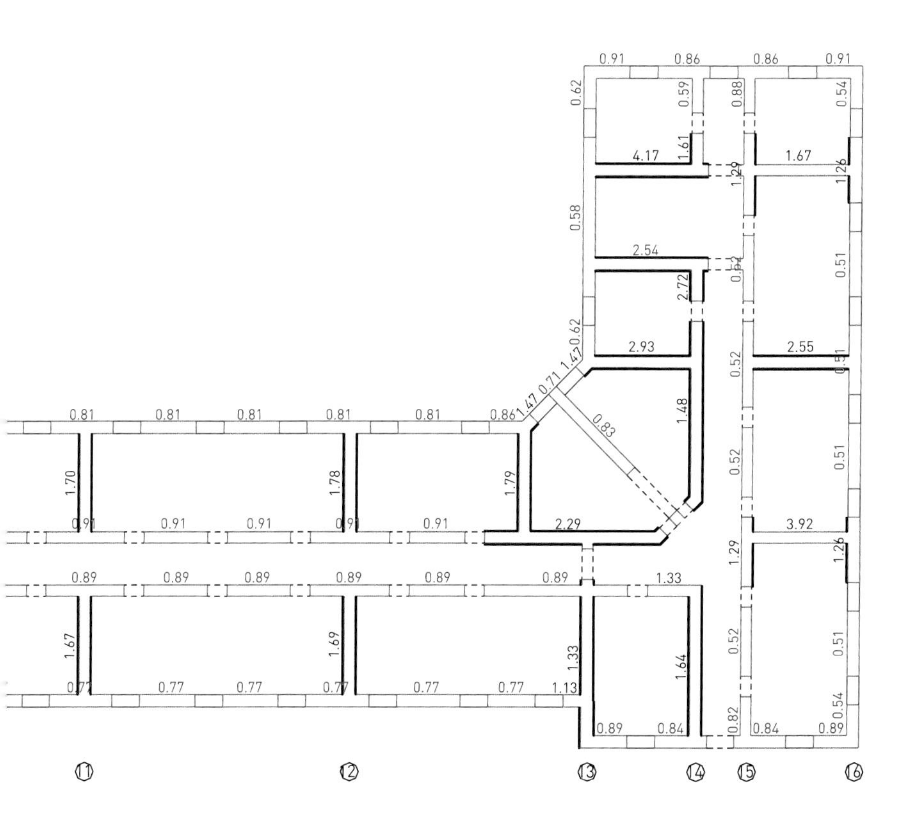

图6.4-6　地下室楼层综合抗震能力验算结果（考虑板墙加固）

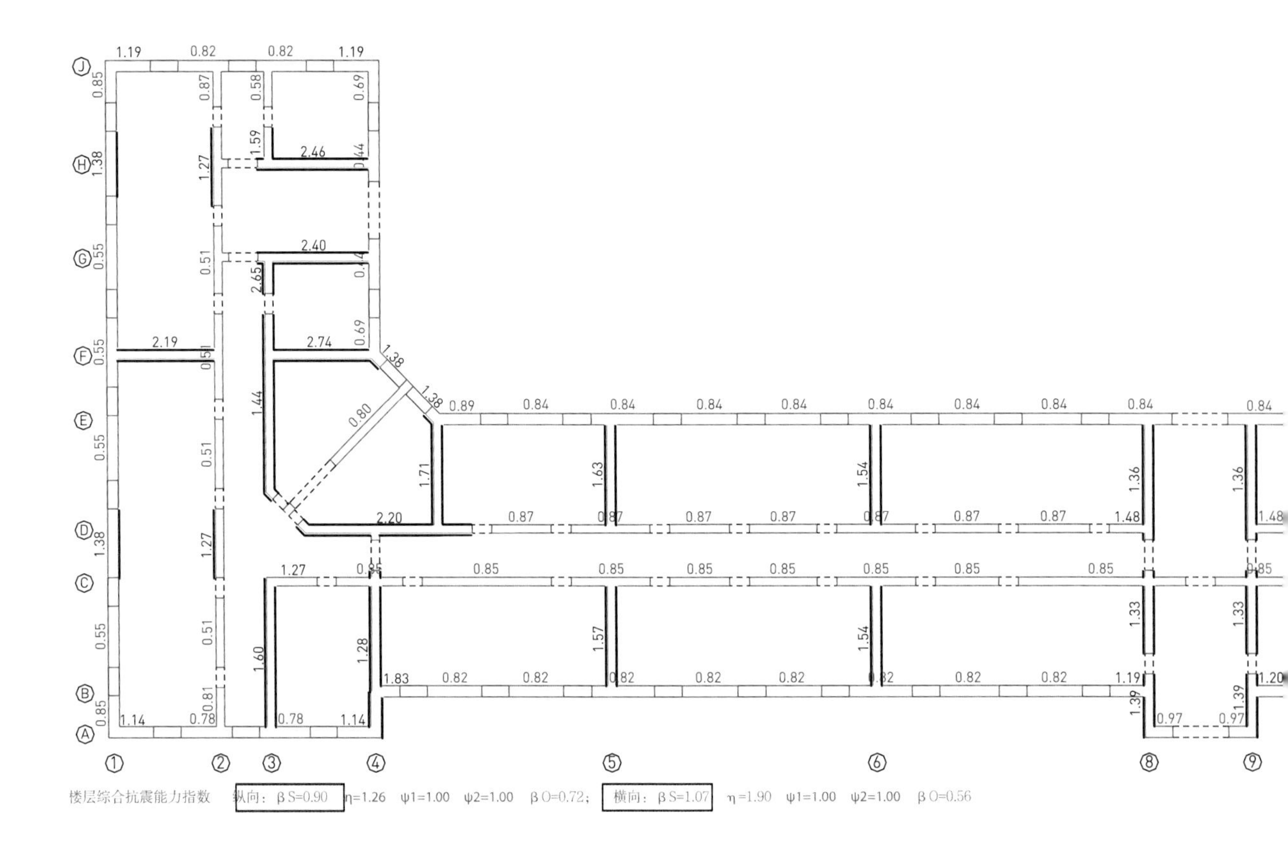
楼层综合抗震能力指数
纵向：βS=0.90 η=1.26 ψ1=1.00 ψ2=1.00 βO=0.72；
横向：βS=1.07 η=1.90 ψ1=1.00 ψ2=1.00 βO=0.56

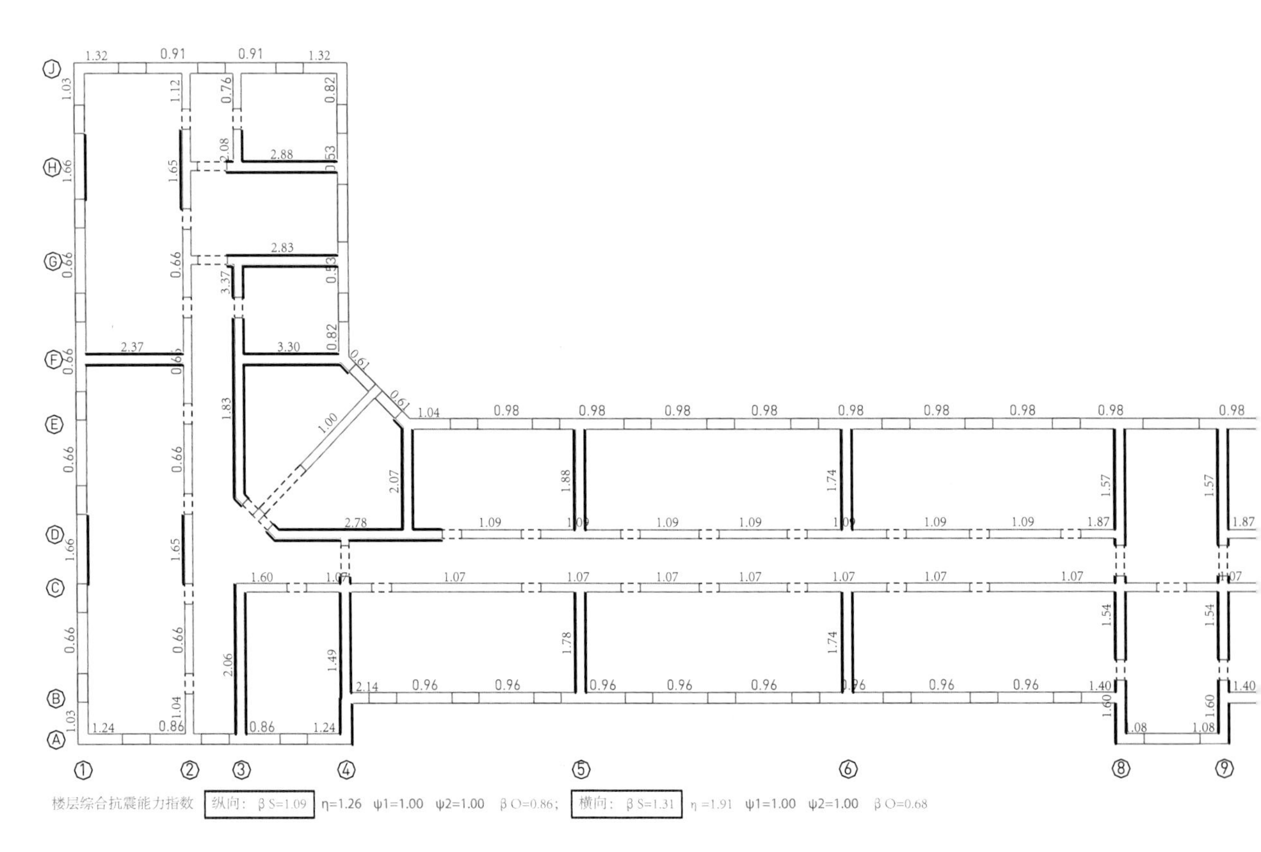
楼层综合抗震能力指数
纵向：βS=1.09 η=1.26 ψ1=1.00 ψ2=1.00 βO=0.86；
横向：βS=1.31 η=1.91 ψ1=1.00 ψ2=1.00 βO=0.68

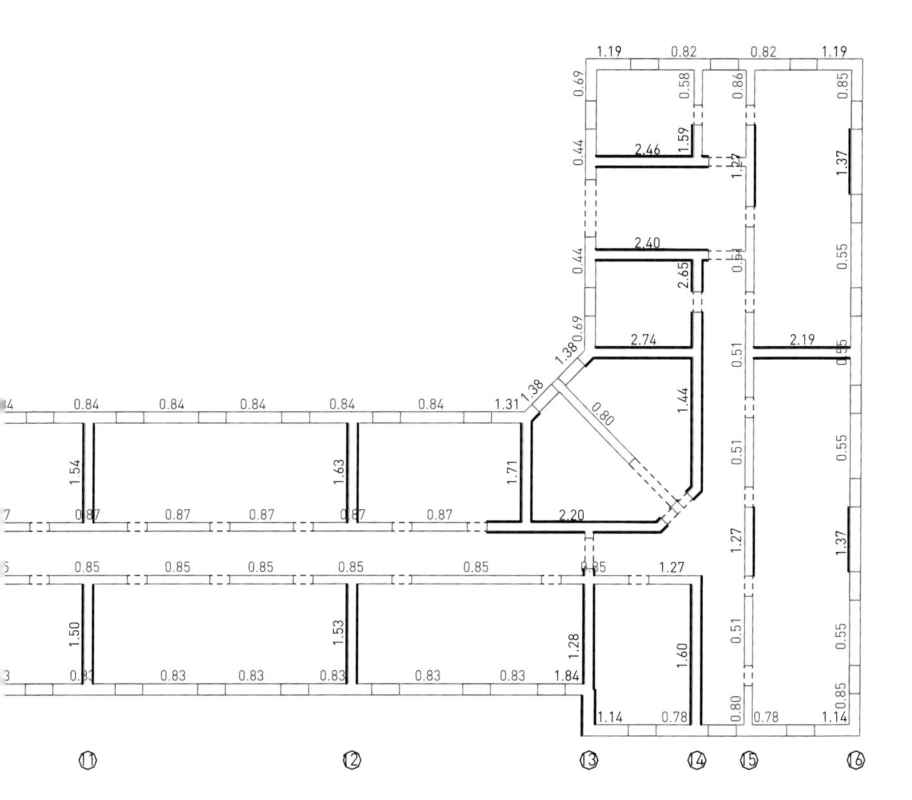

图6.4-7　一层楼层综合抗震能力验算结果（考虑板墙加固）

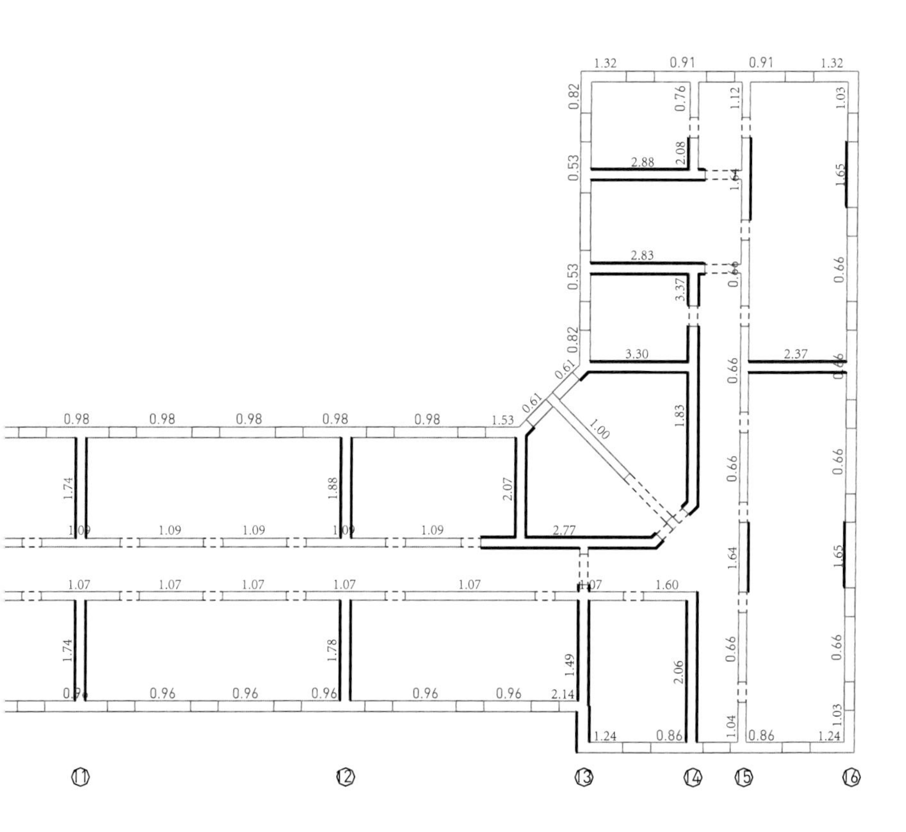

图6.4-8　二层楼层综合抗震能力验算结果（考虑板墙加固）

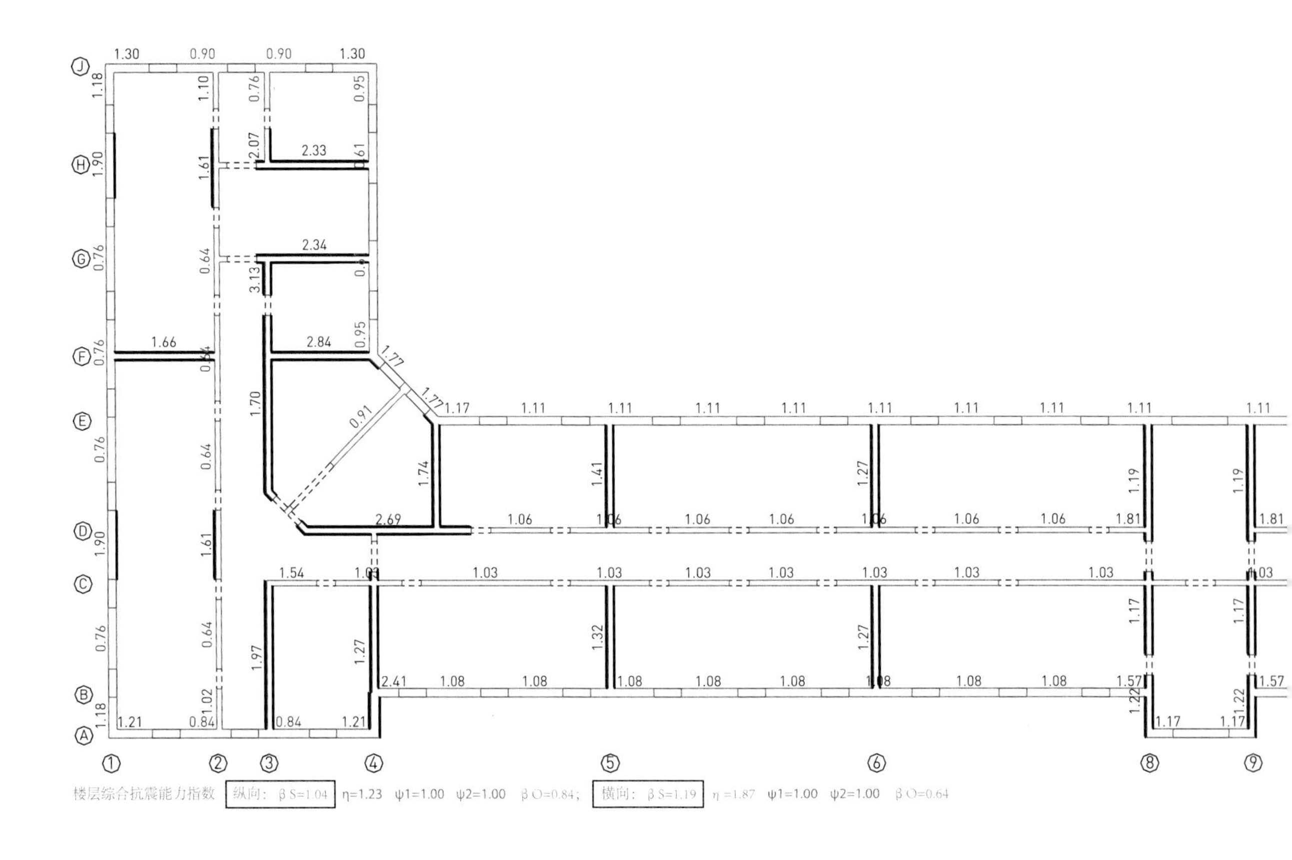

楼层综合抗震能力指数 纵向：$\beta S=1.04$ $\eta=1.23$ $\psi1=1.00$ $\psi2=1.00$ $\beta O=0.84$； 横向：$\beta S=1.19$ $\eta=1.87$ $\psi1=1.00$ $\psi2=1.00$ $\beta O=0.64$

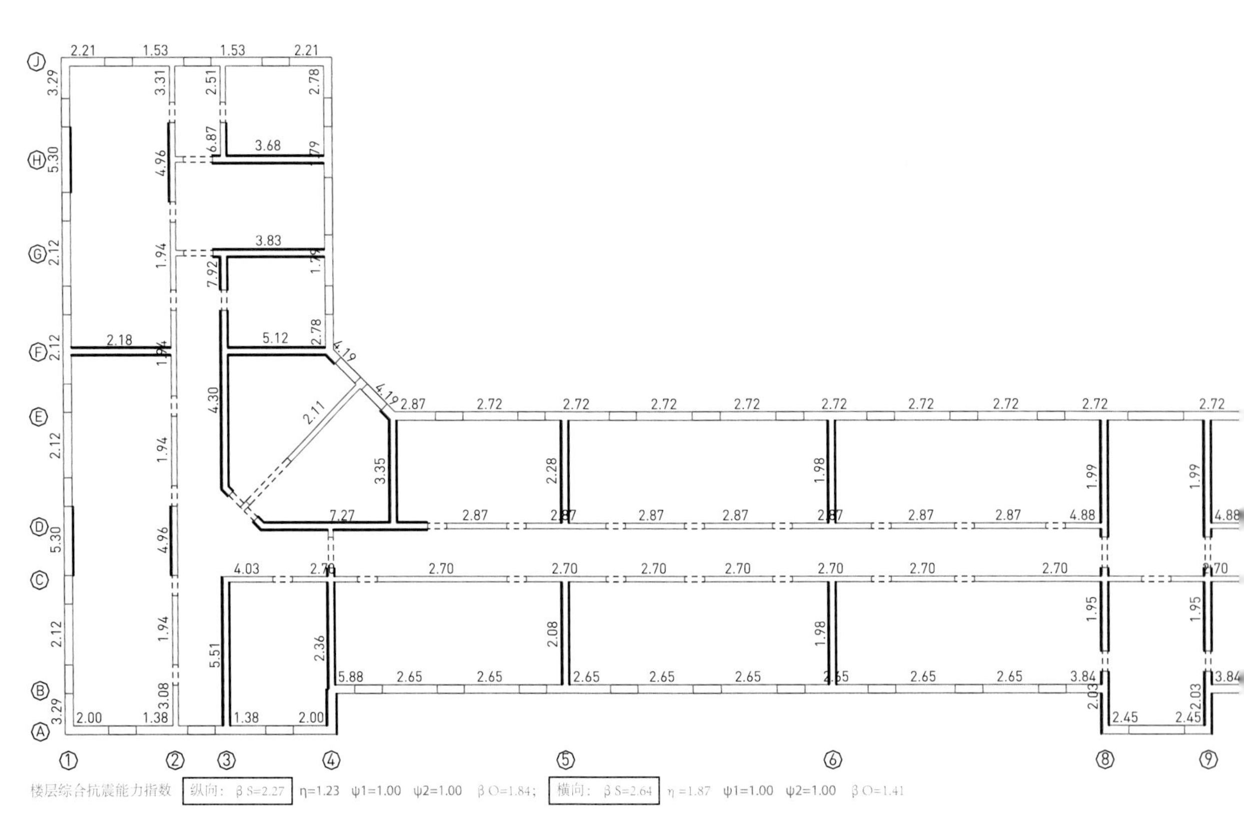

楼层综合抗震能力指数 纵向：$\beta S=2.27$ $\eta=1.23$ $\psi1=1.00$ $\psi2=1.00$ $\beta O=1.84$； 横向：$\beta S=2.64$ $\eta=1.87$ $\psi1=1.00$ $\psi2=1.00$ $\beta O=1.41$

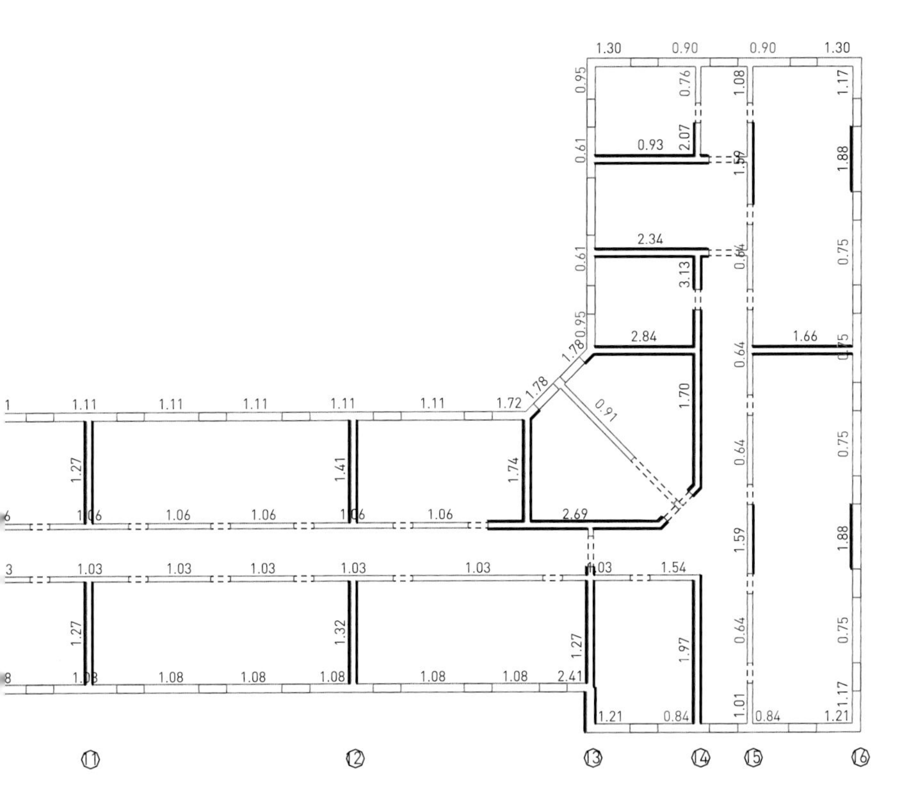

图6.4-9　三层楼层综合抗震能力验算结果（考虑板墙加固）

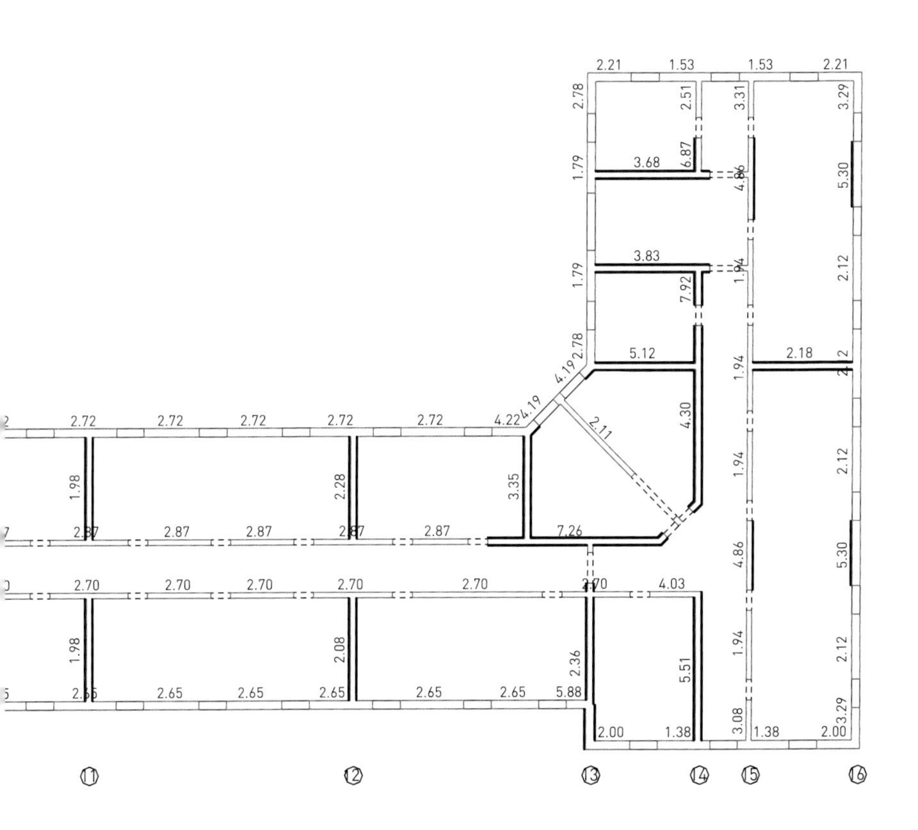

图6.4-10　四层楼层综合抗震能力验算结果（考虑板墙加固）

7. 结论与建议

7.1 结论

（1）北大红楼地基基础和上部结构组成部分安全性等级均为b级，同时不存在薄弱环节，或结构选型、传力路线设计不当及其他明显的结构缺陷，也不存在可直接判定整体为D级的明显损伤。因此北大红楼的建筑整体安全性评估结果为B级，整体安全性基本满足要求。

（2）北大红楼存在部分影响结构安全性的损伤。需要注意的主要包括五个方面：

①东翼楼北侧和南侧外墙中部窗间墙位置（14-15-J轴、14-15-A轴）存在竖向裂缝，根据裂缝形态分析，不具备典型的地基基础变形引起的裂缝特征，其产生主要由于温度作用和窗下墙应力集中导致。东翼楼北墙裂缝在2004年检测中未见提及，因此不排除2004年至今的时间区段内有所发展，需要监测其发展情况。

②木构件中少量檩条、桁架中的杆件存在开裂现象，其中，存在斜裂缝、裂缝位于构件侧面且深度大于20%和开裂位于节点位置的情况宜进行加固处理。

③雷达检测中发现的红楼东侧2处长度较长的地面下中等疏松异常宜加强巡查和观测。

④1978年所做的抗震加固措施现状一般，存在板墙普遍浇筑质量较差、部分板墙未有效锚固、顶棚墙体的加固层与下层墙体的加固层不连续、钢筋拉索普遍松弛等现象。考虑到该加固措施有效时可提高墙体抗压、抗震承载能力，建议择机进行补强。

⑤墙面风化、屋面渗水等非结构性损伤对结构承载力的短期影响不大，但对于整体建筑的适用性和耐久性有一定的影响，同时这些病害长期存在时会导致构件性能退化，远期情况下对结构安全性有不利影响，建议进行修缮。

（3）红楼的抗震能力不满足北京市地方标准《文物建筑抗震鉴定技术规范》（DB11/T 1689—2019）的要求，但作为一栋百年之前建成的建筑，红楼建设伊始并未过多考虑抗震要求，因此，红楼的抗震能力欠缺是一个先天存在并早已被认知的问题。考虑到文物建筑的特殊性，红楼的抗震加固需要谨慎考虑，综合论证，建议暂不处理。

7.2 建议

（1）对红楼进行维护性修缮。

（2）综合考虑消防疏散要求和承载力分析，红楼的人员限值建议为：

①每层瞬时容纳最多不超过900人。

②对于单个展室，按照展柜占地25%考虑，余下空间内瞬时参观人数不多于1人/平方米。

③单个展室内设备与人群总重量控制在200kN/m^2以内。

④楼梯瞬时荷载控制在100kN/m^2以内。

（3）木楼板和木楼梯对人群振动荷载敏感，也易引发文物建筑在正常服役过程中的舒适度问题，建议进行人致振动测试，结合红楼内游客人群分布及行进状态对结构的影响分析，可获得北大红楼的游客振动特性、博物馆舒适度评估、短时驻留人数与游客总量的分级预警值、疏导设施设置建议等。

（4）对红楼进行结构安全监测，重点关注东翼楼的裂缝发展和沉降情况。

8. 附件：国家建筑工程质量监督检验中心砖报告

2020-001513

中国认可
国际互认
检测
TESTING
CNAS L0230

180001280333

2016 国认监认字 (077) 号

检 验 报 告

TEST REPORT

BETC-CL2-2020-00541

工程/产品名称
Name of Engineering/Product 砖

委托单位
Client 北京国文信文物保护有限公司

检验类别
Test Category 委托检验

国 家 建 筑 工 程 质 量 监 督 检 验 中 心
NATIONAL CENTER FOR QUALITY SUPERVISION
AND TEST OF BUILDING ENGINEERING

国家建筑工程质量监督检验中心检验报告

TEST REPORT OF NATIONAL CENTER FOR QUALITY SUPERVISION AND TEST OF BUILDING ENGINEERING

委托编号 (Commission No.):2020-001513
报告编号 (No. of Report):BETC-CL2-2020-00541　　第1页 共2页 (Page 1 of 2)

委托单位(Client)		北京国文信文物保护有限公司		
地 址(ADD.)		———	样品编号 (NO.)	CL2-2020-00541
样品 (Sample)	名 称(Name)	砖	状 态 (State)	正常
	商 标(Brand)	———	规格型号 (Type/Model)	———
生产单位 (Manufacturer)		———		
送样日期 (Date of delivery)		2020-04-15	数 量 (Quantity)	9块
工程名称 (Name of engineering)		北大红楼		
取样部位 (Sampling position)		承重墙		
检验 (Test)	项 目 (Item)	抗压强度	地 点 (Place)	北三环材料二室试验室
	仪 器 (Instruments)	钢直尺、微机控制电液伺服万能试验机	日 期 (Date)	2020-04-15~04-19
检 验 依 据 (Test based on)		GB/T 2542-2003《砌墙砖试验方法》		
判 定 依 据 (Criteria based on)		———		
检 验 结 论 (Conclusion)				
参照GB/T 2542-2003《砌墙砖试验方法》进行检验，检验结果为实测值，见本报告第2页。（本页以下无正文）				
备 注	样品从老旧楼取出，采用GB/T 2542-2003《砌墙砖试验方法》进行检验			

批准 (Approval)	审核 (Verification)	主检 (Chief tester)	联系电话 (Tel.)	报告日期
王[illegible]	姚[illegible]	[illegible]	010-84283858	2020-04-24

检验鉴定章

国家建筑工程质量监督检验中心检验报告

TEST REPORT OF NATIONAL CENTER FOR QUALITY SUPERVISION AND TEST OF BUILDING ENGINEERING

报告编号（No. of Report）：BETC-CL2-2020-00541　　第2页 共2页(Page 2 of 2)

样品编号	检验结果		
	承压面积，mm²	破坏荷载，kN	抗压强度，MPa
1	12760	76.08	5.96
2	14520	93.05	6.41
3	15128	199.39	13.18
4	14880	92.56	6.22
5	15367	119.52	7.78
6	13750	122.60	8.92
7	14508	107.42	7.40
8	15480	97.40	6.29
9	15360	123.74	8.06

（本页以下无正文）

注 意 事 项

NOTICE

1. 报告无“检验鉴定章”或检验单位公章无效；

Test report is invalid without the“Stamp of test report” or that of test department on it.

2. 复制报告未重新加盖“检验鉴定章”或检验单位公章无效；

Duplication of test report is invalid without the “Stamp of test report” or that of test department re-stamped on it.

3. 报告无主检、审核、批准签字无效；

Test report is invalid without the signatures of the persons for chief test, verification and approval.

4. 报告涂改无效；

Test report is invalid if altered.

5. 对检验报告若有异议，应于收到报告之日起十五日内向检验单位提出；

Different opinions about test report should be reported to the test department within 15 days from the date of receiving the test report.

6. 一般情况，委托检验仅对来样负责，样品信息由委托方提供。

In general, for entrusted tests the responsibilities are undertaken for the delivered samples only and the sample information is provided by clients.

地址：北京市朝阳区北三环东路30号
ADD: NO.30,Beisanhuan East Road,ChaoyangDistrict,Beijing,China
电话(Tel)：010-84281338　010-64517787
投诉电话：010-64517830
传真(Fax)：010-84288515　010-84281338
邮政编码(Post code):100013
Internet: http://www.cabr-betc.com